DOCUMENTS

SUR

L'ÉCOLE NATIONALE D'AGRICULTURE

DE MONTPELLIER

PUBLIÉS À L'OCCASION

DE

L'EXPOSITION UNIVERSELLE DE 1889

MONTPELLIER
CAMILLE COULET, LIBRAIRE-ÉDITEUR
5, GRAND'RUE, 5

1889

DOCUMENTS

SUR

L'ÉCOLE NATIONALE D'AGRICULTURE

DE MONTPELLIER

PUBLIÉS A L'OCCASION

DE

L'EXPOSITION UNIVERSELLE DE 1889

MONTPELLIER
CAMILLE COULET, LIBRAIRE-ÉDITEUR
5, GRAND'RUE 5.

1889

NOTICE

SUR

L'ÉCOLE NATIONALE D'AGRICULTURE

DE MONTPELLIER

Publiée a l'occasion de l'Exposition Universelle de 1889

L'ÉCOLE D'AGRICULTURE DE MONTPELLIER

Par M. F. CONVERT.

L'organisation de l'enseignement agricole ne s'est affirmée, par des institutions d'une importance réelle, que dans la première moitié de ce siècle. C'est à Mathieu de Dombasle, dont le nom est si justement honoré des cultivateurs, qu'en revient l'honneur et le mérite. L'École de Roville, fondée sous sa direction (1822), en marque les débuts ; ses élèves et ses travaux ont assuré la conservation de sa renommée, que le temps n'est pas parvenu à diminuer. Quelques années plus tard, vers 1828, Auguste Bella et Polonceau formaient, avec l'appui du duc de Doudeauville, ministre de la maison de Charles X, une société au capital de 300,000 fr. pour l'exploitation du domaine royal de Grignon, sur lequel s'est ouvert, le 1er mai 1831, l'École qui en porte le nom. Peu après, Bodin installait près de Rennes la Ferme-École des Trois-Croix (1832) sur des bases un peu plus modestes, mais non moins solides. En 1841 enfin, Rieffel créait l'École de Grandjouan au milieu des landes de la Bretagne, et en 1842,

Nivière, celle de La Saulsaie, à 25 kilom. de Lyon, sur le plateau alors malsain et désolé de la Dombes. Dès ce moment existaient, malgré la disparition de Roville, un ensemble d'établissements dont les services ne pouvaient plus être méconnus. L'Administration, qui n'avait pas tardé à les soutenir de ses encouragements, voulut faire davantage. Elle élabora un vaste plan d'ensemble dont la mise en œuvre devait assurer la diffusion de l'instruction agricole sur tous les points du territoire. La loi du 3 octobre 1848 en régla les dispositions d'une manière précise. Elle prévoyait le fonctionnement régulier d'un Institut supérieur, d'Écoles régionales, et enfin d'Écoles départementales sous le nom de Fermes-Écoles. C'était beaucoup pour l'époque, beaucoup surtout pour les événements qui ont suivi. Aussi le programme séduisant qu'avait adopté le législateur ne s'est-il accompli que d'une manière incomplète.

C'est de la loi de 1848 que datent, quoi qu'il en soit, nos Écoles régionales de Grignon, de Grandjouan et de La Saulsaie, comme établissements de l'État. L'École de Montpellier n'est, en principe, que la continuation de celle de La Saulsaie, qu'elle a remplacée en 1872, à la suite de la guerre malheureuse dont la fin marque, pour ainsi dire, les débuts d'une nouvelle période dans l'histoire de notre pays. Il n'est pas sans intérêt de connaître le rôle qu'a joué l'institution qui l'a précédée, et de se rendre compte des services qu'elle a rendus à l'Agriculture.

L'École de La Saulsaie, située au centre d'une exploitation de 400 hectares formée de la réunion de quatre domaines particuliers, s'appuyait sur les données de la pratique non moins que sur ceux de la science pure. Ses élèves avaient à leur disposition un vaste champ d'expérience sur lequel ils s'initiaient aux principales opérations de la grande culture et de l'élevage. En dehors des cours, dont le programme ne laissait de côté aucune des connaissances essentielles à l'industrie agricole, ils se formaient en même temps aux travaux et à la vie des champs, en suivant tous les détails d'une grande entreprise conduite, avec méthode. Le métier l'emportait, pour eux, sur la théorie ; sans être négligées, les études de laboratoire étaient reléguées en seconde ligne et considérées comme accessoires. L'esprit dominant en matière d'enseignement agricole était, du reste, celui du moment. On cherchait à rompre les jeunes gens aux difficultés de la profession agricole, tout en développant leur instruction scientifique. De 1852 à 1870, 244 élèves ont profité de ce régime.

L'enseignement agricole était la tâche principale de l'École de La Saulsaie ; ce n'était pas la seule. Elle a exercé une grande influence sur l'amélioration de la culture locale. Son fondateur et premier directeur, Nivière, avait foi dans l'avenir du pays sur lequel elle était établie. « L'épaisseur de son sol est telle, écrivait-il en 1852, qu'elle suffirait aux besoins de la culture de trois régions comme la Dombes ; et la qualité, quand il est dans des conditions de perméabilité, en est si excellente, que son écoulement, son transport par l'eau dans certaines vallées à sous-sol de gravier qui entourent le plateau, y a constitué, à une époque reculée, des territoires qui ont aujourd'hui une valeur de 6 à 8,000 fr. l'hectare. » La contrée n'avait contre elle, à ses yeux, que son insalubrité et son imperméabilité. La suppression des étangs était le moyen tout indiqué de remédier à son premier défaut ; le drainage, le correctif du second. L'enherbement du sol devait assurer ensuite son utilisation facile. Ces vues ne manquaient pas d'une certaine exactitude, et les expériences de leur auteur en ont fourni, en partie, la démonstration ; mais elles ne s'arrêtaient pas aux progrès réalisables, elles s'élevaient à un idéal qui ne pouvait être atteint de longtemps. La formule que Nivière a donnée n'est pas moins celle qui a été suivie en principe par ses successeurs, MM. Pichat et Lœuillet, avec les modifications qu'elle comportait dans l'application. C'est celle qui a été adoptée aussi par les cultivateurs du pays. Les étangs qui entretenaient les fièvres paludéennes n'ont pas complètement disparu, mais on en a desséché ou *vidé*, pour employer l'expression plus exacte de Nivière, un peu plus d'un tiers. L'état sanitaire général s'est considérablement amélioré. Après de longs tâtonnements, on a réussi enfin à développer avec profit les prairies permanentes et temporaires; et si l'agriculture n'échappe pas, en Dombes plus qu'ailleurs, aux conséquences de la crise agricole, les progrès qu'elle a réalisés sont cependant des plus sérieux et des mieux constatés.

Des trois Écoles de Grignon, de Grandjouan et de La Saulsaie, aucune ne représentait les intérêts de l'agriculture méridionale. Depuis longtemps des réclamations s'étaient produites contre cet état de choses regrettable. Désireux d'y mettre un terme, obligé de compter avec les ressources dont il avait la disposition, le Gouvernement arrêta, en 1869, le principe du déplacement de l'institution de La Saulsaie et de son transfert à Montpellier. La réalisation de ce projet, retardée par la guerre de 1870, ne marcha pas sans difficulté. Des protestations, trop naturelles pour qu'on puisse s'en étonner, se produisirent dans la région privée de son école. MM. Nivière fils et de Monicault, dont les noms font autorité parmi les cultivateurs les plus estimés de la Dombes, insistèrent pour faire revenir l'Administration sur sa décision. D'un autre côté, les négociations avec le Conseil Général de Hérault et le Conseil Municipal de Montpellier, confiées à M. l'Inspecteur Heuzé, ajournées par toutes sortes de circonstances, exigèrent un temps assez long. Après entente sur le choix d'un domaine et sur les conditions auxquelles il devait être remis à l'Administration, il fallut procéder à la construction de bâtiments nouveaux et à leur aménagement. Si activement que furent poussés les travaux d'installation, ils ne permirent pas d'ouvrir l'École à la date ordinaire de la rentrée de 1872, et le *Journal Officiel* du 17 septembre fixa seulement au 3 décembre suivant les premiers examens d'admission.

La nouvelle École de Montpellier se trouva, à ses débuts, dans une situation délicate et difficile. Au moment où elle recevait ses premiers élèves, l'agriculture du département de l'Hérault était encore dans toute sa prospérité, et les résultats qu'elle avait acquis lui inspiraient une juste confiance dans son organisation. Le voisinage d'un centre universitaire dont les traditions, jointes à l'éclat d'un enseignement remarqué, avaient établi la réputation, ne laissaient pas que de rendre son rôle assez ingrat. Sans se défier de l'École, à laquelle on avait fait un bienveillant accueil, le public l'attendait à l'œuvre avant de l'apprécier. Son personnel avait tout à faire. Les méthodes de La Saulsaie ne répondaient plus aux exigences de la région ; elles étaient à modifier. Il n'y avait pas encore de courant dans la jeunesse du Midi vers des études agricoles, et il ne pouvait en avoir. Dans de semblables conditions, il aurait été imprudent de viser trop haut. Aussi l'Administration se contenta-t-elle de commencements modestes. Sous la direction de M. Lœuillet, s'organisèrent des cours d'ensemble qui, réglés sur les programmes de ceux des Écoles existantes, ne tardèrent pas à montrer l'importance et la variété des connaissances utiles aux cultivateurs. Sur le terrain des applications et des recherches spéciales à l'agriculture méridionale, les professeurs durent se tenir d'abord dans une grande réserve, en se préparant et en observant avant de se mettre en avant. L'École, du reste, n'était que médiocrement organisée pour des travaux originaux. Ses laboratoires, ses ressources de toutes sortes, se réduisaient pour la plus grande partie au matériel qui avait été apporté de La Saulsaie ; sa valeur ne pouvait pas être contestée, mais ce n'était pas ce dont on aurait eu le plus grand besoin. Dans l'incertitude de l'avenir, on hésitait avant d'aborder beaucoup de recherches. Le terrain sur lequel on s'avançait s'affermissait, mais il ne s'élargissait pas beaucoup. C'est néanmoins pendant cette période difficile d'essais et de tâtonnements, qui a duré de 1872 à 1876, que s'est formée l'École, qu'elle a pris rang au nombre des institutions définitives de la ville de Montpellier. Ses premiers élèves n'ont pas été nombreux, mais les situations qu'ils occupent montrent qu'ils ont profité de leurs études.

Ce n'était pas assez pour l'École de Montpellier d'affirmer son existence, elle devait étendre son action, apporter un concours actif à l'agriculture locale, et se transformer en un foyer de recherches scientifiques. Le moment était arrivé pour elle de s'engager dans une voie qu'elle n'avait pu encore que distinguer de loin. Sans doute, ses premières années ne s'étaient pas écoulées sans qu'elle produisît des travaux sérieux. Elle avait eu conscience, dès l'ouverture de ses cours, du rôle qu'elle était appelée à remplir; mais son auditoire était encore trop restreint, son personnel trop limité, ses relations avec le monde agricole trop récentes, et son installation trop rudimentaire pour qu'elle pût prétendre à mener à bonne fin de grandes entreprises.

C'est à M. Camille Saintpierre qu'échut, après la retraite bien méritée de M. Lœuillet, par ses longs et précieux services, la tâche d'apporter à l'École les améliorations que réclamait son organisation. Elle ne pouvait être remise en de meilleures mains. M. Saintpierre était rompu à la pratique de la culture méridionale, qu'il avait suivie sur son beau domaine du Rochet; c'était un des professeurs agrégés les plus estimés de l'École de Médecine. A ses connaissances étendues, il joignait un caractère sympathique qui lui avait valu de solides et nombreuses amitiés, ainsi qu'un esprit entreprenant qui ne se laissait détourner par aucun obstacle du but qu'il poursuivait. Il aimait les jeunes gens et se faisait un plaisir de les aider et de les encourager; il avait une entière confiance enfin dans l'avenir de l'École, persuadé qu'il était des services qu'elle devait rendre à son pays; aussi se consacra-t-il tout entier aux fonctions qui lui furent confiées. S'il n'a pas vu tous les résultats de son activité, il a eu cependant la satisfaction de constater, avant sa mort qui est venue le surprendre à l'improviste, que son œuvre était solidement assise. Son successeur, M. G. Foëx, animé des mêmes sentiments que lui, obéissant aux mêmes idées, qui étaient d'ailleurs celles de ses collaborateurs, n'a eu d'autre ambition que de suivre son exemple, et de continuer son œuvre en la développant. C'est aux efforts réunis de ses directeurs et de son personnel enseignant que l'École est devenue ce qu'elle est aujourd'hui.

L'enseignement de l'École s'est graduellement élargi pour se mettre au niveau des exigences d'une instruction toujours plus complète. Il ne comptait en 1872 que sept chaires : sciences physiques et chimiques, botanique et sylviculture, économie rurale, agriculture, zootechnie et zoologie, génie rural, et technologie. Quatre autres ont été créées depuis cette époque. La sériciculture a pris rang, en 1874, au nombre des cours réguliers. L'entomologie et la zoologie ont été séparées ensuite des cours auxquels elles étaient associées : la physique, la géologie et la météorologie, des sciences physiques et chimiques ; la viticulture enfin, de l'agriculture générale. Onze services principaux, non compris d'autres services secondaires, comme ceux de l'horticulture, de la comptabilité et de la pratique agricole, fonctionnent maintenant d'une manière normale. En même temps que se dédoublaient les chaires qui comportaient des matières trop vastes pour un seul cours, s'installaient des laboratoires et des champs d'études, de dehors modestes, mais bien disposés pour le travail. Chaque ordre d'enseignement a maintenant ses locaux particuliers, avec son matériel de démonstration et de recherches, ainsi que ses terrains d'expériences et ses collections. Rien n'est sacrifié au luxe, mais tout est disposé en vue de faciliter le travail des élèves et les recherches de leurs maîtres. Dans chaque spécialité, des préparateurs répétiteurs secondent les professeurs en assurant le travail de leurs auditeurs. Le domaine, d'une étendue de 28 hectares, aux portes de la ville, avec ses étables, son cellier, son jardin, son bétail, ses machines, ses cultures, etc., fournit, de son côté, d'importantes ressources pour les travaux pratiques et les observations agricoles. De fréquentes promenades chez les propriétaires des environs, et des excursions plus ou moins lointaines qui s'étendent aux départements méridionaux, et qui ont même été poussées jusqu'en Algérie, augmentent enfin les éléments d'instruction des élèves.

Dans le plan d'études qu'elle a adopté, en même temps que nos établissements les plus connus, l'École de Montpellier a tenu largement compte des progrès récents de l'application des sciences physiques, chimiques et naturelles à l'agriculture. On ne leur demandait autrefois que l'explication de certains phénomènes particulièrement importants. Quand on faisait appel à leurs données, c'était surtout pour l'intelligence des notions générales qu'on avait à exposer ; on les considère de plus en plus maintenant comme des auxiliaires sur lesquels il faut s'appuyer pour perfectionner nos procédés de production et lutter contre les fléaux qui menacent nos végétaux et nos animaux. L'enseignement agricole reposait surtout, avant 1870, sur la comparaison des systèmes mis en œuvre dans des milieux différents; ce qui était bien une méthode véritablement scientifique, mais une méthode incomplète ; il s'est perfectionné en se renforçant par une association plus étroite avec les sciences dites expérimentales. L'habileté dans tout ce qui regarde la profession n'a rien perdu de son utilité pour le cultivateur, elle ne lui suffit plus. Il a besoin de connaissances plus solides et plus variées que celles dont il se contentait autrefois. Le creuset, la balance et le microscope sont des instruments avec lesquels il est obligé de se familiariser pour pouvoir se guider avec sûreté dans ses opérations. S'il ne croit pas devoir s'en servir par lui-même, il est indispensable qu'il en connaisse l'usage pour interpréter les conseils qu'on lui donne ; et il ne peut le savoir qu'après l'avoir appris.

L'enseignement agricole se tient, à Montpellier, à la hauteur du mouvement actuel, mais il se distingue de celui des autres Écoles par une plus grande spécialisation. Il a été de mode, pendant un certain temps, de s'élever contre les études agricoles régionales, sous prétexte que la science est une et que ses conséquences sont les mêmes partout. D'un principe vrai, on a tiré des conclusions incorrectes. Il n'y a pas deux physiques, deux chimies, deux anatomies, l'une pour le Nord et l'autre pour le Midi. Les lois scientifiques ne varient pas avec les pays ; leur formule reste identique en quelque endroit qu'on se trouve. Toutes cependant n'ont pas le même intérêt pour des contrées différentes qui se livrent à des opérations variées. Leur étude ne saurait utilement être comprise de la même manière partout. Suivant les circonstances, il faut insister sur une partie ou sur une autre, prendre ses exemples autour de soi. Avec des Écoles d'application, comme le sont les Écoles d'Agriculture, cette nécessité d'adapter les principes aux choses est plus nécessaire qu'ailleurs; elle est inéluctable. Dans le Nord, on tient compte malgré soi des cultures dominantes, dans l'exposé que l'on fait à des élèves agriculteurs des matières de la physique, de la chimie, de la géologie, de la zoologie, de la botanique, etc.; on agit forcément de même dans le Midi. A Montpellier, c'est vers la viticulture et l'œnologie que convergent toutes les branches de l'enseignement, parce que ce sont les deux ordres d'études qui représentent les intérêts les plus considérables du pays. Dès qu'on aborde dans une leçon la question des engrais, des terrains, des plantes parasites, des animaux nuisibles, de la température, des machines, du bétail, de la situation économique, de la législation, les applications aux pays vignobles s'imposent immédiatement à l'esprit du professeur comme les plus frappantes et les plus démonstratives. La culture de la vigne mérite, du reste, toute l'attention dont elle est l'objet; c'est, après celle des céréales, celle qui représente pour la France les intérêts les plus considérables. L'École de Montpellier n'est cependant pas une École de viticulture. Son enseignement a une portée générale que ne diminuent pas ses particularités; il traite de toutes les grandes manifestations de l'agriculture, mais il s'arrête de préférence sur celles qui sont spéciales à la région méditerranéenne. Pour être la plus importante, la viticulture n'est pas la seule. La sériciculture tient une large place dans ses programmes. Les questions locales qui occupent son personnel sont des plus variées; il nous suffira d'indiquer la culture de l'olivier et la fabrication de l'huile, l'entretien des brebis laitières, l'exploitation du chêne vert et du chêne liège, l'utilisation des pâturages d'hiver, les cultures maraîchères, l'établissement des canaux d'irrigation, la concurrence des pays méditerranéens, etc., pour en donner une idée assez exacte.

La spécialisation des études s'impose dans chaque milieu. Ce serait un tort de croire qu'elle nuit à la science pure. En l'obligeant à se placer sur le terrain des faits positifs, elle la sert au contraire d'une manière très efficace. Si l'agriculture a beaucoup gagné en s'aidant des données de la science, la science ne lui doit pas moins. Ses représentants se sont engagés dans des recherches nouvelles auxquelles ils ne pensaient pas, et plusieurs ont été fécondes en découvertes de la plus haute portée. Cela est si vrai que les constatations agricoles interviennent fréquemment maintenant dans les exemples indiqués à l'appui des théories les plus récentes, non seulement en physique, en chimie, en physiologie, etc., mais encore en économie politique, où l'examen rigoureux de faits superficiellement observés a redressé des inexactitudes regrettables.

A mesure qu'elle a été mieux connue, l'École de Montpellier a été mieux appréciée. Son recrutement s'est rapidement amélioré, si rapidement même que l'affluence des élèves a dépassé les espérances générales. Le tableau qui donne le nombre des candidats, celui des élèves admis et celui des élèves diplômés pour chaque promotion, en fournit la preuve. L'augmentation des demandes d'admission a permis de relever le niveau des examens d'entrée dans une assez forte mesure, ainsi que cela ressort des éliminations croissantes faites parmi les candidats. Rien n'a été négligé cependant pour faciliter l'accès de l'École aux jeunes gens, et principalement aux fils des propriétaires. Sur les réclamations des familles, on a créé, en 1876, un internat qui, de 20 places, a dû être porté à 80. Le régime qui a été appliqué est celui d'un réel confortable et d'une large liberté tempérée seulement par les mesures d'ordre et de discipline indispensable pour prévenir les abus. Malgré l'extension qu'on a donnée au logement des pensionnaires, l'espace manque, et beaucoup d'élèves sont obligés d'attendre comme externes avant qu'on puisse les recevoir. Leur travail est l'objet d'une surveillance attentive; des examens particuliers confiés aux répétiteurs, suivis d'examens généraux à la fin de chaque cours par les professeurs, maintiennent en éveil l'attention de tous.

En dehors de ses élèves réguliers, l'École reçoit chaque année un certain nombre d'auditeurs qui ne sont astreints à aucune régularité. La plupart arrivent avec l'intention de suivre quelques cours particuliers. Ce sont souvent des propriétaires, des étrangers qui ne peuvent plus s'astreindre aux règles d'assiduité qu'on impose aux étudiants ordinaires, ou qui ne disposent que d'un temps limité pour leurs études. Quelques-uns viennent pour apprendre, d'autres pour se perfectionner dans des branches spéciales. Tous arrivent librement, et profitent largement des leçons auxquelles ils assistent. Sans être absolument ouverte au public, l'École admet dans ses amphithéâtres, moyennant une modique rétribution, tous ceux qui tiennent à y pénétrer. Ses étudiants bénévoles ne sont pas toujours ceux qui tirent le moindre profit de ses ressources. Plusieurs comptent parmi les plus habiles propriétaires du Midi et les viticulteurs les plus distingués de l'étranger. Les pays d'Extrême-Orient, l'Arménie, les Indes et la Chine lui ont envoyé des représentants destinés à s'initier à l'art de l'élevage des vers à soie ; la plupart des directeurs d'Écoles de viticulture et de stations viticoles italiennes ont travaillé dans ses laboratoires. Avec ses élèves et ses auditeurs libres, elle reçoit, chaque année maintenant, cent cinquante personnes au moins qui suivent ses leçons.

En dehors de son enseignement, l'École de Montpellier se tient en relations constantes avec les agriculteurs de la région méditerranéenne. Jamais elle ne marchande son concours aux initiatives utiles. Depuis sa fondation, elle est restée en rapports suivis et en communauté d'idées avec la Société centrale d'Agriculture de l'Hérault, qui s'est classée aux premiers rangs des Associations agricoles de province par la notoriété de ses membres et l'importance de ses travaux. Le *Bulletin* publié par ses soins abonde en documents originaux de la plus haute valeur ; c'est le recueil le plus intéressant qu'on puisse consulter sur l'histoire de l'agriculture méridionale dans le cours de ce siècle. En marchant d'accord avec elle, en prenant part à ses travaux, l'École a puissamment contribué à accélérer le mouvement de reconstitution des vignobles dévastés par le phylloxera; elle a étendu son influence dans les campagnes, où ses conseils sont aussi écoutés que recherchés. Chaque fois qu'on a cru devoir convoquer les cultivateurs pour les inviter à discuter les problèmes qui les intéressent, à s'éclairer les uns par les autres au moyen de l'échange des idées et des observations particulières, elle leur a offert un centre de réunion et a mis à leur disposition toutes les facilités désirables. C'est ainsi que se sont organisés des Congrès annuels dont le retentissement a été si grand, et qui marquent comme les étapes successives de la viticulture américaine. Cette année encore, c'est à l'École que s'est préparée l'exposition collective des vins à l'Exposition universelle de 1889, que la Société d'Agriculture de l'Hérault a organisée pour soutenir la réputation des produits du département et maintenir leurs débouchés.

L'École est, en outre, une source d'informations précieuses pour les agriculteurs des environs, et même pour ceux des départements plus éloignés. Ses collections de vignes attirent une masse de visiteurs qui viennent non seulement des communes voisines, mais, on peut le dire, de tous les points de la France et de l'Étranger; ce sont des éléments d'études devenus classiques dans le monde viticole, et que tous les intéressés veulent connaître. Ce n'est pas la curiosité qui amène les propriétaires, c'est le désir d'apprendre. Jamais ils n'ont trop d'indications sur ce qu'ils voient; le temps consacré à des explications personnelles a dû être considérablement augmenté. A défaut de visite, on écrit pour obtenir des renseignements sur les sujets les plus divers, et les services d'informations se sont développés, à la demande du public.

Les professeurs de l'École sont fréquemment enfin appelés à donner des conférences au dehors pour traiter des sujets qui se rapportent à la viticulture, à la sériciculture ou même à d'autres questions moins spéciales. Leur parole s'est ainsi fait entendre dans la plupart de nos départements viticoles et dans les pays étrangers qui nous avoisinent, comme la Suisse, l'Espagne, l'Italie et la Tunisie. C'est de la station séricicole que ressort la direction de l'enseignement de la sériciculture dans les Écoles normales primaires de tous les départements où l'élevage du ver à soie a quelque importance. Les anciens élèves de Montpellier contribuent, en outre, à la vulgarisation des connaissances scientifiques qu'ils ont acquises dans le cours de leurs études, et la plupart d'entre eux exercent dans les milieux où ils sont établis une action réelle sur les propriétaires qui les entourent.

Ce désir de renseignements, qui se remarque dans toutes les contrées qui sont aux prises avec le phylloxera, s'explique par les transformations qui s'imposent dans les procédés de la viticulture. L'Hérault est le modèle sur lequel se guident tous nos départements, parce que c'est celui qui a été le premier frappé et celui qui s'est relevé le premier. L'École d'Agriculture centralise, par sa position, les résultats de toutes les expériences qui ont été entreprises; c'est à elle qu'on s'adresse naturellement pour se mettre au courant de la situation actuelle. Son but est, du reste, de vulgariser les bonnes méthodes, et elle y est si vivement sollicitée qu'un de ses professeurs, M. L. Degrully, s'est décidé à créer, pour satisfaire aux réclamations générales, un journal spécial, *Le Progrès agricole et viticole*, qui a bien vite conquis une place des plus honorables au milieu des organes de la presse agricole.

L'École de Montpellier ne se borne pas à distribuer l'enseignement agricole à ses élèves et à seconder par tous les moyens en son pouvoir les efforts des cultivateurs; elle fournit encore une large contribution aux progrès de la science. Ses divers services sont autant de stations expérimentales où s'entreprennent des recherches dont les résultats sont destinés à élucider des points encore mal définis de nos connaissances générales et spéciales. Les problèmes à résoudre ne manquent pas; on peut même dire qu'ils deviennent d'autant plus nombreux que le cadre des observations s'étend davantage. L'agriculture méridionale, trop négligée pendant longtemps, présente d'ailleurs des détails qui n'ont pas été analysés avec assez de soin jusqu'à présent, et dont l'examen rigoureux ne saurait être négligé sans inconvénient. Le Corps enseignant de l'École ne s'est jamais dérobé au travail qui lui incombe à ce point de vue ; ses nombreuses publications sur les sujets les plus différents prouvent suffisamment son activité. Nos journaux agricoles en ont donné des résumés qui ont permis de juger de leur valeur. De fréquentes communications ont été adressés à l'Académie des Sciences, qui ne leur a jamais refusé l'insertion dans ses *Comptes rendus*, véritables archives de la science française. Longtemps disséminés dans les recueils les plus divers, où il était difficile de les retrouver, les plus importants des Mémoires signés des noms qui appartiennent à l'Ecole, qu'ils émanent de son personnel enseignant ou de ses anciens élèves, sont réunis chaque année, depuis 1884, dans des *Annales* qui sont arrivées maintenant à leur quatrième livraison. Sans comprendre tout ce qui est publié, elles forment régulièrement un volume in-8° de 300 pages environ, avec des planches et des gravures en noir ou en couleur qui en complètent le texte.

Par l'importance et la variété de ses recherches originales, l'École d'Agriculture de Montpellier est devenue un établissement d'enseignement supérieur. Elle use d'ailleurs de tous les moyens d'instruction qu'elle a à sa portée, et elle a assuré un assez grand nombre d'étudiants aux diverses Facultés des Sciences, de Droit et de Médecine. Beaucoup ont suivi les cours de ces diverses institutions ; plusieurs ont cherché et obtenu des titres de licenciés dans les divers ordres des sciences naturelles, de la physique et du droit. C'est que les études agricoles n'excluent pas l'approfondissement des sciences classiques ; elles ne peuvent qu'y gagner. De la collaboration qu'ont bien voulu prêter à l'École des professeurs de diverses origines sont sorties d'ailleurs des créations destinées à rendre les plus grands services, comme l'Observatoire météorologique attaché au service des sciences physiques, et des Mémoires sur des sujets agricoles, comme les Notes culturales et botaniques qui ont paru dans les *Annales* sur les Oléacées et l'Olivier. On s'entend bien vite, dans le monde savant, quand on poursuit un même but, et les questions d'écoles ne paralysent pas, quoi qu'on en dise, les bonnes volontés.

La comparaison de l'École d'Agriculture, dans son état actuel, avec ce qu'elle était à ses débuts est bien faite pour causer une légitime satisfaction à ceux qui se sont associés à ses transformations. Ce ne sont pas du reste les témoignages flatteurs qui leur manquent. Les documents officiels ont enregistré ce que l'École a fait pour la cause de l'agriculture et de la viticulture; il ne serait pas difficile d'en réunir des extraits significatifs. La plupart des Ministres qui se sont succédé à la tête de l'administration de l'agriculture, MM. de Meaux, de Mahy, Hervé-Mangon, Barbe et Viette, M. de Freycinet quand il était président du Conseil, ont voulu se rendre compte de son installation et de son organisation ; aucun n'a caché l'impression favorable qu'il avait emportée de sa visite. Des opinions aussi autorisées sont de celles dont on aime à conserver le souvenir ; mais ce n'est pas à la contemplation du passé qu'il faut s'arrêter, il convient de penser sans cesse à l'avenir, de chercher constamment à faire mieux.

L'immobilité serait plus dangereuse que jamais. Dans la crise qu'elle traverse, l'industrie agricole n'a pas trop des secours qui peuvent lui venir de toutes parts. Elle ne saurait compter sur de meilleurs auxiliaires que sur la diffusion et les progrès de l'instruction agricole. Le Gouvernement de la République ne s'est pas mépris d'ailleurs sur les besoins de nos populations rurales. Depuis la loi de 1848, on n'avait pas touché à l'édifice de l'enseignement agricole, si ce n'a été toutefois en 1852, pour le rabaisser par la suppression de l'Institut agronomique de Versailles. De nouveaux encouragements lui ont été donnés sous les formes les plus diverses; des mesures législatives sont venues le compléter successivement en l'établissant sur des bases durables. La loi du 30 juillet 1875 a organisé les Écoles pratiques, celle du 9 avril 1876 l'Institut national agronomique, et celle du 16 juin 1879 l'enseignement des professeurs départementaux. L'activité la plus feconde se révèle partout et sous toutes les formes. L'École de Montpellier met son honneur à conserver la place qu'elle s'est assurée et à l'améliorer ; elle ne reculera devant aucun effort pour y arriver. Son ambition est de continuer à justifier la confiance du public, ainsi que l'estime du monde savant. Elle a ses projets pour l'avenir. Suivant de près, par sa situation, les transformations des hautes Écoles universitaires, elle n'entend pas rester au point où elle se trouve. Ses traditions, maintenant bien établies, lui donnent une force qu'elle n'avait pas autrefois, elles lui permettront des travaux plus importants que par le passé. Elle compte, pour accomplir son programme, sur l'appui de l'Administration, qui ne lui fera pas défaut, bien décidée à marcher toujours en avant.

II.

CONDITIONS D'EXISTENCE DE L'ÉCOLE.

L'École nationale d'Agriculture de Montpellier est un Établissement de l'État ; elle dépend du ministère de l'Agriculture, qui en supporte toutes les charges et en perçoit tous les produits. Cependant le domaine de la Gaillarde et les constructions où elle est installée sont la propriété commune du département de l'Hérault et de la ville de Montpellier, qui en ont concédé la jouissance à l'État moyennant un loyer annuel. Les conditions de cette location ont été établies par une convention en date du 5 décembre 1871, pour une durée de vingt ans. Sauf le cas d'une déclaration expresse de la part du Ministre de l'Agriculture deux ans avant la terminaison de ce bail, il doit se continuer pendant une nouvelle période de vingt ans, après l'expiration de la première.

III.

ADMINISTRATION ET ENSEIGNEMENT.

Le personnel de l'École de Montpellier est composé :

I. Administration. — D'un Directeur, d'un Surveillant général, d'un Agent comptable, d'un Bibliothécaire-Conservateur des collections, d'un Économe, d'un Chef des cultures, d'un Chef jardinier, d'un Secrétaire de Direction, d'un Commis de comptabilité, de deux Surveillants, d'une Lingère infirmière.

II. Enseignement. — De 13 professeurs, 2 maitres de conférences, 9 répétiteurs-préparateurs.

Ces fonctions sont occupées par les personnes suivantes :

ADMINISTRATION

Titulaires actuels.	Anciens Titulaires.
M. G. Foex, Directeur. (Décembre 1881.)	*La Saulsaie* : M. Nivière, 1851. M. Pichat, 1852. M. Loeuillet, 1864. *Montpellier* : M. Loeuillet, 1870. M. Saintpierre, de 1876 à 1881 (décembre).
Sous-Directeur. N.....	*La Saulsaie* : M. Coche, 1851. M. Loeuillet, 1857. M. Saurian, 1864. M. Jeannenot, 1865.

Surveillant Général.

M. JOBA (Novembre 1887).

Agent Comptable.

M. MIGNOT (Novembre 1870).

Bibliothécaire-Conservateur des Collections.

M. CHABANEIX.

Économe.

M. GIBER (Août 1869).

Chef des Cultures.

M. CADORET.

Chef Jardinier.

M. BERNE (1872).

Secrétaire de Direction

M. CLAPARÈDE (1879).

Commis de Comptabilité.

M. RICOME (Janvier 1884).

Surveillants.

MM. BARDY.
DUFFOURS.

Lingerie, Infirmerie.

Mlle LALAUZE (1879).

Médecin.

M. le Dr JACQUEMET, Professeur Agrégé à la Faculté de Médecine de Montpellier.

Vétérinaire.

M. POURQUIER.

ENSEIGNEMENT

COURS

Agriculture et Arboriculture agreste.

MM. DEGRULLY, Professeur (1882).
CADORET, Chef des Cultures, Répétiteur.

La Saulsaie : M. CASANOVA, 1851
M. CHABANEIX, 1861.
Montpellier : M. G. FOEX, de 1872 à 1882.

Botanique et Sylviculture.

M. DURAND, Inspecteur des Forêts, Professeur (1870).
M. BOYER, Licencié ès Sciences Naturelles, Répétiteur.

La Saulsaie : M. GUYETANT, 1851
M. BOCQUENTIN, 1852.
M. DURAND, 1854.

Chimie.

M. AUDOYNAUD, Professeur (1873).
M. SPRÉCHER, Licencié ès Sciences Physiques, Répétiteur.

La Saulsaie : M. SAURIAN, 1851.
M. MORIN, chargé de cours, 1865.
M. DUCROT, chargé de cours, 1867.
M. ROUSSILLE, Profes., 1867.
Montpellier : M. ROUSSILLE, 1870
M. CHANCEL, chargé de cours, 1872.

Comptabilité.

M. Mignot (depuis nov. 1870).

Économie et Législation rurales.

M. Convert, Professeur (1878).
N....., Répétiteur.

La Saulsaie : M. Nivière, 1851.
M. Pichat, 1852.
M. Lœuillet, 1857.
Montpellier : M. Lœuillet, 1870
M. Convert, chargé de cours, 1876.

Génie Rural.

M. Ferrouillat, Professeur (1887).
M. Charvet, Répétiteur.

La Saulsaie : M. Revolle, 1851.
M. Jeannenot, chargé de cours, 1862.
M. Coste, chargé de cours, 1864.
M. Jeannenot, Profes., 1865.
Montpellier : M. Jeannenot, 1870.

Physique et Géologie.

M. Houdaille, Profes. (1888).
M. Mazade, Répétiteur.

Montpellier : Chaire créée en 1882. — M. Crova, Professeur à la Faculté des Sciences, Professeur, 1882 à 1888.

Sériciculture.

M. Maillot, Directeur de la Station séricicole, Professeur (1873).
N....., Répétiteur.

La Station séricicole a été créée à Montpellier en 1873.

Technologie. M. Bouffard, Profes. (1884). M. Fallot, Répétiteur.	*Montpellier* : M. Saintpierre, Professeur, 1872 à 1881. M. Bouffard, chargé de cours de 1882 à 1884.
Viticulture. M. P. Viala, Professeur (1886). M. Rabault, Répétiteur.	Chaire créée en 1882. — M. G. Foex, Professeur, de 1882 à 1886.
Viticulture comparée. M. G. Foex, Directeur, Professeur.	Enseignement créé en 1886.
Zoologie Générale et Entomologie. M. Valéry Mayet, Professeur. N....., Répétiteur.	Chaire créée en 1881.
Zoologie des Mammifères et Zootechnie. M. Duclert, Professeur (1888). M. Mozziconacci, Répétiteur.	*La Saulsaie* : M. Lemaire, 1851 M. Chazelli, 1852. M. Roland, 1858. M. Mignot, chargé de cours, 1863 ; Id., Profes., 1867. *Montpellier* : M. Gobin, 1872. M. Pourquier, 1877. M. Tayon, chargé de cours, 1878 ; Id., Profes., 1880. M. Blanchard, chargé de cours.

CONFÉRENCES

Arboriculture et Horticulture.

M. Berne, jardinier chef.

Cultures.

M. G. Foex, Directeur, Professeur de Viticulture comparée.

Mathématiques.

M. Chabaneix, Bibliothécaire-Conservateur des Collections.

Pratique Agricole.

M. Cadoret, Chef des Cultures, Répétiteur d'Agriculture.

Leçons de Dessin.

M. Charvet, Répétiteur de Génie rural, chargé de l'enseignement.

Instruction militaire.

MM. Blanc et Roussel, sous-officiers de réserve, instructeurs.

IV.

STATISTIQUE DES ÉLÈVES.

Diverses catégories d'Élèves. — L'École de La Saulsaie ne renfermait que des élèves internes. Lorsque celle de Montpellier fut organisée, on l'installa en vue de 40 élèves externes ou auditeurs seulement. En 1876, grâce à l'initiative de M. Saintpierre, alors Directeur, un internat de 20 lits fut d'abord créé. L'augmentation du nombre des élèves entraîna la création de 20 nouvelles places d'internes ; enfin, en 1882, le nombre total des places d'internes fut porté à 80.

Les pertes de temps résultant du retour en ville des élèves externes au milieu de la journée ont amené l'Administration à transformer, à partir du 1er janvier 1887, l'externat en demi-internat.

L'École compte donc actuellement des élèves internes dans la mesure des places disponibles, des élèves demi-internes et des auditeurs libres. Les élèves internes sont pris chaque année parmi les mieux classés des élèves français qui ont fait la demande de l'internat. Les élèves étrangers peuvent être admis comme internes au même titre que les français, mais lorsque des places restent vacantes, après que tous les nationaux ont été pourvus.

Les élèves demi-internes arrivent à l'École à 8 heures du matin, y prennent le déjeuner de 11 heures et quittent l'Établissement à 4 heures, à moins que les exercices indiqués au tableau d'emploi du temps ne les retiennent jusqu'à 6 heures.

Les élèves réguliers internes ou demi-internes sont soumis à des examens d'admission ; ils sont astreints à assister à tous les cours, conférences et exercices afférents à leur année d'études ; ils subissent des examens mensuels et de terminaison de cours ; ils concourent enfin pour l'obtention du diplôme des Écoles nationales d'Agriculture à la fin de leurs études.

Les auditeurs libres ne sont pas astreints aux examens d'admission ; ils ont droit à tous les enseignements oraux, sans être tenus à aucune condition de régularité ; ils ne peuvent prendre part, sans une autorisation spéciale du Ministre de l'Agriculture, aux travaux pratiques et ils ne peuvent concourir pour l'obtention du diplôme.

STATISTIQUE.—On a résumé ci-après sous forme de tableaux : 1° Un état des élèves qui ont figuré annuellement sur les contrôles de l'École d'Agriculture de La Saulsaie de 1851 à 1870.— 2° Des candidats qui se sont présentés annuellement à l'École de La Saulsaie et des élèves admis. — 3° Des élèves qui ont figuré sur les contrôles de l'École de La Saulsaie, classés par département pour les élèves français et par nationalité pour les élèves étrangers.— 4° Des élèves et auditeurs libres qui ont figuré annuellement sur les contrôles de l'École nationale d'Agriculture de Montpellier depuis l'ouverture de l'École jusqu'en juillet 1888. — 5° Des candidats qui se sont présentés annuellement aux examens d'admission et des élèves admis depuis l'ouverture jusqu'en 1887-88.— 6° Des élèves et auditeurs libres qui ont figuré sur les contrôles de l'École nationale d'Agriculture de Montpellier depuis l'ouverture de l'École jusqu'en juillet 1888, classés par lieu d'origine.

ÉTAT des Élèves qui ont figuré sur les Contrôles de L'ÉCOLE D'AGRICULTURE DE LA SAULSAIE *de* 1851 *à* 1870.

ANNÉES.	NOMBRE D'ÉLÈVES.
1851 — 1852	8
1852 — 1853	22
1853 — 1854	28
1854 — 1855	25
1855 — 1856	23
1856 — 1857	21
1857 — 1858	17
1858 — 1859	19
1859 — 1860	20
1860 — 1861	34
1861 — 1862	38
1862 — 1863	33
1863 — 1864	34
1864 — 1865	46
1865 — 1866	52
1866 — 1867	54
1867 — 1868	44
1868 — 1869	39
1869 — 1870	29

ÉTAT des Candidats qui se sont présentés annuellement aux Examens d'admission à L'ÉCOLE DE LA SAULSAIE *et relevé des Élèves admis.*

ANNÉES.	CANDIDATS.	ÉLÈVES ADMIS.
1851 — 1852	8	8
1852 — 1853	16	16
1853 — 1854	10	10
1854 — 1855	9	9
1855 — 1856	10	10
1856 — 1857	8	8
1857 — 1858	4	4
1858 — 1859	8	8
1859 — 1860	11	11
1860 — 1861	21	20
1861 — 1862	18	15
1862 — 1863	9	8
1863 — 1864	19	18
1864 — 1865	21	20
1865 — 1866	25	23
1866 — 1867	18	16
1867 — 1868	27	21
1868 — 1869	14	13
1869 — 1870	6	6

ÉTAT des Élèves qui ont figuré sur les Contrôles de L'ÉCOLE DE LA SAULSAIE, *classés par département pour les Élèves français et par nationalité pour les Élèves étrangers.*

Ain	16	Haute-Vienne	1
Allier	10	Haute-Garonne	1
Ardèche	3	Hérault	2
Aveyron	2	Isère	10
Alger	2	Jura	2
Aisne	1	Loire-Inférieure	1
Alpes-Maritimes	1	Loire	6
Aude	2	Lot-et-Garonne	3
Bouches-du-Rhône	1	Lot	6
Corse	4	Lozère	1
Côte-d'Or	4	Nord	1
Cantal	2	Nièvre	2
Cher	3	Oran	3
Creuse	1	Pyrénées-Orientales	7
Charente	1	Pas-de-Calais	1
Dordogne	1	Puy-de-Dôme	3
Doubs	7	Rhône	14
Drôme	6	Seine	10
Eure-et-Loir	1	Saône-et-Loire	27
Finistère	1	Savoie	3
Gard	2	Seine-et-Oise	4
Gers	1	Seine-Inférieure	1
Haute-Marne	2	Tarn	2
Haute-Loire	3	Tarn-et-Garonne	3
Haut-Rhin	1	Var	1
Haute-Saône	2	Vaucluse	1
Haute-Savoie	2	Yonne	1

Pays Étrangers.

Hollande	1	Mexique	1
Suisse	7	Roumanie	3
Turquie	6	Haïti	1
Perse	2	Russie	2
Espagne (Canaries et Cuba)	8	Egypte	1
		Equateur	1
Italie	4	Paraguay	2
Brésil	5	Uruguay	1

ÉTAT des Élèves et Auditeurs libres qui ont figuré sur les Contrôles de L'ÉCOLE NATIONALE D'AGRICULTURE DE MONTPELLIER *depuis l'ouverture de l'École jusqu'en* 1888 (*juillet*).

ANNÉES.	NOMBRE d'élèves internes.	NOMBRE d'élèves externes.	NOMBRE d'auditeurs libres.	TOTAUX.
1872 — 1873	»	13	3	16
1873 — 1874	»	22	4	26
1874 — 1875	»	17	8	25
1875 — 1876	»	15	20	35
1876 — 1877	19	4	15	38
1877 — 1878	33	3	22	58
1878 — 1879	48	4	13	65
1879 — 1880	56	3	17	76
1880 — 1881	71	5	23	99
1881 — 1882	86	7	11	104
1882 — 1883	96	22	17	135
1883 — 1884	104	27	25	156
1884 — 1885	107	32	29	168
1885 — 1886	95	34	23	152
1886 — 1887	94	32	27	153
1887 — 1888	111	41	25	177

ÉTAT des Candidats qui se sont présentés annuellement aux Examens d'admission et relevé des Élèves admis à L'ÉCOLE NATIONALE D'AGRICULTURE DE MONTPELLIER *depuis l'ouverture jusqu'en* 1887-1888.

ANNÉES.	CANDIDATS.	ÉLÈVES ADMIS	OBSERVATIONS.
1872 — 1873	13	13	
1873 — 1874	9	9	
1874 — 1875	8	7	
1875 — 1876	10	10	
1876 — 1877	14	13	
1877 — 1878	19	16	
1878 — 1879	30	26	
1879 — 1880	29	27	
1880 — 1881	41	32	
1881 — 1882	55	37	
1882 — 1883	66	58	Y compris 3 élèves venant d'autres Écoles d'Agriculture
1883 — 1884	83	64	— 4 —
1884 — 1885	80	70	— 1 —
1885 — 1886	58	44	
1886 — 1887	69	53	— 2 —
1887 — 1888	106	75	— 4 —

ÉTAT des Élèves et Auditeurs libres qui ont figuré sur les Contrôles de L'École d'Agriculture de Montpellier *depuis l'ouverture de l'École jusqu'en* 1888 *(juillet), classés par lieu d'origine.*

DÉPARTEMENTS.	ÉLÈVES.	AUDITEURS	TOTAUX.	DÉPARTEMENTS.	ÉLÈVES.	AUDITEURS.	TOTAUX.
Hérault	130	25	155	Lot-et-Garonne	3	»	3
Aude	52	8	60	Alpes-Maritimes	2	1	3
Gard	31	2	33	Basses-Pyrénées	2	»	2
Alger	26	2	28	Vosges	2	»	2
Bouches-du-Rhône	17	2	19	Aveyron	2	»	2
Var	17	4	21	Ain	1	1	2
Corse	13	2	15	Charente-Inférre.	1	1	2
Tarn	11	»	11	Charente	1	2	3
Vaucluse	10	2	12	Côte-d'Or	1	»	1
Ardèche	9	1	10	Dordogne	1	1	2
Lot	9	»	9	Haute-Loire	1	»	1
Haute-Garonne	8	4	12	Lozère	1	»	1
Gironde	8	2	10	Maine-et-Loire	1	2	3
Isère	8	1	9	Pas-de-Calais	1	»	1
Pyrén.-Orientales	8	»	8	Puy-de-Dôme	1	»	1
Tarn-et-Garonne	8	»	8	Seine-et-Marne	1	1	2
Oran	8	1	9	Haute-Vienne	1	»	1
Drôme	7	2	9	Ile de la Réunion	1	»	1
Rhône	7	4	11	Allier	»	2	2
Gers	6	1	7	Doubs	»	1	1
Loire	4	1	5	Saône-et-Loire	»	1	1
Constantine	4	2	6	Haute-Savoie	»	1	1
Ariège	3	»	3	Alsace	»	1	1
Landes	3	3	6	Basses-Alpes	1	»	1
Haute-Saône	3	»	3	Indre	1	»	1
Savoie	3	1	4	Jura	»	1	1
Seine	3	3	6				
Pays Étrangers.							
Russie	25	26	51	Bulgarie	1	1	2
Grèce	24	6	30	Dalmatie	1	»	1
Turquie	17	5	22	Bolivie	1	1	2
Espagne	10	6	16	Chili	1	5	6
Roumélie-Orientle.	5	2	7	Etats-Unis	1	3	4
Egypte	5	1	6	Inde	1	2	3
Suisse	4	6	10	San-Salvador	1	«	1
Brésil	4	2	6	Angleterre	»	1	1
Roumanie	3	1	4	Portugal	»	1	1
Tunisie	3	»	3	Allemagne	»	3	3
Chypre	2	1	3	Japon	»	2	2
Italie	2	14	16	Mexique	»	2	2
Autriche-Hongrie	1	4	5				

En résumé, depuis l'ouverture de l'École (décembre 1872), 554 Élèves réguliers et 184 Auditeurs se sont fait inscrire sur les Contrôles :

442 Élèves Français.

112 Élèves Étrangers.

Sur les 442 Élèves Français, 123 ont reçu le Diplôme.

Le nombre d'Élèves Étrangers diplômés s'élève à 43.

Ce qui correspond à :

Pour les Élèves Français...... 27 p. %

Pour les Élèves Étrangers..... 38 p. %

V.

CONDITIONS D'ADMISSION. — ORGANISATION DES ÉTUDES. DISCIPLINE, ETC.

CONDITIONS D'ADMISSION.— Les candidats doivent être âgés de 16 ans accomplis au 1er avril de l'année d'admission.

Les demandes d'admission, rédigées sur papier timbré, doivent être adressées au Ministre et lui parvenir le 1er *septembre au plus tard* (délai de rigueur).

Elles doivent être accompagnées des pièces suivantes:

1° Acte de naissance légalisé du candidat ;

2° Certificat de moralité délivré par le chef de l'établissement dans lequel le candidat a accompli sa dernière année d'études, ou, à défaut, par le maire de sa dernière résidence ;

3° Certificat de médecin attestant que le candidat a été vacciné ou qu'il a eu la petite vérole (*ce certificat doit être légalisé par le maire*) ;

4° Obligation souscrite sur *papier timbré* par les parents, le tuteur ou le protecteur du candidat, pour garantir le payement, par terme et d'avance, de sa pension pendant toute la durée de son séjour à l'École.

Sur le vu des pièces précitées, le Ministre autorise, s'il y a lieu, le candidat à se présenter à l'examen d'admission et lui en donne avis.

Les candidats à l'internat ou au demi-internat subissent un examen d'admission. Toutefois, ceux qui justifient de la possession du diplôme de *bachelier ès sciences*, ou de celui *de l'enseignement secondaire spécial*, ou de celui de *vétérinaire*, sont dispensés de cet examen.

Le prix de la pension des élèves internes est de 1,000 fr. par an et celui des demi-internes de 400 fr.

Les *auditeurs libres* sont admis à toute époque de l'année et sans examen, sur l'autorisation du Directeur de l'École, moyennant l'acquittement d'un droit de 50 francs par trimestre, payables d'avance entre les mains de l'agent comptable de l'Établissement. Leur demande peut se produire en tout temps par simple lettre adressée au Directeur de l'École.

Examen d'admission. — Le concours a lieu devant un jury nommé par le Ministre ; il est divisé en deux épreuves :

Des compositions écrites et un examen oral.

Les épreuves écrites comprennent :

1° Une narration ;

2° La solution d'un problème d'arithmétique ou d'algèbre et d'un problème de géométrie.

L'examen oral est public; il porte sur les matières suivantes :

1° *Arithmétique*. — Numération décimale.

Les quatre opérations sur les nombres entiers.

Nombres décimaux. — Opérations.

Caractères de divisibilité par 2, 3, 5, 9 et 11.

Définitions des nombres premiers et des nombres premiers entre eux. — Marche à suivre pour décomposer un nombre en ses facteurs premiers (aucun développement théorique). — Formation du plus grand commun diviseur et du plus petit commun multiple de plusieurs nombres.

Fractions ordinaires. — Simplification d'une fraction. — Réduction de plusieurs fractions au même dénominateur. — Opérations sur les fractions. — Conversion d'une fraction ordinaire en fraction décimale. — Fractions périodiques.

Carré et racine carrée d'un nombre entier, d'un nombre décimal.

Système métrique.

Rapport de deux nombres. — Égalité de deux rapports ou proportion.

Questions d'intérêt et d'escompte ; formules pour les résoudre. — Notions sur les intérêts composés.

2° *Algèbre*. — Opérations algébriques (on ne parlera pas de la division des polynômes).

Équation du premier degré à une et à plusieurs inconnues. — Exercices numériques.

Équation du second degré à une inconnue. — Application à quelques problèmes d'arithmétique et de géométrie.

3° *Géométrie*. — I. *Géométrie plane*. — Ligne droite et plan. — Ligne brisée. — Ligne courbe. — Angle. — Angle droit.

Triangles. — Cas d'égalité les plus simples. — Propriétés du triangle isocèle. — Cas d'égalité des triangles rectangles.

Lieu géométrique des points équidistants de deux points. — Lieu géométrique des points équidistants de deux droites qui se coupent.

Droites parallèles. — Somme des angles d'un triangle, d'un polygone. — Propriétés des parallélogrammes.

De la circonférence ; du cercle. — Dépendance mutuelle des arcs et des cordes, des cordes et de leurs distances au centre.

Tangente au cercle. — Intersection et contact de deux cercles.

Mesure des angles. — Angle inscrit.

Usage de la règle et du compas dans les constructions sur le papier. — Tracé des perpendiculaires et des parallèles ; usage de l'équerre.

Évaluation des angles en degrés, minutes et secondes. — Rapporteur.

Problèmes élémentaires sur la construction des angles et des triangles. — Mener une tangente à un cercle par un point extérieur. — Mener une tangente à un cercle parallèlement à une droite donnée. — Mener une tangente commune à deux cercles. — Décrire sur une droite donnée un segment capable d'un angle donné.

Mesure des aires. — Aires du rectangle, du parallélogramme, du triangle, du trapèze, d'un polygone quelconque. — Aire approchée d'une figure limitée par une courbe quelconque. — Théorème du carré construit sur l'hypoténuse d'un triangle rectangle. — Nombreuses applications numériques.

Lignes proportionnelles.

Polygones semblables. — Conditions de similitude des triangles. — Rapport des périmètres des polygones semblables.

Relations entre la perpendiculaire abaissée du sommet de l'angle droit d'un triangle rectangle sur l'hypoténuse, les segments de l'hypoténuse, l'hypoténuse elle-même et les côtés de l'angle droit.

Théorème relatif au carré du nombre qui exprime la longueur du côté d'un triangle opposé à un angle droit, aigu ou obtus.

Théorème relatif aux sécantes du cercle issues d'un même point.

Problèmes : Diviser une droite donnée en parties égales, en parties proportionnelles à des longueurs données. — Trouver une quatrième proportionnelle à trois lignes données, une moyenne proportionnelle à deux lignes données. — Construire sur une droite donnée un polygone semblable à un polygone donné.

Polygones réguliers. — Leur inscription dans le cercle : carré, hexagone.

Moyen d'évaluer le rapport approché de la circonférence au diamètre. — Applications.

Aire d'un polygone régulier. — Aire d'un cercle, aire d'un secteur circulaire.

Rapport des aires de deux figures semblables.

II. *Géométrie dans l'espace*. — Du plan et de la ligne droite.

Angles dièdres.

Angles trièdres.

Des polyèdres. — Prisme. — Parallélipipède. — Cube. — Pyramide. — Sections planes, parallèles, du prisme et de la pyramide.

Mesure des volumes. — Volume du parallélipipède, du prisme, de la pyramide, du tronc de pyramide à bases parallèles et du tronc de prisme triangulaire.

Cylindre droit à base circulaire. — Mesure de la surface latérale et du volume. — Extension aux cylindres droits à base quelconque.

Cône droit à base circulaire. — Sections parallèles à la base. — Surface latérale du cône, du tronc de cône à bases parallèles. — Volume du cône, du tronc de cône à bases parallèles.

Sphère. — Sections planes; grands cercles, petits cercles. — Pôles d'un cercle. — Étant donnée une sphère, trouver son rayon par une construction plane.

Aire de la zone, de la sphère entière. — Exercices.

Mesure du volume engendré par un triangle tournant autour d'un axe mené dans son plan par un de ses sommets. — Application du secteur polygonal régulier tournant autour d'un axe mené dans son plan et par son centre. — Volume du secteur sphérique, de la sphère entière, du segment sphérique. — Exercices.— Volume approché d'un solide limité par une surface quelconque.

III. *Courbes usuelles*. — Ellipse et parabole.— Définitions.— Tracés.

4° *Physique*. — Préliminaires.

Divisions de la physique.

Mobilité, inertie, formes. — Mouvement uniforme. — Mouvement uniformément varié. — Proportionnalité des forces constantes aux accélérations qu'elles impriment à un même mobile. — Masses. — Mesure des forces constantes. — Énoncé de la règle du parallélogramme des forces et de la composition de deux forces parallèles. — Centre des forces parallèles.

Pesanteur.

Direction de la pesanteur. — Centre de gravité. — Poids.

Lois de la chute des corps. — Machine d'Atwood. — Appareil de Morin.

Pendule. — Observations de Galilée. — Intensité de la pesanteur.

Balance.

Notions sur les divers états des corps.

Principe d'égalité de pression dans les fluides. — Surface libre des liquides pesants en équilibre. — Pression sur le fond des vases. — Presse hydraulique.

Vases communiquants.

Principe d'Archimède.— Poids spécifiques.— Aréomètres.— Densités.

Pesanteur de l'air. — Baromètres.

Loi de Mariotte. — Manomètres.

Machine pneumatique. — Pompes. — Siphons. — Aérostats.

Chaleur.

Dilatation des corps par la chaleur.

Construction et usage des thermomètres.

Notions sur les coefficients de dilatation des solides, des liquides et des gaz. — Leurs usages.

Poids spécifiques des gaz (procédé de Regnault).

Chaleur rayonnante. — Expériences de Melloni.

Notion sur la conductibilité des corps.— Procédés d'Ingenhouz.— Détermination de la chaleur spécifique des solides et des liquides par la méthode des mélanges.

Fusion et solidification. — Chaleur latente. — Mélanges réfrigérants.

Formation des vapeurs dans le vide. — Vapeurs saturées et non saturées. — Maximum de tension.— Mesure du maximum de tension de la vapeur d'eau à diverses températures par la méthode de Dalton. — Tables.

Mélanges des gaz et des vapeurs.

Évaporation. — Ébullition. — Distillation.

Chaleur latente des vapeurs. — Froid produit par l'évaporation. — Machines à glace.

Machines à vapeur. — Kilogrammètre. — Cheval-vapeur. — Électricité et magnétisme. — Notions générales.

Optique. — Notions générales.

5° *Chimie.* — Cohésion et ses effets. — Cristallisation. — Isomorphisme et dimorphisme.

Formation des corps composés : synthèse. Leur décomposition : analyse.

Affinité et ses modifications.

Corps simples. — Métalloïdes et métaux.

Corps composés. — Acides, bases, corps neutres, sels.

Principes de la nomenclature.

Proportions multiples.

Oxygène. — Combustion. — Exemples de combustion vive et de combustion lente. — Chaleur dégagée par la combustion des principaux corps combustibles.

Hydrogène.—Eau.—Analyse et synthèse de l'eau.—Eaux potables.

Azote. — Air atmosphérique. — Analyse qualitative et quantitative de l'air.

Équivalents chimiques.

Carbone — Acide carbonique.— Synthèse de cet acide.— Sa formation par les animaux. — Sa décomposition par les plantes. — Oxyde de carbone. — Hydrogène bicarboné. — Gaz d'éclairage. — Flamme. — Lampe de sûreté.

Oxydes d'azote. — Acide azotique. — Ammoniaque.

Soufre. — Acide sulfureux. — Acide sulfurique. — Hydrogène sulfuré. — Phosphore. — Acide phosphorique. — Hydrogène phosphoré.

Chlore. — Acide chlorhydrique. — Eau régale.

Classification des métalloïdes en familles naturelles. — Rappeler les principaux composés qu'ils forment entre eux. Donner leur formule.

Métaux en général. — Leurs propriétés et leur classification.

Alliages.

Action de l'oxygène, de l'air sec et de l'air humide sur les métaux. — Action du soufre et du chlore.

Oxydes métalliques.— Action de la chaleur, du carbone, de l'eau. — Préparation générale des oxydes métalliques.— Potasse, soude et chaux.

Sulfures.— Chlorures.— Sel marin.

Sels. — Leurs propriétés générales. — Lois de leur composition. — Lois de Berthollet.

Principaux genres de sels.— Carbonates : carbonate de potasse, de soude et de chaux. — Sulfates : alun. — Azote : nitre et poudre.

6° *Géographie.* — Géographie générale. — Géographie physique, politique et industrielle de l'Europe, et plus particulièrement de la France.

Bourses et demi-bourses.— Des bourses, au nombre de six par année d'études, sont instituées dans les Écoles d'Agriculture. Elles sont exclusivement attribuées aux élèves internes.

La moitié de ces bourses est réservée aux anciens apprentis de fermes-écoles ou élèves d'Écoles pratiques d'Agriculture porteurs de certificat de capacité délivré par ces établissements. Les bourses de cette catégorie se donnent au concours et dès l'entrée à l'École.

Les autres, fractionnables en demi-bourses, sont attribuées aux jeunes gens dont les ressources, ou celles de leurs familles, sont insuffisantes pour subvenir au payement total ou partiel du prix de la pension.

Ces bourses et demi-bourses peuvent être accordées, soit au moment de l'entrée à l'École, soit au cours des études.

Dans le premier cas, elles sont attribuées, d'après l'ordre de classement, aux candidats qui ont subi avec succès l'examen d'admission. Dans le second cas, elles sont accordées, également suivant l'ordre de classement, à ceux des postulants qui ont subi avec succès les examens de passage d'une division à une division supérieure et qui n'ont donné lieu à aucun reproche au sujet de leur conduite.

Les bourses et les demi-bourses ne sont données que pour une année scolaire, mais elles sont maintenues aux élèves qui continuent à s'en rendre dignes par leurs progrès et leur conduite; elles peuvent être retirées au cours de l'année scolaire par mesure disciplinaire.

Enseignement. — L'enseignement de l'École de Montpellier est à la fois théorique et pratique ; il s'adresse aux jeunes gens qui désirent prendre en main l'exploitation directe de leurs domaines, devenir gérants de grandes propriétés ou qui veulent entrer dans l'enseignement agricole. L'instruction est donnée dans des cours réguliers et des conférences complétés par des travaux pratiques effectués dans le domaine et dans les Laboratoires de l'École et par des excursions dans les Établissements agricoles et industriels du voisinage et de la région. Les élèves prennent part aux divers travaux et services de l'exploitation ; ils ont ainsi l'occasion de pénétrer dans le détail de la surveillance, de l'exécution et de la direction des travaux de la ferme. Enfin des conférences faites toutes les quinzaines par le Directeur les tiennent au courant de la situation agricole de la région, du domaine et des faits notables qui se produisent au point de vue pratique et au point de vue scientifique.

Le tableau ci-après donne l'indication des matières enseignées et de la manière dont l'enseignement est réparti.

ÉCOLE NATIONALE D'AGRICULTURE DE MONTPELLIER

TABLEAU des Cours, Conférences et Exercices pratiques.

PROFESSEURS et MAITRES DE CONFÉRENCES	ENSEIGNEMENT.	1re ANNÉE		2e ANNÉE		3e ANNÉE	TOTAUX.	OBSERVATIONS
		1er SEMESTRE	2e SEMESTRE	1er SEMESTRE	2e SEMESTRE	1er SEMESTRE		
MM. AUDOYNAUD..	Chimie Générale	36	18	»	»	»	54	
	Chimie agricole	»	»	»	18	»	18	
	Exercices pratiques de Chimie	36	18	»	18	18	90	
— HOUDAILLE.	Physique	36	»	»	»	»	36	
	Météorologie et Géologie	»	18	»	»	»	18	
	Exercices pratiques de Physique, Météorologie et Géologie	36	18	»	»	»	54	
— V. MAYET...	Zoologie générale et Entomologie	36	18	»	»	»	54	
	Exercices pratiques de Zoologie et Entomologie	36	18	»	»	»	54	
— DUCLERT....	Anatomie et Physiologie	18	»	»	»	»	18	
	Zootechnie	»	»	18	36	»	54	
	Exercices pratiques d'Anatomie et de Zootechnie	36	»	18	18	»	72	
— FERROUILLAT.	Génie Rural	»	36	36	36	36	144	
	Exerc. pratiques de Génie Rural	»	18	18	18	18	72	
— DURAND....	Botanique	»	18	36	»	»	54	
	Sylviculture	»	»	»	»	36	36	
	Exercices pratiques de Botanique et de Sylviculture	»	54	54	»	18	126	

— Bouffard	Technologie	»	»	36	18	»	54	
	Exercices pratiques de Technologie	»	»	54	36	»	90	
— Convert	Législation	»	36	»	»	»	36	
	Économie Rurale	»	»	»	»	54	54	
— Degrully	Agriculture	»	18	18	18	»	54	
	Arboriculture agreste	»	»	»	»	18	18	
	Exercices pratiques d'Agriculture et d'Arboriculture	»	»	18	18	»	36	
— Viala	Viticulture	»	»	»	36	6	42	
	Exercices pratiques et Conférences de Viticulture et d'Ampélographie	»	»	»	36	6	42	
— Foex	Viticulture comparée	»	»	»	»	12	12	
	Exercices pratiques de Taille et de Viticulture comparée	»	»	»	»	12	12	
— Maillot	Sériciculture	»	»	18	»	»	18	
	Exercices pratiques de Sériciculture	»	»	»	18	»	18	
— Mignot	Comptabilité	»	»	»	»	18	18	
— Chabaneix	Mathématiques appliquées	36	»	»	»	»	36	
— Foex	Conférences de Culture	9	9	9	9	9	45	
— Cadoret	Travaux pratiques de Culture	36	54	18	36	»	144	
— Berne	Horticulture	»	18	»	»	18	36	
— Charvet	Dessin	36	36	36	36	»	144	
— X	Exercices militaires	36	36	36	36	36	180	
		423	441	423	441	315	2.043	

PROGRAMME DES COURS ET CONFÉRENCES.

COURS D'AGRICULTURE ET D'ARBORICULTURE AGRESTE.

I. — Étude du sol. — *Formation des terres arables.* — Terrain de sédiment ; terrains d'alluvion. — Leurs caractères agricoles.

Éléments constitutifs du sol ; leurs propriétés physiques et chimiques.

Propriétés physiques des sols. — Leurs classifications.

II. — Travaux de culture. — Défrichement et mise en valeur des terres incultes.

Labours, hersages, roulages, binages, etc.

Enlèvement et conservation des récoltes.

III. — Amendements et Engrais. — Matières fertilisantes d'origine végétale.

Matières fertilisantes d'origine animale.

— — — minérale.

Leur production et leur emploi dans la France méridionale.

IV. — Cultures spéciales. — 1. Plantes alimentaires.

2. Plantes fourragères.

3. Plantes industrielles.

V. — Cultures arbustives. — Olivier. — Mûrier. — Amandier. — Pistachier. — Figuier. — Oranger. — Jujubier. — Abricotier. — Prunier. — Châtaignier. — Pêcher.

VI. — Assolements et systèmes de culture. — Raisons pratiques des assolements, statique de la production agricole.

Étude des assolements usités.

Conditions spéciales de la culture dans la région méridionale.

CONFÉRENCES PRATIQUES D'HORTICULTURE ET D'ARBORICULTURE FRUITIÈRE.

Un cours pratique et théorique d'horticulture et d'arboriculture fruitière est fait aux élèves par le chef jardinier de l'École, sous la direction du professeur d'Agriculture.

Les leçons sont faites dans les jardins, avec démonstrations pratiques à l'appui, au moment où doivent s'exécuter les diverses opérations décrites.

Jardin potager. — Culture des plantes potagères : semis, plantations, indication des variétés de chaque espèce les mieux appropriées à la région.

Jardin d'ornement. — Culture des plantes d'ornement, plantes de serres, plantes pour massifs, bordures.

Jardin fruitier. — Multiplication des arbres fruitiers, choix des sujets pour la greffe des diverses espèces, leur multiplication ; des greffes à employer dans divers cas ; choix des arbres dans une pépinière ; travaux de préparation du sol ; défoncement, habillage des racines, mise en place. — Époque des diverses tailles ; formation de la charpente de l'arbre ; formes diverses appliquées au poirier, au pommier, au pêcher, au cerisier, à la vigne, etc. ; écartement qu'impliquent ces formes pour les diverses espèces sous le climat de la région. — Treillages, espaliers, contre-espaliers ; mise à fruit ; obtention et remplacement des bourgeons à fruit pour les divers arbres fruitiers cultivés. — Taille sèche. — Tailles en vert, pincement divers, effeuillage. — Remplacement par la greffe des rameaux manquants, divers procédés employés. — Maladies des arbres fruitiers, moyens de les combattre.

COURS DE BOTANIQUE.

Organographie ou Morphologie externe. — Organes de nutrition : Tiges, racines et feuilles. — Organes de reproduction : Fleurs et fruits.

Anatomie, Histologie ou Morphologie interne. — Cellule : protoplasma, noyau, suc cellulaire, membrane cellulaire. — Vie et mort de la cellule. Cellules, fibres et vaisseaux. Corps gazeux, liquides et solides, solubles ou insolubles dans le suc cellulaire, contenus dans les cellules. — Tissus : tissus cellulaire, fibreux, vasculaire et fibro-vasculaire. — Tissu conjonctif et tissu de soutien. — Tissus formateurs, assimilateurs, conducteurs, absorbants, sécréteurs, protecteurs et de réserve ou d'emmagasinement. — Modes d'accroissement et différenciation des tissus. — Végétaux cellulaires, végétaux vasculaires.

Organes de nutrition : *Tige.* — Structure primaire de la tige des phanérogames et des cryptogames vasculaires : cylindre central, écorce et épiderme. — Modifications apportées à la structure primaire de la tige, accroissement en longueur et en diamètre. — Tiges anormales. — Direction de la tige. — Dimensions et formes de la tige.

Racine. — Structure primaire de la racine des phanérogames et des cryptogames vasculaires : cylindre central, écorce, assise pilifère et coiffe.

— Modifications apportées à la structure primaire de la racine. — Accroissement en longueur et en diamètre. — Direction de la racine. — Radicelles : disposition des radicelles sur la racine. — Racines adventives. — Racines souterraines, aquatiques et aériennes. — Racines annuelles, bisannuelles et vivaces. — Rhizomes ou tiges souterraines. — Tubercules.

Feuille. — Structure de la feuille : limbe, pétiole et gaine. — Feuilles simples, feuilles composées ; stipules. — Nervation. — Formes des feuilles. — Disposition des feuilles sur la tige. — Bourgeons : bourgeons normaux et adventifs. — Préfoliaison. — Rameaux. Ramification. — Bulbilles, bulbes et caïeux.

Organes de nutrition dérivés. — Vrilles, phyllodes, cladodes, ascidies, piquants et aiguillons.

Modes de reproduction factice. — Bouture, marcotte et greffe.

Organes de reproduction : *Fleur.* — Pédoncule, réceptacle. — Bractées ou feuilles florales : calicule, spathe, involucre, glume et glumelle. — Nectaires, disque. — Origine des organes protecteurs et des organes sexuels de la fleur, métamorphoses. — Verticilles ou cycles foraux. — Calice, sépales. — Corolle, pétales. — Périanthe ou périgone. — Androcée, étamines : filet, anthère et pollen. — Gynécée, carpelles et pistil : ovaire, style et stigmate. — Ovule : ovule nu (gymnospermes), ovule renfermé dans la cavité ovarienne (angiospermes). — Fleurs hermaphrodites et fleurs unisexuées. — Structure et symétrie de la fleur. — Types de la fleur d'un monocotylédone et d'un dicotylédone. — Modifications apportées à ces types par suite de la soudure, de la multiplication ou de l'avortement des diverses parties de la fleur. — Préfloraison. — Inflorescence. — Ordre dans lequel les fleurs s'épanouissent. — Floraison : influence de l'âge, de l'époque de l'année, de l'heure de la journée et des météores sur la floraison.

Fruit. — Péricarpe et graines. — Fruits secs et fruits charnus. Fruits déhiscents et fruits indéhiscents. — Classification des fruits. Énumération des parties accessoires de la fleur qui peuvent accompagner le fruit. — Graine. — Épisperme et amande. — Embryon : corps cotylédonaire, albumen ou endosperme. — Enveloppes accessoires de la graine : arille et arillode. — Funicule, hile, chalaze et raphé. — Placentation. — Maturation de la graine.

Fécondation. — Fécondation des végétaux phanérogames angiospermes et gymnospermes. — Ovule : nucelle, téguments, micropyle, sac embryonnaire, vésicule embryonnaire, albumen, endosperme, corpuscules et oosphères, protoplasma femelle. — Pollen, boyau pollinique, fovilla ou protoplasma mâle. — Développement de l'embryon : suspenseur. Rôle des insectes dans la fécondation. — Fécondation croisée : hybrides et métis. — Fécondation artificielle. — Parthénogénèse. — Fécondation des végétaux cryptogames vasculaires et cellulaires. — Anthéridies, anthérozoïdes. — Oogones, Archégones, oosphères, oospores. Fécondation par conjugation : zygospores. — Reproduction asexuée : spores et zoospores.

Germination. — Germination des graines, des oospores, des spores et des zoospores. — Prothalle. — Conditions nécessaires à la germination. — Influences secondaires favorables ou nuisibles à la germination. — Durée de la faculté germinative. — Conservation des graines.

Nomenclature et classification. — Nomenclature binaire ou linnéenne. — Synonymie. — Description des plantes. — Nécessité des classifications. — Principes de la classification. — Espèce : variabilité ou permanence de l'espèce. — Variation, variété, race, hybride, métis. — Évolution, transformisme. — Genre. — Famille. — Ordre. — Tribu ou sous-famille. — Alliance. — Classe. — Embranchement. — Classifications artificielles : systèmes de Tournefort, de Linné. — Classifications dites naturelles : méthodes de Jussieu, de de Candolle, de Brongniart, de Van Tieghem. — Clef dichotomique.

Botanique appliquée. — Étude des familles des angiospermes (dicotylédones et monocotylédones) et des gymnospermes qui renferment des plantes agricoles, horticoles, forestières et médicinales. — Étude des principaux groupes des acotylédones et notamment des espèces du groupe des champignons qui vivent en parasites sur les plantes cultivées.

Géographie botanique. — Influence des plantes les unes sur les autres ou lutte pour la vie, au point de vue de la répartition des plantes sur le globe. — Influence des animaux, de l'homme, des eaux courantes, de l'atmosphère sur cette répartition. — Station. — Patrie. — Aire géographique. — Centres et formes de végétation. — Régions botaniques. — Zones des principales cultures. — Acclimatation et naturalisation.

Physiologie. — Vie latente ou ralentie et vie manifestée. — Fonctions de nutrition. — Aliments des plantes. — Absorption des principes nutritifs, gaz, eau et matières solides en dissolution dans l'eau. — Sève brune ou non élaborée. — Ascension de la sève. — Causes de l'ascension de la sève. — Tissus conducteurs. — Élaboration de la sève. — Assimilation du carbone, décomposition de l'eau, transpiration. — Marche des sucs nourriciers : tissus conducteurs. — Respiration ; principes pris par les plantes dans le milieu extérieur et principes rendus par elles à ce milieu. — Influence sur la vie des plantes de la pesanteur (géotropisme), de la lumière (héliotropisme), de la température, de l'eau, de l'atmosphère, de l'électricité et du sol.

Les cours sont suivis d'APPLICATIONS pendant lesquelles les élèves sont exercés à l'usage du microscope, à la détermination des plantes, soit dans le jardin botanique de l'École, soit dans de fréquentes herborisations qui leur permettent de récolter pour leurs herbiers la plupart des plantes de la région.

SYLVICULTURE.

Notions générales de Sylviculture. — Définition, but et principes de la Sylviculture. — Plan du Cours.

Statistique forestière générale et spéciale à la France. — Forêts soumises au régime forestier et forêts particulières. — Production et consommation annuelles des bois en France. — Importation et exportation des produits ligneux. — Défrichements et reboisements.

Influence des forêts sur le climat général et le climat local, sur la fertilité du sol, sur la quantité annuelle d'eau tombée et retenue par le sol, sur le maintien des terrains en pente, sur les inondations, sur le débit des rivières et des sources et sur la fixation des dunes.

Rapports de la sylviculture avec l'agriculture. — Cultures forestières associées aux cultures agricoles (Sologne, Ardennes, Lozère, Var, etc.). — Pâturage. — Associations pastorales : fruitières.

Législation forestière. — Code forestier (1827) — Ordonnance réglementaire (1827). — Modifications apportées au Code forestier (1859). — Loi sur le reboisement des montagnes (27 juillet 1860). — Loi sur le gazonnement des montagnes (8 juin 1864). — Loi sur la restauration et la conservation des montagnes (4 avril 1882). — Administration des forêts. — Rapports des particuliers avec cette Administration.

Éléments de production : influence du climat, du sol et de l'essence sur la production forestière. — Climat : climat général et climat local. — Altitude et abris. — Climats de plaines et climats de montagnes. — Exposition. — Sol et sous-sol. — Nature des espèces forestières : essences feuillues et essences résineuses. — Distribution des essences suivant les altitudes, les expositions et les sols.

Essences feuillues indigènes. — Chêne rouvre, chêne pubescent, chêne pédonculé, chêne tauzin et chêne cerris. — Chêne vert ou yeuse, chêne-liège (de la Méditerranée), chêne-liège occidental (de l'Océan) et chênes d'Algérie. — Hêtre. — Châtaignier. — Charme. — Bouleau. — Aune. — Saule. — Peuplier. — Orme. — Micocoulier. — Frêne. — Érable.

— Tilleul. — Arbres fruitiers forestiers : Cerisier. — Alisier. — Sorbier. — Pommier. — Poirier. — Prunier. — Néflier.

Essences résineuses indigènes. — Sapin. — Épicéa. — Mélèze. — Pin cembro. — Pin sylvestre. — Pin à crochets ou pin de montagne. — Pin d'Auvergne. — Pin de Saint-Guilhem. — Pin maritime. — Pin pinier. — Pin d'Alep. — If.

Principaux morts-bois de la région du Midi. — Chêne kermès. — Buis. — Arbousier. — Nerprun Alaterne. — Nerprun des teinturiers. — Pistachier Térébinthe. — Pistachier Lentisque. — Viorne Laurier-tin. — Myrte. — Phylliréa. — Sumac fustet. — Sumac des corroyeurs. — Aubépine. — Ajoncs. — Cistes. — Genêt d'Espagne. — Genêt épineux. — Baguenaudier. — Coronilles. — Gainier ou arbre de Judée. — Paliure. — Cornouiller. — Genévrier commun. — Genévrier cadier. · Genévrier de Phénicie. — Prunier épineux. — Cerisier mahaleb. — Amélanchier. — Coudrier ou Noisetier. — Bruyères.

Arbres exotiques pouvant être introduits dans les forêts en France et en Algérie. —Robinier.—Platane.—Ailante.—Caroubier. — Eucalyptus. — Cèdre. — Pin Laricio de Corse. — Pin noir d'Autriche.— Sapin de Cilicie. — Sapin de Céphalonie. — Sapin Pinsapo. — Cyprès de Lambert. — Genévrier de Virginie, etc.

Arbres indigènes et exotiques que l'on rencontre sur les promenades publiques et dans les parcs. — (Un grand nombre d'essences feuillues et résineuses.)

Arbres propres à faire des abris. — Cyprès. — Thuyas.

Arbres et arbrisseaux pouvant faire des haies.—Aubépine.—Buisson-ardent. Cognassier. — Néflier. — Amandier. — Robinier. — Févier. — Paliure. — Maclura.— Houx.— Buis. — Troëne vulgaire.— Troëne du Japon.— Fusain du Japon.—Grenadier.—Laurier noble. — Laurier-tin.— Lilas. — Tamarix. — Lyciet. — Pourpier de mer (*Atriplex Halimus*), etc.

Arbrisseaux et arbres à planter pour retenir et fixer les sols mouvants sur des terrains en pente et sur le bord des cours d'eau. — Saule. — Peuplier. — Aune.— Frêne. — Orme. — Robinier. — Genêt d'Espagne. — Argousier. — Tamarix, etc.

Estimation des bois.—Différents modes d'estimation : estimation à vue d'œil et par hectare ; estimation à vue d'œil et par pieds d'arbres.— Estimation par places d'essais.—Estimation par comptage et cubage individuels des arbres.

Dendrométrie.—Instruments employés pour mesurer les dimensions des arbres. — Rubans gradués, chaînes, compas forestiers. — Dendromètres.

Cubage des arbres. — 1° Arbres de futaie : estimation sur pied, en grume, au 1/4 sans déduction, au 1/5 et au 1/6 déduits.—Volume géométrique, volume réel. — Facteur de conversion. — Estimation des arbres équarris.— 2° Brins de taillis et branches de futaies : estimation du sous-bois et des branches des arbres.—Unités marchandes : mètre cube, solive, stère, corde, moule, voie.

Facteurs d'empilage.— Fagots.— Facteur pour passer du cent de fagots au mètre cube. — Accroissement moyen d'un arbre et d'un bois.

Tarifs ou Tables de cubage.—Cubage cylindrique, cubage tronconique, cubage conique.

Classification des produits.— Débit du bois. — Technologie forestière. — Bois d'œuvre comprenant : 1° les bois de service (constructions civiles et navales) ; 2° les bois d'industrie (bois de travail, bois de fente, bois de sciage). — Bois de chauffage (quartiers, rondins, fagots, bourrées). — Bois de charbonnette (fabrication du charbon en meules et en vases clos). — Écorce : Écorçage sur pied, écorçage au chevalet. — Écorçage des chênes rouvre et pédonculé, du chêne tauzin, du chêne vert, du chêne kermès ou garouille, du tilleul, du bouleau, de l'aune. — Utilisation des copeaux de hêtre pour la fabrication du vinaigre de bois ; des racines de l'épine-vinette, du bois de châtaignier, des rameaux feuillés du sumac des corroyeurs et du sumac fustet, des feuilles du redoul, des graines du nerprun des teinturiers pour la teinture ou la tannerie ; du bois de micocoulier pour les manches de fouets (Perpignan) et pour les fourches à trois dents (Sauve) ; des racines de bruyère et de buis, etc.— Extraction de la résine du sapin, de l'épicéa, du mélèze et des pins. — Sciage des bois. — Sciage à bras et sciage mécanique. — Scieries à eau. Scieries à vapeur fixes ou mobiles, à lames droites, simples ou multiples et à lames circulaires.

Estimation en argent, au volume, au poids, à la pièce. — Calepin de dénombrement. — Calepin d'estimation ; prix brut et prix net. — Différents modes de vente : vente sur pied, vente des bois abattus, bruts ou façonnés. — Vente par unité de produits. — Vente au volume, vente au poids. — Ventes de gré à gré et ventes publiques. — Ventes aux enchères, au rabais, par soumissions cachetées.

Conservation des bois.— Conservation des bois en piles, en chantiers, à l'air libre ou sous des hangars. — Conservation des bois dans l'eau. — Préservation des bois contre la pourriture et la vermoulure. — Procédés divers de préservation.

Exploitabilité. — Formation des *Séries* d'exploitation. — Fixation de la révolution dans les bois des particuliers, des communes, des établissements publics et de l'État. — Recherches des maxima de durée, d'utilité, de production en matière, de production en argent en un temps donné, et du maximum de revenu. — Diverses sortes d'exploitabilité. — Exploitabilité physique. — Exploitabilités économiques : exploitabilités absolue, technique, composée. — Exploitabilité commerciale. — Révolutions longues et révolutions courtes.

Possibilité. — Possibilité par étendue. — Coupes de contenances égales ou de contenances proportionnelles aux éléments de production. — Possibilité par volume : volume actuel, volume futur. — Accroissement moyen. — Rapport soutenu.

Règles d'assiette. — Assiette d'une coupe. — Plan d'arpentage. Parois. — Corniers. — Réarpentage. — Règles d'assiette applicables à tous les bois de plaines et de montagnes. — Règles d'assiette spéciales aux bois de montagnes.

Moyens de vidange et modes de transport des produits forestiers. — Chemins, routes, chemins de fer, cours d'eau. — Transport en bateaux. — Flottage à bûches perdues (Morvan). — Flottage en trains ou en radeaux. — Vidange par trailles, lançoirs, glissoirs, couloirs et *schlittes*.

Différents modes de traitement des bois : taillis et futaies. — *Taillis : taillis simples et taillis composés.* — Essences propres aux taillis. — Taillis d'essences pures et taillis d'essences mélangées. — Fixation de la révolution et de la possibilité. — Balivage des taillis composés, variant avec le sol, le climat, les essences et la révolution. — Choix, nombre et distribution des baliveaux. — Baliveaux de l'âge, Modernes, Anciens, et Vieilles-écorces. — Modes et époques de l'abatage. — Façonnage et vidange. — Cahier des charges. — Récolement. — Traitements spéciaux à quelques taillis : Sartage des taillis de chêne dans les Ardennes. — Furetage des taillis de hêtre (Morvan, Auvergne, Savoie, etc.). — Taillis de micocoulier (Gard et Pyrénées-Orientales). — Écorçage des taillis de chêne. — Exploitation du sumac des corroyeurs et du sumac fustet. — Étêtement et émondage des arbres isolés et en lignes. — Traitement du pin d'Auvergne en taillis (Haute-Loire). — Travaux d'amélioration dans les taillis : repeuplements artificiels, nettoiements et éclaircies, élagages. — Sols et climats qui conviennent aux taillis. — Quarts de réserve fixes, quarts de réserve mobiles.

Futaies. — Essences propres à la futaie. — Futaies régulières. — Divers modes de traitement des futaies. — Méthode du réensemencement naturel et des éclaircies : coupes de régénération et coupes d'amélioration. — Avantages et inconvénients de cette méthode. — Jardinage. — Modifications apportées à l'ancienne méthode du jardinage. — Application du jardinage modifié dans les forêts résineuses situées en montagnes. — Transformation des forêts irrégulières en forêts régulières. — Marche des coupes de transformation. — Traitement et exploitation d'une futaie d'essences feuillues (chêne, hêtre et charme, etc.) et d'une futaie d'essences résineuses (sapin, épicéa, pin sylvestre, etc.). — Traitement d'une forêt de pin maritime dans les Landes de la Gascogne : gemmage. — Traitement d'une forêt de chêne-liège (Var, Pyrénées-Orientales, Lot-et-Garonne, Landes, Corse, Algérie).

Comparaison des divers modes de traitements. — Influence du mode de traitement sur la fertilité du sol, sur la quantité et la qualité des produits en matière, ainsi que sur le revenu. — Conversion des taillis simples et des taillis composés en futaies et des futaies en taillis.

Économie forestière : Aménagement. — Aménagement transitoire et aménagement définitif. — Opérations sur le terrain, opérations au cabinet. — Levé du périmètre. — Formation des *divisions*. — Levé et description des divisions. — Formation des *Séries d'exploitation* avec les *divisions*. — Fixation de la *révolution* de chaque série. — Partage de la révolution en *Périodes* et de la série d'exploitation en *Affectations*, correspondant aux périodes, dites *Affectations périodiques*. — Détermination de la *possibilité*. — Réserve à prendre sur la possibilité dans les aménagements de futaies. — Revision périodique de l'aménagement. — Aménagement d'un taillis simple et d'un taillis sous futaie. — Plan de balivage d'une série de taillis sous futaie. — Quarts en réserve.

Estimation des forêts en fonds et superficie. — Méthode des marchands de bois. — Méthode des annuités et méthode de l'escompte.

Repeuplements artificiels à faire dans les forêts. — *Semis forestiers.* — Récolte et conservation des semences. — Sécheries pour les semences des résineux. — Qualité des semences. — Préparation du sol : assainissement, écobuage. — Labour en plein, labour par bandes, labour par trous ou potets. — Saisons convenables pour les semis. — Quantité de semences à employer pour les semis en plein, les semis partiels par bandes ou par trous et pour les semis par repiquement. — Semis des principales essences feuillues et résineuses. — Semis d'essences mélangées. — Culture préalable de plantes sarclées ou de céréales, pendant un temps variable, précédant les semis forestiers. — Abris. — Prix de revient.

Plantations forestières. — Pépinières forestières : pépinières permanentes et pépinières volantes. — Préparation du sol. — Tracé des plates-bandes, des rigoles, des sillons; emploi de composts de cendres. Abris. — Repiquement des plants en pépinière. — Plants de haute tige; plants de basse tige. — Préparation et transport des plants de pépinière. — Différents modes de plantation. — Préparation du terrain à reboiser. — Plantoirs divers. — Plantation dans les terrains secs, dans les terrains humides, en plaine et en montagne. — Plantation en mottes, à racines nues, en touffes, en massifs ou par plants isolés. — Espacement à donner aux plants. — Saisons favorables à la plantation. — Frais de plantation. — Cultures préalables du sol à reboiser.

Boutures et marcottes forestières. — Création d'une oseraie. — Marcottage dans les taillis.

Travaux d'entretien à faire dans les repeuplements artificiels. — Regarnis, recépages, sarclages, binages.

Reboisement des montagnes. — Reboisements obligatoires et reboisements facultatifs (lois des 28 juillet 1860, 8 juin 1864 et 4 avril 1882). — Périmètre de reboisement. — Extinction des torrents : barrages en maçonnerie, en pierres sèches, en bois; fascinages. — Semis et plantations. — Choix des essences. — Gazonnement. — Substitution du pâturage des vaches au pâturage des moutons : création de fruitières. — Exclusion des chèvres. — Réglementation des pâturages. — Résultats obtenus.

Reboisement des garrigues. — Semis et plantations de chêne et de pin. — Semis et plantations de chêne rouvre pubescent et de chêne vert à grand espacement, dans le but d'obtenir des truffières.

Fixation de dunes par le boisement. — Travaux exécutés en France depuis le commencement du siècle, dans les dunes des bords de l'Océan et plus récemment dans celles des bords de la Manche. — Utilité de ces travaux. — Création de forêts de pins. — Essais de boisement tentés sur le cordon littoral de la Méditerranée (bouquets de bois de Carnon, près Palavas, et de la Tamaricière, près Agde).

Traitement des bois abroutis et des bois incendiés, grêlés ou gelés. — Moyen de combattre et d'arrêter les incendies dans les bois.

Insectes nuisibles aux forêts. — Moyens préventifs et moyens destructifs employés dans les forêts contre les insectes nuisibles.

Questions diverses. — Alternance des essences. — Influence des irrigations et des amendements sur la production des bois. — Appauvrissement du sol des forêts par l'enlèvement des feuilles mortes. — De l'aliénation des forêts de l'État et du défrichement des bois particuliers.

— Le temps consacré aux APPLICATIONS qui suivent les cours est employé à la reconnaissance des diverses espèces de bois qui sont utilisées dans l'industrie, ainsi qu'à l'estimation des arbres sur pied. Des visites fréquentes au jardin dendrologique de l'École, dans les parcs et dans les pépinières, des excursions dans les bois, permettent aux élèves de se familiariser avec les essences et avec les modes de traitement et d'exploitation de la région.

COURS DE CHIMIE.

1re ANNÉE. — CHIMIE GÉNÉRALE.

MÉTALLOÏDES. — Préliminaires du cours. — Équivalents — poids atomiques. — Classification. — Hydrogène. — Fluor, chlore, brome, iode, leurs composés hydrogénés. — Oxygène, soufre. — Eau. — Hydrogène sulfuré. — Composés oxygénés du soufre. — Azote, phosphore, arsenic. — Ammoniaque, hydrogènes phosphoré et arsénié. — Composés oxygénés de l'azote, du phosphore et de l'arsenic. — Acide borique. — Carbone. — Oxyde de carbone, acide carbonique. — Sulfure de carbone. — Cyanogène. — Acide silicique. — Air atmosphérique.

MÉTAUX. — Propriétés générales. — Classification. — Sels. — Principaux genres salins. — Potasse, carbonates, sulfate, azotate de potassium. — Soude, chlorure et principaux sels. — Sels ammoniacaux. — Composés du baryum. — Chaux et composés calciques. — Magnésie — alumine — aluns — argiles et poteries. — Zinc. — Fer, oxydes, sulfures, etc. — Oxyde de manganèse. — Étain, antimoine, cuivre, plomb, bismuth ; — leurs alliages, leurs oxydes, leurs principaux composés salins. — Mercure, argent, or, platine, alliages, oxydes, chlorures. — Détermination d'un sel — quelques méthodes de séparation.

CHIMIE ORGANIQUE. — Principes immédiats, leur séparation — analyse élémentaire. — Carbures d'hydrogène : formène, éthylène, acétylène, benzine, etc., — pétroles. — Houille. — Gaz d'éclairage. — Térébenthine. — Alcools. — Alcools monoatomiques : méthylique, éthylique, amylique, etc. ; — leurs éthers et leurs principaux dérivés. — Phénols. — Alcools polyatomiques : glycérine, corps gras, savons et bougies. — Sucres : mannite, glucose, saccharose, lactose, etc. — Saccharimétrie — glucosides, tannin, dextrine, gommes — amidon — cellulose — ligneux et principes ulmiques — aldéhydes divers. — Camphre, essence d'amandes amères, etc.

Acides organiques : acétique, benzoïque. — Oxalique, succinique — lactique, salicylique, malique, gallique, tartrique, citrique.

Ammoniaques composées — alcalis naturels végétaux. — Asparagine.
Amides. — acide hippurique — urée — acide urique — principes albuminoïdes.

Applications. — Les leçons sont toujours accompagnées d'exercices au laboratoire ; les élèves répètent eux-mêmes les préparations et expériences principales du cours ; on leur donne aussi quelques analyses très simples et pouvant être exécutées en une seule séance.— Le professeur et le répétiteur surveillent ces divers exercices.

2e ANNÉE. — CHIMIE AGRICOLE.

Chimie biologique. — Des animaux.— Aliments.— Sécrétions digestives : salive, suc gastrique, bile, suc pancréatique, etc. — Déjections solides.— Du sang. — De l'urine.— Déjections liquides.— Tissu osseux. — Cartilages. — Colles. — Chair musculaire. — De l'œuf et du lait. — Composition et méthodes d'analyses. — Respiration animale. — Chaleur et mouvement. — Rations d'entretien et de travail.

Des végétaux. — Composition.— Assimilation du carbone, de l'hydrogène, de l'azote, de l'oxygène, de l'eau, des principes minéraux. — Mode de formation des composés organiques.— Germination. — Sève.— Fonctions physiques et chimiques des feuilles. Élaboration des matériaux apportés par la sève. — Influence de la chaleur et de la lumière. — De l'eau dans la végétation. — Migration des principes minéraux et organiques. — Maturation des fruits.

Chimie agricole. — Formation de la terre arable. — Propriétés physiques des terres. — Propriétés absorbantes. — Déperditions par les eaux de passage. — Apport des pluies. — Analyse physique. — Analyse chimique ; méthodes diverses. — Exemples de composition. — Conditions de fertilité.

Amendements. — Jachère.— Marnage. — Plâtrage. — Analyses qui s'y rapportent.

Engrais minéraux. — Nitrates et sels ammoniacaux. — Composés potassiques. — Phosphates et superphosphates. — Méthodes d'analyse.

Engrais organiques. — Fumier de ferme. — Eaux d'égout. — Poudrettes. — Guanos. — Sang desséché, cornes, etc. — Tourteaux. — Engrais verts.

Applications des engrais à la vigne et diverses cultures.

Applications au Laboratoire. — Analyses de divers produits organiques et minéraux. — Des terres et des engrais.

3e ANNÉE.

On a réservé aux élèves de 3e année un certain nombre d'applications d'une plus longue durée que celles des années précédentes, pour s'exercer à des analyses plus complètes de terres et d'engrais, toujours sous la surveillance du professeur ou du répétiteur.

COURS DE COMPTABILITÉ AGRICOLE.

Principes généraux : Définition et utilité de la Comptabilité agricole.

Valeurs comptables : Opérations et faits que la Comptabilité agricole doit enregistrer.

Systèmes de Comptabilité : Partie simple. — Partie double. — Comparaison de ces deux systèmes.

Notions générales sur les livres : Journal. — Grand-Livre. — Livres auxiliaires.

Organisation de la Comptabilité dans une exploitation rurale : Détermination du capital ou inventaire d'entrée. — Classification des valeurs comptables ou ouverture des comptes.

Comptes principaux : Capital. — Spéculations végétales. — Spéculations animales. — Valeurs espèces. — Denrées de consommation et d'échange. — Valeurs mobilières. — Main-d'œuvre. — Attelages. — Ventes. — Achats. — Effets à recevoir. — Effets à payer. — Engrais produits. — Engrais employés. — Emblavures. — Améliorations foncières. — Constructions. — Entretien des bâtiments et des chemins. — Loyers. — Impositions. — Frais généraux. — Pertes et profits. — Inventaire de sortie.

Comptes particuliers : Comptes courants. — Comptes de fabrications diverses avec les produits de la ferme. — Magnaneries.

TENUE DES LIVRES. — *Livres principaux* : Journal et Grand-Livre. — *Livres auxiliaires* : Brouillard. — Carnet de caisse. — Magasin. — Consommation du ménage. — Consommation des animaux. — Paye des journaliers. — Travaux. — Laiterie. — Distillerie. — Clôture ou solde des comptes. — Bilan.

APPLICATIONS. — Les élèves sont exercés à la tenue des livres en inscrivant sur des registres de comptabilité les exemples que le professeur leur fournit. — Tous les faits comptables qui se produisent dans une exploitation agricole, pendant la période d'une année, leur sont indiqués.

COURS D'ÉCONOMIE ET DE LÉGISLATION RURALES.

A. — Économie rurale.

I. Notions générales d'économie politique. — Objet, limites et utilité de l'Économie politique. Les richesses, leur classification.

Production des richesses. — Le travail, son organisation naturelle. La division du travail et ses effets ; l'association. La liberté du travail et ses avantages. — La propriété. — Le capital, son origine et son rôle dans la production. Les inventions et les machines. Classification des capitaux.

Circulation des richesses. — L'échange, la valeur et les prix. — La monnaie, le crédit et les banques. — Les débouchés. Voies de communication. Régime des échanges. Commerce intérieur et commerce extérieur. Balance du commerce ; système protecteur. Traités de commerce. Mouvement des importations et des exportations.

Distribution des richesses. — Le salaire, ses variations dans le temps et dans l'espace. Discussion du principe de la loi d'airain. — L'intérêt, ses variations dans le temps et dans l'espace. — Rapports du capital et du travail. — L'impôt, sa répartition et son emploi. — La population. Théorie de Malthus. Population urbaine et population rurale.

II. Économie rurale. — Relations de l'Économie rurale avec l'Économie politique. Division de l'Économie rurale.

L'État. — Son rôle dans la production agricole. — L'impôt.

La propriété. — Les formes primitives de la propriété, ses modifications successives, ses transformations depuis le siècle dernier. — La légitimité de la propriété et de la rente foncière. — Détermination de la rente ; ses variations dans le temps et dans l'espace. — Estimation des propriétés en corps de domaine ; estimation parcellaire.

La propriété en Algérie, aux États-Unis, en Australie, etc. — Législation Torrens, son application en Tunisie.

La constitution de la propriété. Division de la propriété. Morcellement de la propriété. Constitution de la culture. Comparaison entre les modes de répartition du sol dominants dans divers pays.

Les modes d'exploitation. La culture directe ; rôle des maîtres-valets et des régisseurs. Sociétés foncières. — Le fermage. Rédaction des baux à ferme. Dispositions destinées à sauvegarder les intérêts des propriétaires et des fermiers ; question des améliorations foncières. — Le métayage : ses avantages et ses inconvénients, son organisation.

Le capital d'exploitation. — Rôle du capital d'exploitation dans la production. Difficultés que présente son évaluation ; ses divisions.

Capital fixe. Le mobilier du cultivateur et de sa famille. — Le matériel agricole. Principaux instruments agricoles, leur nombre et leur importance dans différents systèmes de culture, leur évaluation. — Le bétail de trait : choix des espèces ; organisation du service des attelages ; nombre et valeur des animaux de trait employés dans une exploitation. — Le bétail de rente. Quantités de bétail entretenues dans différents systèmes de culture, leur évaluation.

Capital circulant. Frais annuels d'exploitation. Dépenses personnelles du cultivateur et de sa famille. Payement de la rente, des salaires et des impôts. Achats de matières premières : bétail, fourrages, engrais (Syndicats agricoles), semences, etc. Dépenses d'entretien du capital foncier et des divers éléments du capital fixe d'exploitation : assurances, réparations de toute espèce, ferrure, etc.

Le crédit agricole. — Rôle du crédit en agriculture. — Crédit hypothécaire, ses avantages et ses inconvénients ; perfectionnements proposés. Crédit Foncier, son mécanisme, ses services. — Crédit réel et mobilier. Prêts sur gages. Magasins généraux. Privilège des propriétaires. — Crédit personnel. L'Agriculture et la Banque de France. Banques populaires.

Les assurances contre les accidents, contre l'incendie, contre la grêle, contre la mortalité du bétail. Sociétés de secours mutuels.

Le travail. — L'organisation du travail agricole et ses difficultés. Variations des salaires agricoles dans le temps et dans l'espace. Émigration des campagnes.

Nombre de journées de travail exigées par diverses cultures et par divers systèmes de culture. Domestiques, journaliers, tâcherons, artisans. Travaux rémunérés en nature.

Budget de la population ouvrière agricole.

Les produits agricoles. — Produits d'origine végétale. — Céréales. Statistique. Marche de la production et de la consommation. Variations des prix de vente. Législation du commerce des grains ; droits d'importation. La production à l'étranger. — Plantes fourragères. — Plantes industrielles. Betteraves et sucres. — La vigne et le vin. Distribution des principaux vignobles français et étrangers ; statistique. Caractères particuliers de l'économie viticole de la France. Commerce du vin : importations et exportations, production étrangère. Vinage, sucrage, plâtrage. Coloration artificielle. Raisins secs. L'invasion phylloxérique et ses conséquences. — L'alcool. — Cultures arbustives.

Produits d'origine animale. Distribution des animaux des espèces chevaline, bovine, ovine, porcine et de basse-cour, dans les différentes régions de la France; leurs produits. Examen des opération auxquelles donne lieu chaque espèce. — Viande, laine et lait ; leurs variations de prix ; production nationale et production étrangère ; droits d'importation.

Les systèmes de culture. — Association des opérations animales et des opérations végétales ; leur influence réciproque.

Théorie des cercles culturaux concentriques de de Thünen. Classification des systèmes de culture de Royer, du comte de Gasparin. Examen de quelques systèmes de culture caractéristiques : culture avec jachère biennale, culture triennale, culture industrielle.

B. — LÉGISLATION RURALE.

Organisation politique, administrative et judiciaire de la France.

Droit civil. — Les personnes : état civil, capables et incapables. — La propriété : meubles et immeubles, droit d'accession, usufruit, servitudes, prescription. — Les contrats : vente, louage, société. — Privilèges et hypothèques.

Droit administratif. — Les impôts : contributions directes et indirectes. — Cours d'eau. — Voies de communication : chemins vicinaux et ruraux. — Expropriation pour cause d'utilité publique. — Associations syndicales. — Syndicats professionnels.

Lois d'un intérêt spécial pour l'Agriculture. — Irrigation (29 avril 1845, 11 juillet 1847). Drainage (10 juin 1854, 17 juillet 1856, 23 septembre 1858). — Vices rédhibitoires (29 juillet 1884). — Répression des fraudes commises dans le commerce des engrais (4 février 1888), des substances alimentaires (27 mars 1851), des boissons 5 mai 1855), des beurres (14 mars 1887). — Biens et usages ruraux, parcours et vaine pâture, etc. (28 septembre 6 octobre 1791). — Police du roulage (30 mai 1851). — Police sanitaire du bétail (21 juillet 1881). Surveillance des étalons (25 septembre 1885). — Phylloxera (22 juillet 1874, 15 juillet 1878-2 août 1879, 21 mars 1883, 29 mars 1885, 1er décembre 1887). — Chasse (3 mai 1844, 22 janvier 1874). — Pêche (15 avril 1829, 31 mai 1865, 10 août 1875), etc.

Encouragements à l'agriculture ; enseignement agricole (3 octobre 1848, 30 juillet 1875, 9 août 1876, 16 juin 1879).

COURS DE GÉNIE RURAL.

Le cours de Génie rural est l'application de la science de l'ingénieur à tous les besoins de l'industrie agricole. Il comprend :

1° La mécanique ;

2° La machinerie agricole ;

3° L'aménagement des eaux ;

4° Les constructions rurales.

Ces matières sont traitées dans des cours, suivis d'applications qui ont pour objet :

1° L'étude, sur le terrain, de l'arpentage et du nivellement ;

2° L'examen et le fonctionnement, dans les champs et dans la galerie des machines, des instruments décrits pendant les leçons ;

3° Des essais dynamométriques ;

4° Des jaugeages de ruisseaux ;

5° L'étude de projets divers d'instruments, d'aménagements des eaux, de constructions, etc. ;

6° Le cubage des terrassements.

Des heures de dessin sont en outre réservées :

1° Au rapport des plans topographiques ;

2° Au dessin des machines et des plans de bâtiments ruraux.

Une série de conférences préparatoires est consacrée aux études mathématiques (arithmétique, algèbre, géométrie, trigonométrie) servant de complément aux connaissances exigées pour l'entrée à l'École d'Agriculture.

MÉCANIQUE.

A. — Mécanique rationnelle et expérimentale :

Forces. Mesure des forces. Forces concourantes et parallèles. Composition et décomposition des forces. Équilibre des forces.

Moments des forces.

Pesanteur. Centres de gravité.

Équilibre des corps solides. Équilibre des liquides.

Mouvements. Mouvement uniforme. Vitesse. — Mouvement varié et uniformément varié. — Mouvement de rotation autour d'un axe. Composition et décomposition des mouvements.

Mouvement relatif.

Travail des forces. Représentation graphique du travail. Diagrammes du travail. Dynamomètres enregistreurs.

Principe des forces vives.

Transmission du travail dans les machines.

Résistances passives : Frottement. Choc. Résistance des milieux.

Force centrifuge.

B. — Machinerie générale :

Machines simples : Levier. Balances. Poulies.

— — Treuil. Engrenages.

— — Plan incliné. Coin. Vis.

Transformations et transmissions de mouvements :

Bielles et manivelles. Balanciers. Excentriques. Cames. Arbres de couche. Engrenages. Poulies et courroies. Transmissions à grande distance.

Modificateurs et régulateurs du mouvement :

Embrayages. Régulateurs à ailettes. Volants. Régulateurs à force centrifuge.

C. — Résistance des matériaux :

Extension. Compression. Flexion. Torsion.

D. — Hydraulique :

Écoulement des liquides.

Mouvement de l'eau dans les canaux. Mouvement de l'eau dans les tuyaux.

Jaugeage des cours d'eau.

E. — Moteurs :

Moteurs hydrauliques : Roues hydrauliques. Turbines.

Moteurs à vapeur : Machines à vapeur. — Indicateur de Watt.

Moteurs à vent : Moulins à vent. Turbines atmosphériques.

Moteurs animés : Homme. Animaux. — Manèges.

F. — Machines élévatoires :

Pompes diverses. Pompes centrifuges. Rouets.

Chapelets. Norias. Roues élévatoires. Roues à godets.

Vis d'Archimède. Tympan.

Bélier hydraulique.

MACHINERIE AGRICOLE.

A. — Machines d'extérieur de ferme.

Charrues : ordinaires, tourne-oreilles, défonceuses, sous-soleuses, spéciales. — Labourage à vapeur. — Treuils de défoncement.

Herses : traînantes, roulantes, rotatives.

Rouleaux : plombeurs, brise-mottes.

Cultivateurs. Scarificateurs. Extirpateurs.

Semoirs : en lignes, à la volée. — Semoirs à engrais.

Houes : simples, multiples. — Charrues vigneronnes. — Buttoirs.

Instruments pour le traitement des vignes phylloxérées : Pals et Charrues sulfureuses.

Instruments pour le traitement des maladies de la vigne : Pulvérisateurs et Soufflets.

Faucheuses. — Moissonneuses. — Faneuses. — Râteaux.

Arracheurs de betteraves et de pommes de terre.

Instruments de transport : Charrettes. Chariots. Porteurs à rails.

B. — Machines d'intérieur de ferme :

Machines à battre : à bras, à manège, à vapeur. — Égreneuses.

Appareils de nettoyage et de triage des grains : Tarares. Trieurs.

Aplatisseurs. — Concasseurs. — Moulins métalliques.

Hache-paille. — Broyeurs d'ajonc. — Broyeurs de sarments.

Laveurs. — Coupe-racines. — Dépulpeurs.

Brise-tourteaux. — Broyeurs. — Appareils de cuisson.

Presses à fourrage.

Fouloirs. — Égrappoirs. — Pressoirs.

Moulins à farine.
Vases vinaires.
Rapes de sucrerie.
Barattes. — Presses à fromage.
(Voir le cours de Technologie.)

Aménagement des Eaux.

A. — Irrigations :

Eaux, au point de vue de l'irrigation.

Qualités et quantités nécessaires.

Moyens de se procurer l'eau pour les irrigations :

Puits artésiens. Sources (captation des sources). Eaux pluviales (réservoirs). Rivières et ruisseaux. Canaux. Machines élévatoires.

Partiteurs et Modules.

Systèmes d'irrigation : 1° par submersion ; — 2° par déversement (ados, rigoles de niveau, razes) ; — 3° par infiltration.

Irrigation combinée au drainage.

Irrigation des terres arables, des cultures maraîchères (emploi des eaux d'égouts).

Limonage. Colmatage. Dessalage des terrains salés.

Submersion des vignes phylloxérées.

B. — Drainage et Dessèchements :

Divers procédés de drainage.

Drainage par tuyaux. Théorie du drainage. Effets du drainage.

Projets de drainage. Exécution des drainages. Charrues de drainage.

Drainage des terrains sourciers.

Fabrication des tuyaux.

Curage des cours d'eau.

Dessèchement des marais.

Défense des rives.

CONSTRUCTIONS RURALES. — CHEMINS.

A. — Travaux du bâtiment :

Terrassements. Maçonnerie. Charpenterie. Couvertures.

Menuiserie. Serrurerie. Peinture. Vitrerie.

B. — Bâtiments ruraux :

Logements des hommes.

Logements des animaux (Écuries. Vacheries. Bouveries. Bergeries. Porcheries. Poulaillers. Pigeonniers, etc.)

Logements des récoltes (Granges. Greniers. Celliers. Hangars. Silos).

Conservation des engrais (Plates-formes et fosses à fumier. — Fosses à purin).

Citernes. — Glacières. — Abreuvoirs, etc.

Disposition d'ensemble des bâtiments d'une ferme.

Laiteries. Fromageries. } (Voir le cours de Technologie.)
Caves. Celliers. Chais. }

C. — Chemins :

Forme générale des chemins. Chaussées. Fossés.

Tracé des chemins. Exécution des chemins.

Entretien des chemins.

Annexes (aqueducs, ponceaux, etc.).

Clôtures.

COURS DE MINÉRALOGIE, DE GÉOLOGIE, DE PHYSIQUE ET DE MÉTÉOROLOGIE.

A. — MINÉRALOGIE ET GÉOLOGIE.

I. *Minéralogie.* — Définition. Utilité de la Minéralogie — ses applications agricoles. Propriétés physiques des minéraux — cassure, couleur, densité, dureté.

II. *Le chalumeau.* — Flamme oxydante, flamme réductrice. Essai au chalumeau : Emploi du carbonate de soude, du borax, du sel de cobalt, du sel de phosphore, du bisulfate de potasse.

III. *Cristallographie.* — Les systèmes cristallins. Modification des formes primitives — loi de symétrie. Hémiédrie — clivage et ses lois.

IV. Oxygène, oxydes non métalliques — carbone et ses composés — carbonate de chaux — carbonate de soude — carbonate de chaux et de magnésie.

V. Azote et azotates — soufre et sulfates — phosphates, borates, chlorures, fluorures — minerais métalliques, fer, zinc, étain, plomb, cuivre, mercure, or, argent, platine.

VI. *Silice.* — Ses variétés. — *Silicates à une seule base* : silicates de magnésie, silicates d'alumine anhydres et hydratés.

VII. *Silicates à plusieurs bases.* — Amphibole — Pyroxène — famille des feldspaths — genres voisins des feldspaths — silicates feuilletés. Famille des grenats — émeraude.

VIII. *Roches composées.* — Examen macroscopique et microscopique d'une roche composée. Procédés de séparation des éléments d'une roche. Structure des roches composées. Classification.

IX. *Texture des roches composées.* — Types granitoïde, trachytoïde et vitreux. Description des principales roches composées se rapportant à ces trois types.

X. *La Terre.* — Ses fractures — réseau orographique. Modes de fracture — répartition et formes générales des mers et des continents.

XI. *Les terrains primitifs.* — Terrain géologique — âge d'un terrain. Les terrains primitifs : gneiss et schistes. Caractères des terrains primitifs en France. Géologie agricole de ces terrains.

XII. *Terrains de transition.* — Méthode générale pour l'étude d'un terrain. — Rôle comparé de la stratigraphie et de la faune. Silurien et Dévonien. Stratigraphie, faune, flore.

XIII. *Terrain houiller.*—Calcaire carbonifère et terrain houiller. Mode de formation du terrain houiller — mode de formation de la houille. Les houillères françaises. Terrain houiller français.

XIV. *Terrain Permien.* — Mines de Stassfurth. Trias, grès bigarré, calcaire conchylien. Keuper. Salines de Lorraine et des Vosges.

XV. *Le Lias.* — Infralias et Lias — géologie agricole du Lias.

XVI. *L'Oolithe.*— Stratigraphie et pétrographie. Fissures du jurassique

— bétoires — cours d'eau souterrains. Sécheresse des plateaux jurassiques. — Causses du Larzac — garrigues de l'Hérault.

XVII. *Terrain crétacé.* — Infracrétacé : néocomien, Gault, grès vert. Terrain crétacé, craie glauconieuse, craie marneuse, craie blanche.

XVIII. *Terrain tertiaire.* — Éocène, miocène, pliocène.

XIX. *Terrain quaternaire.* — Plaines quaternaires — diluvium des vallées, phénomènes glaciaires. Cavernes — l'Homme quaternaire.

XX. *Phénomènes géologiques actuels.* — Volcans et tremblements de terre. — Action du vent : Dunes. — Action des vagues : Cordons littoraux. — Cours d'eau : leurs Deltas. — Torrents.

B. — PHYSIQUE.

I. Introduction à la physique agricole. Mesure des unités de longueur. Cathétomètre Vernier. Mesure du temps — emploi du diapason.

II. *Pesanteur* — gramme et dyne. La balance, conditions de justesse et de sensibilité — réglage d'une balance : méthode de pesée.

III. *Densité et poids spécifique.* — Mesure des densités : Méthodes du flacon. Densité des terres arables.

IV. *Densité (suite).* — Aréomètres de Nicholson et de Fahrenheit, densimètres. Alcoomètre centésimal de Gay-Lussac, sa graduation.

V. *Capillarité.* — Tension superficielle — cause de l'ascension capillaire — loi de Jurin. Endosmose — diffusion — dialyse.

VI. *Chaleur.* — Dilatation des solides — coefficient de dilatation linéaire et cubique. Formules de dilatations. Applications diverses. — Dilatation des liquides et des gaz.

VII. *Les Gaz.* — Leurs propriétés générales — loi de Mariotte. Manomètres, Siphon. — Solubilité des gaz dans l'eau. Correction d'un volume gazeux mesuré à T° sous pression H.

VIII. *Mesure de la pression atmosphérique.* — Baromètre normal. Correction des lectures barométriques. — Baromètres métalliques.

IX. *Mesure des températures.* — Choix d'un liquide thermométrique. — Thermomètres. — Vérification d'un thermomètre. — Thermomètres à maxima et à minima.

X. *Hygrométrie.* — Propriétés des vapeurs. — Tension de la vapeur d'eau dans le vide et dans l'air. État hygrométrique. Sa mesure.

XI. *Calorimétrie.* — Chaleur spécifique — calorie. — Mesure de la chaleur spécifique d'une substance. Chaleur latente de fusion, de condensation.

XII. *Photométrie.* — Intensité de la lumière blanche — ses lois — sa mesure. Lois de réfraction. Le spectroscope — spectres d'émission — spectres d'absorption.

XIII. *Le Microscope.*— Propriétés générales des lentilles — microscope simple — microscope composé. — Erreurs de la vision microscopique. Correction de ces erreurs.

XIV. *Chaleur rayonnante.* — Propagation de la chaleur — conductibilité — convection. — Transmissibilité dans le vide, les solides, les liquides. Pouvoir absorbant et émissif.

XV. *Polarisation.* — Polarisation par réflexion, par réfraction Nicol. — Saccharimètre. — Saccharimétrie.

XVI. *Électricité statique.* — Propriétés de l'électricité de frottement. Répartition de la tension électrique à la surface des conducteurs. Propriétés des décharges électriques. — Paratonnerre.

XVII. *Électricité dynamique.*— Production par les piles. Force électromotrice. Intensité d'un courant. Résistance d'un conducteur. Propriétés des courants électriques : Incandescence.

XVIII. *Électricité dynamique.* — Éclairage électrique — électrolyse. — Description des principaux types de piles électriques. Induction — ses lois.

XIX. *Machines à induction.* — Bobine de Ruhmkorff. Machine de Clarke et de Gramme. — Sonneries. — Établissement de deux postes. — Téléphone. — Microphone.

C. — Météorologie.

I. Situation de la Terre dans l'espace.— Coordonnées célestes — équatorial. — Étoiles, planètes et comètes.

II. *Le Soleil.* — Sa marche annuelle. Équinoxes. Saisons. Jour sidéral, jour solaire moyen. — Calendrier.

III. *Le Soleil.*—Sa constitution physique révélée par le spectroscope et le télescope. — Instruments servant à la mesure de la chaleur solaire.

IV. *Actinométrie.* — Résultats obtenus par l'observation. Marche théorique et expérimentale de l'insolation diurne et annuelle. Température, sa marche diurne et annuelle.

V. Distribution de la température à la surface du globe. Isothermes. — Climats.

VI. Température du sol; sa marche diurne et annuelle. — Instruments de mesure. Humidité de l'air. — Marche des tensions de vapeur, de l'état hygrométrique.

VII. *Les Vents*. — Brises, Alisés. Moussons. — Pression et vitesse du vent : leur mesure. — Courants marins. — Le Gulf-stream.

VIII. *Le Baromètre*. — Sa marche diurne et annuelle. — Baromètre et prévision du temps. Dépressions barométriques, courbes isobares. Cyclones.

IX. Constitution physique d'un cyclone. Phases successives d'un orage. Trombes. — Tornades. — Anticyclones. Le service météorologique. Son organisation en France.

X. *Condensation de la vapeur d'eau.* — Pluie. Sa mesure ; pluviomètres. Répartition des pluies. Caractères des pluies.

XI. *Condensations aqueuses diverses.* — Brouillard. — Grésil. Grêle. Rosée. — Gelées blanches. Phénomènes lumineux de l'atmosphère. Synthèse météorologique : les Climats.

COURS DE SÉRICICULTURE.

Notions générales sur les insectes producteurs de soie. Qualités spéciales du ver à soie du mûrier. Variétés à cultiver. Notions sur l'histoire de l'industrie séricicole. Conditions économiques actuelles.

Des graines ou œufs. Leur structure. Respiration. Action de l'humidité. Action de la chaleur. Chambres d'hivernation.

Incubation. Éclosion. Bivoltinisme artificiel.

De la larve. Description de ses organes. De la peau et des mues. Circulation. Respiration. Alimentation. Composition des feuilles de mûrier. Répartition des éléments nutritifs. Maturité. Sécrétions diverses ; sécrétion de la soie.

Des maladies de la larve. Muscardine. Pébrine. Flacherie. Gattine. Grasserie.

Élevage industriel. Égalité. Espacement. Élevage sur claies et sur rameaux. Ventilation ; plans divers de magnaneries. Alimentation : poids de feuille utilisée. Chauffage. Encabanage. Avantages des petites chambrées.

De la chrysalide et du papillon. Formation de leurs organes. Action de l'air et de la chaleur. Étouffage des cocons. — Maladies.

Du cocon. Dévidage. Notions sur la soie grège : titrage et conditionnement. Déchets de soie : cardage.

Du papillon. Fonctions de reproduction. Ponte des œufs.

Du grainage. Méthode découverte par M. Pasteur. Sélection des chambrées. Sélection des papillons. Longévité. Croisements.

Considérations économiques sur la culture des vers à soie. Avantages des petites chambrées.

COURS DE TECHNOLOGIE.

Le cours de Technologie commence avec la rentrée de la deuxième année, lorsque les élèves ont suivi le cours de Chimie générale.

Il comprend l'étude des matières premières produites par l'Agriculture ou utilisées par elle, l'histoire des procédés de transformation de ces produits, la connaissance des débouchés et des questions spéciales qui se rattachent aux industries agricoles.

Les leçons professées à Montpellier sont faites au point de vue général et au point de vue spécial de la région de l'olivier et du bassin de la Méditerranée.

Le cours de Technologie est divisé en deux parties :

1° Œnologie ; 2° Industries agricoles diverses.

Œnologie.

Définition.

Le Raisin. — Sa composition. Étude physiologico-chimique de sa maturation.

Analyse du moût de raisin. Méthodes densimétrique et chimique. Glucométrie. Acidimétrie.

Étude de la fermentation alcoolique.

Bâtiments vinaires. — Celliers. Caves.

Outillage. — Foudres. Cuves, etc. Futailles. Préparation et entretien de la vaisselle vinaire.

Préparation des vins rouges. — Vendange. Triage. Égrappage. Foulage. Amélioration des moûts. Sucrage. Mouillage. Acidification, etc. — *Cuvage.* Sa conduite. Action de l'air. Cuvage en vase clos. Action de la température. Décuvage. Pressurage.

Préparation des vins blancs secs.

Préparations des vins divers. — Vins mutés, sucrés. Vins de liqueur. Vins mousseux. Vins mixtes, etc.

Étude et travail des Vins. — Composition comparée des moûts et des vins. Transformations chimiques. Bouquet et couleur. Action de l'air (oxygène). Vieillissement et éthérification. Altérations, défauts et maladies des vins. Rôles des ferments parasitaires. Moyens de les combattre :

Travail des vins. Soutirage. Collage. Filtrage. Chauffage. Méchage. Ouillage. Embouteillage.

Étude et analyse des composants des vins. — Fraudes et falsifications.

Utilisation des résidus de l'industrie vinicole — Marc. Piquette. Alcool. Vinaigre. Lies. Tartre.

Histoire, Économie, Statistique et Géographie vinicole.

INDUSTRIES DIVERSES.

Vins de fruits. — Cidres. Poirés. Préparation et conservation.

Bière. — Matière première. Fabrication et conservation.

Vinaigre. — Procédé d'Orléans. Pasteur. Allemand.

Industries des Alcools. — Histoire et théorie de la distillation. Appareils. Alcools de vins. Eau-de-vie. Trois-six. Eau-de-vie de marc.

Alcools de betterave, de mélasse, de canne, sorgho, etc.

Alcools de grains. Pommes de terre.

Meunerie. — Procédés de mouture. Qualités. Analyse des farines.

Panification.

Amidonnerie et Féculerie.

Huilerie.— Huile d'olive. Huile de graine. Matières textiles et Rouissage.

Industrie sucrière. — Sucre de betterave et sucre de canne.

Essences odorantes. Thérébenthine. Résine.

Conserves alimentaires. Conservation des bois. Charbon. Gaz d'éclairage.

Industries laitières. — Lait. Beurre. Fromages.

Utilisation des Résidus animaux.

Fabrication des Engrais commerciaux. — Matières premières. Leur origine. Préparation des engrais à la ferme.

Le cours de Technologie est complété par des travaux dans le Laboratoire de Technologie et d'Œnologie et par des visites aux principaux industriels des environs.

COURS DE VITICULTURE.

VITICULTURE GÉNÉRALE.

I. — *A.* — Étude des AMPÉLIDÉES: Caractères, distribution géographique et valeur culturale des divers genres : Ampelocissus, Pterisanthes, Clematicissus, Tetrastigma, Landukia, Parthenocissus, Ampelopsis, Rhoicissus,

Cissus. — Leurs rapports et leurs affinités avec le genre Vitis : leur hybridation et leur greffage avec les espèces du genre Vitis.

Genre *Vitis* : Morphologie des organes des vignes : inflorescences, fleurs, grappes et fruits, graines, rameaux, feuilles, tronc, racines. — Développement.

Subdivision du G. *Vitis* en groupes naturels :

1. *Muscadinia* : V. Rotundifolia, V. Munsoniana.

2. *Euvites* : V. Labrusca, V. Coignetiæ, V. Pedicellata, V. Candicans, V. Coriacea, V. lanata, V. Caribæa, V. Retordi, V. Thunbergi, V. Æstivalis, V. Pagnucii, V. Ficifolia, V. Lincecumii, V. Bicolor, V. Californica, V. Cinerea, V. Berlandieri, V. Rupestris, V. Monticola, V. Arizonica, V. Cordifolia, V. Riparia, V. Rubra, V. Flexuosa, V. Balansœana, V. Bryoniæfolia, V. Adstricta, V. Vinifera et ses formes sauvages, V. Amurensis.

Vignes fossiles, de l'ancien monde, de l'époque secondaire, de la craie cœnomanienne, du palœocène ; formes paléontologiques d'Amérique.

B. — *a* : *Anatomie* de la Vigne. — *b* : *Physiologie* de la Vigne. — *c* : Influence du climat sur la qualité des produits.

C. — *Création* de nouvelles variétés par la sélection des boutures, le semis, l'hybridation artificielle. — Étude détaillée de l'hybridation.

II. — Ampélographie. — *A.* — Importance du cépage et des études ampélographiques. Rôle du cépage dans la création et la reconstitution des vignobles. But de l'ampélographie.

Historique des travaux ampélographiques : agronomes latins, xviie et xviiie siècles, commencement du xixe siècle.

Définition et caractéristique du cépage. Plan d'une description ampélographique. Essais de groupements naturels ou artificiels des cépages ; méthodes de Simon Rojas Clémenté, Edler von Vest. Fridrick von Gock, Metzer et Babo, Franz Trummer, Acerbi, de Rovasenda, H. Gœthe, etc.

B. — Étude des cépages. 1° *Cépages américains* : Variétés du V. Rotundifolia ; Scuppernong, Mish, Flowers, Tender pulp, Thomas, etc. — Variétés du V. Labrusca : Ives Seedling, Isabella, Concord, Catawba, Hartford prolific, Rentz, Perkins, Prentiss, etc. — Variétés du V. Æstivalis ; leur importance aux États-Unis : Jacquez et formes dérivées : Saint-Sauveur, Jacquez à gros grains ; Baxter, Herbemont et formes dérivées : Herbemont Touzan, d'Aurelle ; blanc ; Blue Favorite, Harwood, Dunn's grape, Cunningham, Black July, Pauline ; Cynthiana. Hermann. — Variétés du V. Riparia, du V. Rupestris, du V. Cordifolia, du V. Cinerea, du V. Lincecumii ou Æstivalis à gros grains, du V. Berlandieri.

Hybrides artificiels et naturels de vignes américaines : Alvey, Rulander,

Eumelan, Othello, Triumph, Secretary, Diana, Delaware, York-Madeira, Noah, Canada, Brant, Black Defiance. Niagara, Senasqua, Empire state, Montefiore, Iron clad, Bacchus, Vialla, Franklin, Cornucopia, Elvira, Black Pearl, Blue Dyer, Huntingdon, Uhland, Autuchon. — Champins, Cordifolia-Rupestris, Riparia-Rupestris, Riparia-Candicans, Cordifolia-Æstivalis, Æstivalis-Rupestris, Solonis, Novo-Mexicana, Doaniana, Simpsonii, Girdiana.

Répartition géographique des cépages américains ; adaptation au sol et au climat.

2° *Cépages de l'Ancien Monde.* — *a.* France, Languedoc : Aramon, Carignan, Grenache, Cinsaut, Œillade, Morrastel, Espar, Terrets, Aspirans, Piquepouls, Calitors, Muscats, Clairette, Hybrides-Bouschet (Alicante-Bouschet, Petit-Bouschet, Aspiran-Bouschet, Morrastel-Bouschet, Carignan-Bouschet), Chasselas et sous-variétés, Madeleines, Frankenthal. — Provence : Ugni blanc, Colombaud, Brun-Fourca, Tibourens, Grecs. — Roussillon : Malvoisies. — Centre : Malbec, Chenins, Chichaud. — Sud-Ouest : Cabernet franc, Cabernet Sauvignon, Verdot, Semillon, Sauvignon, Muscadelle. — Est : Syrah, Mondeuse, Persan, Hibou, Roussanne, Marsanne, Baude. — Nord-Est : Pinots et sous-variétés, Gamays et sous-variétés, César, Pulsart, Trousseau, Enfariné, Riesling, Savagnin blanc. — *b.* Hongrie : Furmint, Portugais bleu, Silvaner. — *c.* Algérie : Farrana, Aïn-el-Kelb, Ameur-bou-Ameur. — *d.* Orient : Corinthe, Rosaki, Chaouch, Sabalkanskoï. — Cachmire : Schiradzouli, Kawoori. — Caucase. — *e.* Italie : Nocera, Canaiuolo, Barbera. — *f.* Espagne : Pedro-Ximenes, Bobal, Listan. — *g.* Portugal, Suisse, Japon, Californie.

III. — CULTURE. — A. — *Procédés de multiplication de la vigne.* — a. *Semis* : Historique, choix des cépages pour l'obtention de producteurs directs ou de porte-greffes ; choix des graines, préparation des semences, pratique du semis, soins d'entretien.

b. *Bouturage* : Valeur de la bouture pour la reproduction des caractères de l'individu ; sélection. Émission des racines, milieux et procédés qui la favorisent, étude anatomique. — Choix des boutures pour producteurs directs : grosseur, situation dans le rameau fructifère, aoûtement ; choix des boutures pour porte-greffes. — Conservation des boutures, stratification dans le sable ou dans la terre, immersion dans l'eau. — Emballage et transport des boutures. — Des divers systèmes de boutures : bouture à un œil ou bouture semée (couches, châssis, serres), boutures par crossette, boutures à talon, boutures pied de bœuf, boutures ordinaires ; valeur comparée des divers systèmes ; longueur à donner aux boutures. — Moment de la taille des boutures. — Époque du bouturage. — Plantation en plein champ et en pépinière ; établissement des pépinières, soins à leur donner.

c. *Provignage* : Valeur culturale du marcottage de la vigne. — Systèmes de provignage : provignage simple, par couchage, multiple ou chinois, par versadi, en vert ou en buttes.—Procédés pour faciliter l'enracinement des provins. —Époque du provignage, soins spéciaux fumures, etc. Provignage champenois. — Époque du sevrage.

d. *Greffage* : Valeur et utilité culturale du greffage. Porte-greffe et greffon. Mécanisme de la soudure, étude anatomique. De l'influence réciproque du sujet et du greffon aux points de vue de la vigueur et des qualités primordiales des individus. Affinités du sujet et du greffon.

Historique du greffage ; usage du procédé pour la reconstitution des vignobles.

Choix et récolte des greffons, leur sélection, conservation ou stratification. Époque du greffage suivant les milieux et les climats. Age auquel le sujet peut être greffé.

Systèmes de greffes : en fente ordinaire, en fente pleine, à la Pontoise ; en fente anglaise, Champin, à cheval, à talon, etc. ; greffe herbacée, greffe de Cadillac, etc. — Longueur et orientation des biseaux. — Valeur comparée des divers systèmes. — Greffe sur enracinés et greffes boutures : à l'atelier ou en place ; distribution du travail. Stratification et établissement des pépinières de greffes boutures, pépinières simples ou pépinières pour transplantations, couches et châssis. Sélection des greffes boutures.

Outils et machines à greffer. Ligatures et engluements.

Soins à donner aux greffes : buttage, binages, enlèvement des repousses du sujet et des racines du greffon.

Valeur comparée des divers cépages américains comme porte-greffes.

B. *Choix et préparation du terrain pour la création d'un vignoble.* — *a.* Défrichements ; assolements précédant la plantation de la vigne. — Drainages.— Nivellements. — Influence des haies, arbres, cultures intercalaires.

b. *Plantation de la vigne.* — Labours secondaires et d'ameublissement. — Moment de la plantation. — Chemins d'accès et de service. — Orientation des lignes de ceps. — Système de plantation, leur valeur comparée ; ligne, carré, quinconce. — Écartement des lignes de labour. — Espacements des ceps et quantités à l'hectare. — Groupement des cépages. — Tracé de la plantation suivant les divers systèmes, au cordeau et au rayonneur. — Cas des champs irréguliers ; réunion des deux plantations. — Mise en place des boutures et des enracinés, systèmes divers. — Soins à donner aux jeunes plantiers.

C. *Engrais et Amendements.* — Influence physique du sol sur la qualité et la quantité des produits de la vigne. — Influence chimique des principaux éléments : fer, calcaire, argile, silice, humus.

Matériaux enlevés au sol par la vigne aux diverses périodes de végétation ; discussion et conclusions. Quantité de matériaux enlevés annuellement. — Influence du sol sur les engrais.

Étude des diverses natures d'engrais. — Formules pour la fumure des vignes suivant les sols et les produits recherchés. — Moment et mode d'application des engrais.

D. *Culture annuelle de la vigne.* — Labours annuels : premier labour d'aération, binages, instruments employés. — Arrosages. — Époque et nombre des labours.

E. *Vendanges.* — Époques et systèmes suivant les milieux, appareils de vendanges, distribution des équipes de vendangeurs. — Appareils de transport. — Soins spéciaux suivant les cépages.

IV. Maladies de la Vigne. — A. *Maladies parasitaires.* — *a.* Dues à des plantes : Étude historique, botanique et des traitements du Mildiou (Brown Rot et Grey Rot), Oïdium, Anthracnose, Cladosporium, Septosporium, Fumagine, Black Rot, Rot blanc, Bitter Rot, Mélanose, Pourridié, Cuscute, Osyris, Orobanche.....

b. Dues à des animaux : 1° Phylloxera : historique et biologie ; action de l'insecte sur les feuilles et les racines, lésions, nodosités, tubérosités et renflements. Phénomènes de décomposition des racines de vignes françaises; leur non-résistance, des causes qui l'augmentent ou l'atténuent. — Résistance des vignes américaines : hypothèse sur l'organisation anatomique comparée des diverses espèces, sur la vigueur cause de résistance. Fixation et perpétuation des caractères de résistance des vignes américaines. — Faits culturaux démontrant la résistance des vignes américaines : action du Phylloxera sur les vignes américaines aux États-Unis suivant les climats et les sols; expériences faites en France sur la résistance des vignes américaines.

Résistance comparée des divers cépages.

Rôle des cépages américains pour la reconstitution des vignobles. Du choix des cépages suivant les terrains et le climat, ou adaptation.

Insecticides. — Sulfure de carbone : Historique, sulfure de carbone pur et sulfure dissous, émulsions diverses. Époques des traitements, influence de la nature et de l'état du sol. — Procédés de traitement, outils et machines, quantités. — Soins spéciaux de culture et fumures. — Traitements d'extinction.

Sulfocarbonate de potassium, sulfure de potassium, etc.
Badigeonnages ou procédé Balbiani.

Submersions. — Historique ; influence de la submersion contre le phylloxera et causes. — Valeur comparée des eaux de diverses natures. — Influence du sol sur l'action de la submersion. — Choix des cépages pour les terrains submersibles. — Établissement de la submersion ; nivellements ; bourrelets ; disposition, orientation, forme et dimension des planches. Machines à submerger. Époque et durée de la submersion. — Submersions simples et submersions combinées. — Soins spéciaux de taille, de fumures et de cultures. — Irrigations d'été.

Sables.—Historique et causes de la résistance des vignes dans les sables. Caractères des terrains sableux, nature des produits. Soins spéciaux de culture.

2° *Biologie et traitement* de : Pyrale, Cochylis, Noctuelle, Sauterelles, Peritelus, Altise, Gribouri, Attelabe, Hanneton, Escargots, Erinnose, Anguillules, etc.

B. MALADIES NON PARASITAIRES : Chlorose et Cottis, Mal Nero — Folletage ou Apoplexie, Coulure et Millerand, Pourriture, Échaudage et Grillage. — Gelées et Broussins : nuages artificiels et systèmes de taille. — Grêle : tailles en vert.

V. TAILLE DE LA VIGNE. — A. *Taille d'hiver*. — *a*. Principes généraux de la taille ; étude physiologique. — Action de la taille sur la production et le développement du fruit, sur la vigueur et la durée de la plante ; sur les époques de végétation. Influence de la grosseur, de la longueur, de la direction des rameaux sur la production des vignes. — Rameaux fructifères et rameaux à bois. — Longs bois et coursons ; des aptitudes spéciales des divers cépages. Choix des systèmes à longs bois ou à courts bois suivant les cépages et les milieux.

b. Choix des rameaux fructifères et des rameaux de formation, dans les systèmes à courts bois, à longs bois, et mixtes. Longueur des coursons et des longs bois. — Formation des bras. — Sections : leur situation et leur direction, ravallements. — Entretien et renouvellement des coursons et des longs bois.

Outils employés pour la taille de la vigne : serpes, serpettes, sécateurs, scies à main, ciseaux, cisailles.

c. Époque de la taille : tailles précoces, tailles tardives, tailles doubles ; discussion sur l'influence de la taille sur les pleurs de la vigne.

d. Hauteur à donner aux souches suivant les cépages, la situation des terrains et le climat : formes hautes, formes basses, formes moyennes.

e. Étude détaillée des divers systèmes de taille, de leur formation et de leur entretien :

1° *Gobelets* et ses modifications suivant la richesse des terrains, leur situation suivant la vigueur des plants ; nombre, longueur, hauteur, direction des bras et des coursons. — Gobelets avec longs bois ; gobelets du Languedoc, de la Provence, du Roussillon, du Beaujolais, des Charentes, de l'Aunis, de la Haute-Garonne, Crosses d'Évian, etc.

2° *Espaliers* : formation et entretien, association des longs bois aux coursons, espaliers simples et espaliers combinés ; systèmes de la Gironde (Médoc, Graves, Côtes, Palus), du Jura, de l'Isère et de la Savoie, de Thomery, des Chaintres, de l'Yonne, de l'Alsace, etc.

3° *Cordons* : leur formation et leur entretien ; système de la Bourgogne, de l'Ermitage, de Saint-Émilion, taille Cazenave et Marcon, taille Guyot, cordons verticaux, treillards en cordon de l'Isère, cordon Sylvoz, etc.

Choix des systèmes de taille suivant les cépages et les milieux.

Échalassage, treillages, liens d'accolage.

B. *Tailles en vert* : Pincement et écimage, rognage, ébourgeonnement ou épamprage, effeuillage, cisellement, incision annulaire.

VI. Histoire de la viticulture, sa situation actuelle.

COURS DE VITICULTURE COMPARÉE.

Objet et utilité de la Viticulture comparée.

A. — Vignobles français.

I. — Groupe méridional.

- *a.* Vignobles du Bas-Languedoc.
- *b.* Vignobles de Provence.
- *c.* Vignobles des Charentes.
- *d.* Vignobles du Beaujolais et du Mâconnais.

II. — Groupe septentrional.

- *a.* Vignobles de la Côte-d'Or.
- *b.* Vignobles de la Champagne.
- *c.* Vignoble de l'Ermitage et des côtes du Rhône.
- *d.* Vignobles de l'Yonne.

III. — Groupe Girondin.

- *a.* Vignobles de la Gironde (Médoc, Graves, Pays de Sauternes, Entre-deux-Mers, Saint-Émilionnais, Fronsadais, Cubzadais, Bourgeais, Blayais).

IV. — Groupe de l'Est.

a. Isère, Savoie et Bugey.

B. — VIGNOBLES ÉTRANGERS.

I. — Vignobles du canton de Vaud.

II. — Vignobles du Douro (Portugal).

III. — Vignobles de l'île de Chypre.

Pour chacun des vignobles énumérés ci-dessus, il est fait une étude descriptive et raisonnée renfermant les éléments suivants : Climat, sol, crus, cépages, établissement du vignoble, culture.

C. — SYSTÈMES DIVERS.

I. — Culture de la vigne en chaintres à Chissay.

II. — Système Cazenave.

III. — Système Marcon.

IV. — Système Sylvoz.

V. — Système Guyot.

D. — CULTURE DES RAISINS DE TABLE.

I. — Culture des raisins de table à Thomery.

II. — Forçage des vignes.

ZOOLOGIE GÉNÉRALE ET ENTOMOLOGIE.

Différence entre les animaux et les végétaux. Classifications zoologiques. Embranchements, classes, ordres, familles, tribus, genres, espèces, variétés, races. Fixité ou variabilité de l'espèce.

Protozoaires : Rhizopodes, Foraminifères, Infusoires. Génération spontanée, travaux de Pasteur.

Polypes : Spongiaires, Coraux et Madrépores, Pêche des éponges et du corail, Méduses.

Échinodermes : Oursins, Étoiles de mer, Holothuries.

Vers : Rotateurs, Bryozoaires, Vers intestinaux, Annélides. Ladrerie du porc et du bœuf, Tænias divers et leurs métamorphoses. Cachexie du mouton, douve du foie. Trichine, Anguillules de la nielle du blé, du vinaigre, etc. Sangsues, culture des sangsues. Lombrics, leur rôle en agriculture.

Arthropodes: Crustacés, Arachnides, Myriapodes et Insectes, caractères généraux. Crustacés comestibles. Écrevisses, leur culture, leurs maladies. Crustacés nuisibles. Lernées, Cloportes, etc. Arachnides nuisibles. Sarcopte de la gale, Ixode ou tique des chiens, Argas ou tique des pigeons. Érinose de la vigne. Araignées industrieuses, Araignées venimeuses. Scorpions, leur piqûre, remèdes, préjugés. Myriapodes, Millepieds, Scolopendres et Jules, morsures venimeuses.

Mollusques : Tuniciers, Lamellibranches, Gastéropodes, Ptéropodes, Céphalopodes, Ostréiculture, bancs d'huîtres naturels, parcs, collecteurs, claies pour l'engraissement, huîtres vertes, etc. Moules, bouchots pour leur culture.

VERTÉBRÉS. — Poissons, Batraciens, Reptiles, Oiseaux, Mammifères, généralités. Pisciculture, poissons d'eau douce, carpes, tanches, saumons, truites ; échelles à saumons, appareils d'éclosion et d'élevage. Saumons de Californie, époque du frai et de la remonte des diverses espèces. Montée des anguilles. Culture des anguilles à Comacchio (Italie).

Poissons de mer. Filets traînants et filets fixes. Pêche côtière et pêche au long cours. Harengs, morues, sardines, thons ; industries des salaisons et sécheries.

Reptiles et Batraciens utiles et nuisibles : Serpents venimeux, traitement de leur morsure.

Oiseaux utiles et nuisibles.

Mammifères utiles et nuisibles: Carnassiers, Ruminants, Pachydermes, Jumentés, Rongeurs, etc.

ENTOMOLOGIE.

Des Insectes en général. Importance de ces animaux en agriculture. Anatomie et Physiologie, Classifications.

Insectes utiles : Abeilles, Vers à soie, Cantharides, Cochenilles, Ichneumons, Insectes carnassiers, Carabes, Lampyres, Coccinelles, etc. Apiculture, ruches fixes et ruches à rayons mobiles. Miel, cire, etc.

Insectes nuisibles. *Diptères* : Mouches, mouches charbonneuses, pustule maligne, Cousins, Taons, Œstres, Hippobosques, Mélophages du mouton, Cécidomies, etc.

Lépidoptères : Chenilles et papillons, Bombyx utiles et nuisibles, Chenilles arpenteuses et processionnaires, Noctuelles, Pyrales, Cochylis, Teignes.

Névroptères : Libellules, Fourmilions, Termites, leurs ravages.

Hyménoptères : Fourmis, Guêpes, Tenthrèdes, fausses chenilles, Sirex du sapin, etc.

Hémiptères : Punaises, Cigales, Pucerons. Phylloxera, ses mœurs, ses diverses formes, son origine, ses dégâts. Moyens de lutte employés contre lui.

Coléoptères : Herbivores et granivores: Hanneton, Chrysomèles, Doryphora, Eumolpes, Altises, Colaspis de la luzerne, Charançons, Bruches, Rhynchites, Calandres. Lignivores : Bostriches, Scolytes, Longicornes et Buprestes.

Orthoptères : Sauterelles et Criquets, leur migration et leurs ravages ; Grillons, Courtilières, Ephippiger, Blattes, etc.

COURS DE ZOOTECHNIE.

Définition de la Zootechnie. — Historique. — Division du cours.

I. — Anatomie, Physiologie et Histologie.

Étude de la cellule et des principaux tissus. — Ostéologie. — Myologie et Arthrologie. — Locomotion.

Fonctions de nutrition. — Appareil de la digestion et Alimentation. — Respiration. — Circulation et Système lymphatique. — Appareil urinaire. — Système nerveux.

Fonctions de relation. — Organe des sens. — Peau et Robes. — Pied. — Œil. — Oreille. — Appareils du goût et de l'odorat.

Fonctions de la génération. — Organes reproducteurs et Notions d'embryologie.

II. — Zootechnie générale.

Objet de la Zootechnie.

Lois qui régissent la reproduction des animaux. — Hérédité. — Consanguinité. — Atavisme. — Loi de reversion. — Loi des semblables.

Individu et Individualité. — Famille. — Race. — Espèce. — Variété. — Genre. — Extension des races.

Méthodes. — Sélection. — Croisement. — Métissage. — Gymnastique fonctionnelle. — Précocité. — Exploitation des animaux. — Classification.

III. — Zootechnie spéciale.

Équidés. — Bovidés. — Ovidés. — Suidés. — Étude des races et des variétés de ces divers genres. — Leur élevage. — Leur alimentation. — Conditions économiques de leur exploitation.

Animaux de basse-cour. — Gallinacés. — Lapins.

De nombreuses applications accompagnent ce cours. Celles qui ont trait à l'anatomie, l'histologie et la physiologie, ont lieu surtout au Laboratoire;

les autres, qui se rapportent à la Zootechnie générale et spéciale, se font sur les animaux de la ferme de l'École, au marché aux bestiaux de Montpellier ou chez les principaux éleveurs des environs.

ENSEIGNEMENT PRATIQUE.

L'enseignement oral est complété par des applications, c'est-à-dire des exercices pratiques exécutés sur le Domaine ou dans les Laboratoires : Herborisations, Excursions forestières. Analyses chimiques et minéralogiques, Observations météorologiques, Dissections des animaux, Visite des marché aux bestiaux et abattoirs, Excursions dans les foires des environs, Conduite des bestiaux, Maniement des instruments aratoires, Exécution des opérations de culture. — Levé des plans, Dessin linéaire, Projets de drainage, irrigation, etc. — Visite des établissements industriels des environs, Usage du microscope, Taille des arbres.

EXAMENS.

Les résultats de l'enseignement sont contrôlés par des examens dont l'organisation est réglée par les articles suivants du Règlement des Écoles Nationales d'Agriculture.

Article Premier. — Les Élèves sont soumis pendant le cours des études à des interrogations (*examens particuliers*) et à des épreuves pratiques ; ils ont, en outre, à subir, à la fin de chaque cours, un examen général théorique et une épreuve pratique.

Art. 2. — Les examens particuliers sont faits par les Répétiteurs et les Maîtres de conférences après chaque série de dix leçons du même cours ; l'ordre dans lequel les examens ont lieu est fixé de façon à ce que chaque Élève en subisse un par semaine.

Art. 3. — Les examens généraux sont faits par les Professeurs, à la fin de leurs cours ; ils portent sur toutes les matières qui y sont enseignées.

Art. 4. — Dans le cas où un Professeur est chargé de l'enseignement de plusieurs facultés, il fait passer un examen général sur chacune de ces facultés.

Art. 5. — Indépendamment de ces examens théoriques, les Élèves ont aussi à subir des épreuves pratiques sur toutes les matières qui en comportent et en particulier sur les opérations de la culture. Chaque Élève devra subir une épreuve pratique par semaine.

Art. 6. — Les Répétiteurs font passer les épreuves pratiques de semaine, les Professeurs celles de fin de cours.

Art. 7. — Les jours et heures d'examen sont affichés le samedi pour la semaine suivante, avec mention des Élèves qui y seront interrogés et du local où l'examen aura lieu.

Art. 8. — Deux Élèves à la fois assistent aux examens, celui qui passe et celui qui doit lui succéder.

Art. 9. — Chacun des examens particuliers ou généraux dure quinze minutes au moins et vingt minutes au plus. Deux questions au moins et trois au plus sont adressées à chaque Élève. Chaque question donne lieu à une note qui sert à établir la moyenne de l'examen.

Art. 10. — En passant un examen particulier, l'Élève remet son cahier de cours à l'Examinateur, qui le signe. Ce cahier reçoit une note qui entre pour un quart dans le calcul de la moyenne de l'examen.

Art. 11. — L'examen particulier porte sur les matières des dix dernières leçons du cours, moins la dernière.

Art. 12. — Les épreuves pratiques de semaine donnent lieu à des notes de même valeur que celles des examens particuliers; celles de fin de cours entrent avec une valeur spéciale dans le calcul du classement.

Art. 13. — Lors d'un examen général, l'Élève remet au Professeur, indépendamment de son cahier de notes, ses croquis, dessins, projets, herbier, collections, etc. L'appréciation de ces travaux entre dans le calcul de la note de l'examen.

Art. 14. — Les travaux de vacances sont remis au secrétariat de la Direction, le jour même de la rentrée. Les Professeurs compétents les examinent, chacun pour ce qui le concerne. La note d'ensemble des travaux faits pendant les dernières vacances est donnée en Conseil des Professeurs. Cette note entre dans le calcul de la moyenne générale pour une valeur égale à celle d'un examen de fin de cours.

Art. 15. — La notation adoptée dans les Écoles Nationales d'Agriculture est la suivante :

0	*Néant.*
1, 2	*Très mal.*
3, 4, 5	*Mal.*
6, 7, 8	*Médiocre.*
9, 10, 11	*Passable.*
12, 13, 14	*Assez bien.*
15, 16, 17	*Bien.*
18, 19	*Très bien.*
20	*Parfait.*

Art. 16. — Tout examen non passé, tout travail non fourni, pour quelque cause que ce soit, est coté zéro et entre pour tel dans le calcul des moyennes, sauf les cas de maladie constatée, entraînant pour l'Élève la suspension des cours pendant une semaine au moins.

Art. 17. — Dans le cas prévu au paragraphe précédent, lorsqu'il s'agit d'un examen général, le Conseil de l'École statue s'il y a lieu d'accorder ou de refuser un ajournement de l'examen.

Art. 18. — Les notes données aux Élèves à la suite des examens et des épreuves qu'ils subissent, sont affichées dans les salles d'étude en regard de chaque nom et consignées dans des cahiers spéciaux pour chaque cours. Ces cahiers sont déposés au secrétariat du Conseil, où les notes sont relevées jour par jour sur un registre matricule.

Art. 19. — A la fin de chaque année scolaire, il est établi un classement résultant des notes obtenues par les Élèves dans les diverses épreuves. Ce classement détermine l'ordre du passage des Élèves dans une division supérieure et, pour la dernière année, l'obtention du Diplôme.

ART. 20. — Les états de classement de première et de deuxième année restent affichés dans l'École pendant le premier mois du semestre d'hiver.

ART. 21. — Ces classements s'effectuent de la manière suivante :

Pour les Élèves de première et de deuxième année, la moyenne des notes des examens particuliers et des épreuves pratiques de l'année que les Répétiteurs font subir est multipliée par le coefficient 3. La moyenne des examens généraux de fin de cours est multipliée par le coefficient 5.

La moyenne des notes des épreuves pratiques de fin de cours est multipliée par le coefficient 2.

La somme de ces trois produits, divisée par 10, donne la note qui sert au classement de passage d'une division dans la division supérieure.

ART. 22. — Pour les Élèves de troisième année (*cinquième semestre*), la moyenne des examens particuliers et des épreuves pratiques du cinquième semestre est multipliée par le coefficient 2.

La moyenne des notes des examens généraux du cinquième semestre est multipliée par le coefficient 5.

La moyenne des épreuves pratiques de sortie est multipliée par le coefficient 3.

La somme de ces trois produits, divisée par 10, donne la note de classement de troisième année.

ART. 23. — Le classement définitif de fin d'études s'établit de la manière suivante :

La note de première année est multipliée par le coefficient 3.

La note de deuxième année est multipliée également par le coefficient 3.

La note du semestre de troisième année est multipliée par le coefficient 4.

La somme de ces trois produits, divisée par 10, donne la note qui sert à établir le classement définitif de fin d'études.

Art. 24. — La note minima au-dessous de laquelle le passage d'une division dans la division supérieure ne peut avoir lieu, est de 11 pour la première année et de 12 pour la seconde.

Art. 25. — La note minima requise pour l'obtention du diplôme de l'École Nationale d'Agriculture est fixée à 13.

Ce diplôme est délivré par le Ministre de l'Agriculture.

Art. 26. — Un certificat d'études peut être délivré par le Directeur aux Élèves qui, n'ayant pas obtenu la moyenne exigée pour le diplôme, ont fait preuve de connaissances suffisantes sur une ou plusieurs des branches principales de l'enseignement.

DISCIPLINE.

Le maintien de la discipline est assuré par les articles ci-après du Règlement des Écoles Nationales d'Agriculture et par un Règlement intérieur spécial.

Article premier. — Les surveillants veillent, sous l'autorité du Directeur, au maintien de l'ordre et de la discipline parmi les Élèves. Ils signalent ceux d'entre eux qui commettent des infractions au règlement. Il est statué par le Directeur sur l'application des mesures de répression.

Art. 2. — Les punitions qui peuvent être infligées aux Élèves sont :

1° La réprimande prononcée par le Directeur ;

2° La consigne ou privation de sortie le dimanche ;

3° La réprimande prononcée par le le Conseil d'ordre de l'École ;

4° La réprimande du Conseil avec mise à l'ordre du jour de l'École ;

5° Le renvoi de l'École prononcé par le Ministre.

Art. 3. — Dans les cas urgents, le Directeur peut, après avis du Conseil d'ordre, prononcer le renvoi provisoire d'un Élève. Il rend compte immédiatement de cette mesure au Ministre, qui statue définitivement.

Art. 4. — Trois mises à l'ordre du jour dans le cours d'une année peuvent entraîner le renvoi de l'École.

Art. 5. — Un registre de punitions est tenu par le Secrétaire de la Direction.

Art. 6. — Le Conseil d'ordre est composé du Directeur, de deux Professeurs et d'un Répétiteur qui remplit les fonctions de Secrétaire. Ils sont désignés à tour de rôle par le Directeur, le premier de chaque mois.

Art. 7. — Les demandes ou réclamations des Élèves doivent être faites individuellement et adressées au surveillant de la division à laquelle ils appartiennent. Ce dernier les transmet au Directeur. Toute délibération ou démarche collective est formellement interdite.

Art. 8. — Les Élèves externes doivent entrer à l'École chaque jour à l'heure indiquée par l'Emploi du temps. Ils signent sur une feuille spéciale, au moment de leur arrivée à l'École et à leur départ. Cette feuille est déposée un quart d'heure avant l'heure réglementaire d'arrivée et cinq minutes après.

Art. 9. — Aucune absence n'est tolérée qu'en cas de maladie constatée. Toute absence non justifiée est déférée au Conseil d'ordre.

Art. 10. — Les Élèves externes doivent, comme les internes, assister à tous les cours, à toutes les répétitions et prendre part à tous les exercices et services indiqués au tableau de l'Emploi du temps.

Art. 11. — Toute personne qui désire suivre un ou plusieurs cours de l'École peut, avec l'autorisation du Directeur, être admise à titre d'Auditeur libre dans les amphithéâtres.

Art. 12. — Les Auditeurs libres ne sont astreints à aucune assiduité, mais ne doivent troubler en rien le bon ordre dans l'École. Ils ne prennent part à aucun exercice pratique et ne sont pas admis dans les laboratoires.

Art. 13. — En cas de faute grave contre la discipline, le Directeur peut retirer à tout Auditeur libre l'autorisation.

Art. 14. — Les jeux de cartes et les jeux de hasard de toute nature sont interdits à l'École.

Art. 15. — Il est défendu aux Élèves d'introduire à l'École aucune liqueur ou boisson alcoolique.

Art. 16. — Il est défendu de fumer dans les salles d'étude, dans les amphithéâtres et laboratoires, dans les écuries et bâtiments divers de la ferme, et d'une manière générale dans les locaux autres que la salle de récréation.

Art. 17. — La chasse et la pêche sont absolument interdites aux Élèves sur tout le territoire de l'École.

Art. 18. — Les sorties ont lieu pour les Élèves chaque dimanche. Les Élèves doivent être rentrés le soir même. Tout retard à l'heure fixée par la rentrée entraîne de droit la privation de la sortie suivante.

Art. 19. — Le Directeur peut accorder des permissions de théâtre aux Élèves les mieux notés.

Art. 20. — Tout Élève qui, à l'expiration d'un congé ou de vacances, ne rentre pas au jour fixé, est considéré comme démissionnaire et rayé des contrôles.

Art. 21. — Un tableau spécial affiché dans le vestibule de l'École indique aux Élèves l'emploi de leur temps pour tous les jours de chaque semaine.

Art. 22 — Au moment des leçons, les Élèves et Auditeurs doivent se rendre aux amphithéâtres cinq minutes avant l'heure fixée sur le tableau. Ceux qui se présentent quand la leçon est commencée ne peuvent plus y être admis.

Art. 23. — Les Élèves doivent assister sans exception à toutes les leçons et conférences, aux services et aux exercices quelconques inscrits au tableau de l'Emploi du temps.

Art. 24. — Les Élèves doivent prendre des notes au cours sur un cahier d'un modèle fixé, en n'écrivant que sur le recto de chaque page, le verso étant réservé pour les dessins et les notes complémentaires.

Art. 25. — Toute marque d'approbation ou d improbation au commencement, pendant la durée ou à la fin des leçons est absolument interdite.

Art. 26. — La durée des leçons est d'une heure et demie.

Art. 27. — Après la fin de chaque leçon, le Professeur en écrit le sommaire sur un cahier spécial qui est aussitôt après porté au Directeur.

Art. 28. — Les Élèves et Auditeurs ne doivent toucher à aucun des objets déposés dans les amphithéâtres pour le service des leçons sans la permission expresse du Professeur ou de son Répétiteur.

Art. 29. — Le silence est obligatoire à toute heure dans les salles d'étude. La lecture des journaux et de tout autre ouvrage étranger à l'enseignement agricole y est interdit.

Art. 30. — Les Élèves désignés pour travailler dans les laboratoires doivent s'y rendre exactement à l'heure fixée par le tableau et y demeurer pendant toute la durée de l'exercice. Ceux qui ne font pas partie des listes du jour ne peuvent, sous aucun prétexte, se présenter pendant ce temps dans les laboratoires.

Ils ne peuvent s'y introduire en dehors de ces heures qu'avec l'autorisation du Chef du laboratoire et en sa présence.

Art. 31. — Les Élèves sont admis à la bibliothèque de l'École aux heures fixées par le Directeur ; tous doivent veiller à la conservation des livres, cartes et dessins qu'elle renferme.

Art. 32. — Les Élèves sont tenus d'y observer le silence et de se soumettre aux règlements de la bibliothèque, sous peine d'en être exclus pour un temps plus ou moins long.

Art. 33. — Il est expressément défendu aux Élèves d'emporter quoi que ce soit de la bibliothèque.

Art. 34. — Toute destruction ou détérioration d'objets mobiliers ou immobiliers appartenant à l'École est mise à la charge de celui qui l'a commise, ou à la charge de tous les Élèves de la promotion si l'auteur du dommage n'est pas connu. Toute destruction volontaire d'objets appartenant à l'École peut en outre être punie d'une peine disciplinaire ou même de l'expulsion.

Art. 35. — Aucun Élève ne doit pénétrer dans les dortoirs, réfectoires, laboratoires ou salles de collections en dehors des heures fixées par le tableau de l'Emploi du temps.

Art. 36. — A la fin de la journée, les Élèves doivent, au signal donné, monter au dortoir sans bruit et se coucher immédiatement.

Le silence est obligatoire dès que les lumières ont été éteintes. L'emploi, au dortoir, de bougies ou de lampes est formellement interdit.

Art. 37. — Il est expressément défendu aux Élèves de pénétrer dans les buanderie, lingerie, cuisine et office.

Art. 38. — Des services relatifs aux diverses branches de l'enseignement théorique et pratique sont confiés aux Élèves.

Les services sont de quinze jours et commencent le 1er et le 16 de chaque mois.

Ils comprennent :

1° Le service des cultures;

2° Le service des animaux et de la cour ;

3° Le service du génie rural et du fonctionnement des machines ;

4° Le service du champ d'études et des jardins ;

5° Le service de l'École botanique et des collections;

6° Le service des observations météorologiques et autres, suivant les besoins.

Art. 39. — Les différents services sont confiés chacun à un

Élève de seconde année, Chef de service, et à deux Élèves de première année.

Art. 40. — Les Élèves de service doivent venir prendre tous les soirs, à l'heure fixée par le Directeur, l'ordre des travaux du lendemain, et copier sur deux registres destinés aux Élèves l'ordre des dits travaux.

Art. 41. — Chaque jour un Surveillant affiche les noms des Élèves désignés pour les divers travaux pratiques. Le Chef de pratique les conduit à l'heure fixée au lieu des travaux.

Art. 42. — Les Élèves désignés pour les divers services doivent tenir note de tous les faits qu'ils ont observés et les mentionner sur un cahier.

Art. 43. — Les Élèves sont astreints à rédiger pendant les vacances un travail d'après un programme qui leur a été donné par le Conseil de l'École.

VI.

ACTION EXTÉRIEURE DE L'ÉCOLE.

L'École d'Agriculture de Montpellier n'a pas seulement pour but l'enseignement proprement dit de ses Élèves, elle a entrepris tout un ensemble de recherches sur les questions qui intéressent l'agriculture de la région méditerranéenne. Elle a pu notamment contribuer à résoudre un certain nombre des problèmes qui ont été soulevés par la reconstitution des vignobles à la suite de leur destruction par le Phylloxera ; des recherches importantes y ont été faites sur les maladies cryptogamiques de la vigne et les moyens de les combattre, sur l'œnologie, la sériciculture, l'olivier et les huiles d'olive, l'entomologie des insectes ampélophages, les races ovines méridionales, sur diverses maladies microbiennes, etc. On en trouvera l'indication détaillée dans les Notices relatives à chaque laboratoire.

Les résultats de ces travaux ont été répandus par le moyen de diverses publications qui ont atteint promptement plusieurs éditions : par les *Annales* de l'École, dont quatre volumes ont déjà paru, et par le journal le *Progrès Agricole* et *Viticole*, dirigé par l'un des Professeurs et qui recueille chaque semaine les notes et renseignements fournis par le personnel enseignant au fur et à mesure de ses études.

De plus, chaque année au mois de mars, des réunions publiques fréquentées par un grand nombre de viticulteurs de toute catégorie, depuis les simples contre-maîtres agricoles jusqu'aux grands propriétaires, permettent aux professeurs d'exposer les résultats de leurs travaux et de donner les conseils qui leur sont demandés. Ces derniers ont en outre été très fréquemment appelés à donner des conférences sur les questions étudiées à l'École dans diverses villes de France et de l'Étranger.

Enfin, l'École contribue par la distribution de boutures et de semences de vignes, de graines et de plants de diverses natures, à répandre autour d'elle les types utiles qu'elle a étudiés.

VII.

CHAIRE ET LABORATOIRES DE PHYSIQUE, MÉTÉOROLOGIE, MINÉRALOGIE ET GÉOLOGIE. — STATION MÉTÉOROLOGIQUE.

HISTORIQUE DE SA FONDATION. — Dès l'ouverture des cours de l'École, le 4 décembre 1872, l'enseignement des sciences physiques et chimiques fut confié à M. Chancel, doyen de la Faculté des Sciences de Montpellier. L'année suivante, M. Audoynaud devenait titulaire du cours de chimie, dont le programme comprenait l'enseignement des notions essentielles de physique et de minéralogie. Le 1er mars 1882, une décision ministérielle dédoublait la chaire primitive en créant un cours spécial de physique et de minéralogie. Cette chaire nouvelle fut confiée à M. Crova, professeur à la Faculté des Sciences, qui organisa cet enseignement avec une grande activité en réunissant le matériel de démonstration et développant considérablement l'installation météorologique qui se rattachait à ce service. Le 29 mars 1882, M. Houdaille était nommé préparateur-répétiteur du même cours.

Le matériel d'enseignement était réduit, à cette époque, à un petit nombre d'appareils de démonstration provenant de l'École régionale d'Agriculture de La Saulsaie et trouvait sa place dans une unique armoire, constituant à elle seule tout le cabinet de physique de l'École d'Agriculture. Le laboratoire de physique se développa peu à peu dans l'aile ouest du corps de bâtiments affectés au service de la chimie, de la physique et de la technologie, et emprunta une partie de ces locaux à l'ancien laboratoire de viticulture.

Plusieurs appareils de démonstration furent construits au jour le jour, au fur et à mesure des besoins de l'enseignement. Le budget annuel attribué au cours de physique permit de donner au matériel des recherches un développement progressif. Une somme de 5,000 fr., attribuée, en 1882, à la création du cabinet de physique, servit à acquérir, dès cette époque, une collection complète d'enregistreurs météorologiques. Pendant le cours de l'année 1883, des manipulations de physique furent organisées et permirent d'exercer les élèves au maniement des quelques appareils que possédait, à cette date, le cabinet de physique. En octobre 1887, M. Houdaille remplaçait M. Crova, démissionnaire, dans les fonctions de professeur titulaire du cours de physique, météorologie, minéralogie et géologie. Le 5 novembre 1887, M. Mazade était nommé préparateur-répétiteur du même cours.

Organisation du service météorologique. — L'organisation du service météorologique à l'École d'Agriculture remonte à l'année 1869, époque à laquelle M. Crova, Professeur à la Faculté des Sciences, sur la demande de M. Lœuillet, Directeur de l'École, fit installer, sous les auspices de la Commission météorologique de l'Hérault, un abri thermométrique. L'agrandissement de l'École, la construction de l'amphithéâtre de cours, en usurpant l'emplacement des thermomètres, vint interrompre la série de ces premières observations.

Un parc météorologique, un pavillon-abri et des cases de végétation, créés par MM. Audoynaud et Chabaneix, commencèrent à fonctionner régulièrement dès 1873. Une série continue d'observations portant sur la température de l'air et du sol, l'état hygrométrique, la pluie, l'évaporation, l'intensité lumineuse et l'ozonométrie remonte à cette époque. En 1882, la création d'une chaire de physique désignait ce nouveau service pour continuer l'œuvre entreprise. C'est de cette époque que datent l'installation des enregistreurs météorologiques et la création d'un nouveau parc d'observation.

Organisation actuelle du laboratoire de physique. — La Planche I montre la disposition adoptée dans l'organisation actuelle du laboratoire de physique. 5 pièces A, B, C, D, E lui sont affectées.

La salle A sert de cabinet de recherches pour le professeur ; elle renferme les principaux appareils destinés aux mesures de précision. Cathétomètre, balance de précision, appareils pour la mesure des éléments des courants électriques, appareil pour la comparaison des thermomètres.

La salle B est réservée à l'enregistrement de la radiation solaire obtenue à l'aide de l'actinomètre de M. le professeur Crova.

La salle C renferme une collection d'enregistreurs automatiques qui constituent par leur ensemble les bases de l'organisation météorologique de l'École. Ce local, malgré ses étroites dimensions, abrite le thermomètre, le baromètre, l'anémomètre enregistreurs de Rédier, le pluviomètre enregistreur de M. Houdaille, les thermomètres, baromètres, hygromètres enregistreurs de Richard, plusieurs instruments d'observations tels que l'hygromètre et l'actinomètre de M. Crova, un baromètre étalon de Tonnelot, des baromètres métalliques. Des casiers disposés dans un coin de la salle reçoivent les archives météorologiques accumulées par les divers enregistreurs depuis l'origine de la station.

La salle D sert surtout de salle de manipulations pour les élèves. Elle est subdivisée par des cloisons s'élevant à hauteur d'appui en stalles renfermant chacune une table de manipulation, une prise d'eau, de gaz et d'électricité.

Une partie de la pièce E est affectée aux mêmes manipulations ; cinq séries de 3 à 5 élèves peuvent s'y exercer simultanément et réaliser l'ensemble des manipulations suivantes.

MANIPULATIONS RÉALISÉES EN 1887-88 PAR LES ÉLÈVES DE L'ÉCOLE D'AGRICULTURE. — Mesure de densité par la méthode de la balance hydrostatique.

Mesure de densité par la méthode du flacon.

Mesure de densité par les aréomètres Nicholson, Fahrenheit, Baumé.

Comparaison et vérification d'un thermomètre.

Détermination du point de fusion d'un corps gras, beurre, graisse, cire.

Vérifications des principes sur lesquels reposent les procédés de dosage alcoolique des vins.

Détermination de l'état hygrométrique de l'air par l'hygromètre à condensation, par le psychromètre.

Détermination de la chaleur spécifique d'un corps solide.

Étude au spectroscope des raies caractéristiques des divers chlorures métalliques.

Mesure des tensions de la vapeur d'eau.

Mesure de la densité d'une vapeur.

Analyse saccharimétrique par le saccharimètre de Soleil.

Mesure de l'intensité d'un courant électrique.

Étude du spectre de la chlorophylle, du vin et de diverses matières colorantes.

Mesures photométriques, détermination du pouvoir éclairant relatif de divers combustibles, huile, pétrole, bougie.

Mesure de l'utilisation de la chaleur solaire par l'appareil Mouchot, et détermination de l'intensité de la radiation solaire à l'aide de l'actinomètre Crova.

La salle E constitue le cabinet de physique proprement dit. Deux armoires vitrées renferment, l'une les appareils de démonstration, l'autre le matériel de construction nécessité par la préparation des expériences de cours. Le matériel de démonstration, bien qu'encore assez réduit, répond à peu près aux besoins de l'enseignement d'un cours de physique appliqué à l'agriculture. Nous citerons parmi les appareils principaux :

Mesure des longueurs : Cathétomètre.

Mesure du temps : Appareil pour la démonstration des lois du pendule, Chronomètre à pointage, Diapason inscripteur.

Pesanteur et *hydrostatique* : Balance de précision, Balance de laboratoire, Balance Trébuchet, Balance Roberwall, Balance enregistrante de Grandeau, Balance hydrostatique, Vases communiquants, Aréomètres de Fahrenheit, de Nicholson, Aréomètres Baumé, Alcoomètres, Flacons à densité.

Statique des gaz : Machine pneumatique, Manomètres à air libre, Manomètres métalliques, Manomètre enregistreur, Cuves à mercure, Baromètres.

Chaleur : Thermomètres de pression, Appareils pour la détermination du point 0 et du point 100, Appareils pour la démonstration de la dilatation des solides, des liquides et des gaz, Appareil calorimétrique de Regnault, Pyrhéliomètre de Pouillet, Étuve à air chaud, Dispositif élémentaire pour la démonstration des propriétés de la chaleur rayonnante.

Optique : Lentilles montées sur pied, Prismes, Microscope, Saccharimètre du soleil, Cyanopolarimètre, Lanternes à projection.

Électricité : Machine de Ramsden, Appareils divers pour la démonstration des propriétés fondamentales de l'électricité statique, Batterie de 40 éléments Bunsen installée dans une salle spéciale et reliée par une canalisation au laboratoire de physique et à l'amphithéâtre de cours. Batterie de 30 éléments Leclanché pour le service des divers enregistreurs, Accumulateurs à lames de plomb, Boîte de résistance de 1 à 2000 ohms, ohm.légal ; Galvanomètre de Nobili, Galvanomètre d'Arsonval, Boussole des tangentes, Bobines pour démonstration des phénomènes d'induction, Aimants.

Une lanterne à projection à lumière oxhydrique installée à poste fixe dans l'amphithéâtre de cours permet de projeter sur un écran en toile blanche, soit les clichés photographiques représentant un dispositif d'expérience, soit les phénomènes physiques qui ne pourraient être vus de tout l'auditoire sans le secours d'une amplification.

Organisation du service météorologique. — Les divers enregistreurs de la salle C accumulent automatiquement chaque jour les données nécessaires pour fixer la marche exacte de l'ensemble des phénomènes météorologiques. La conduite de ces enregistreurs est assurée par la direction du professeur et du répétiteur du cours de physique ; leur vérification est faite chaque jour à 9 heures du matin par M. Duffours, surveillant, chargé des observations météorologiques. Enfin le garçon du laboratoire assure leur entretien et le renouvellement hebdomadaire des feuilles d'inscription

Les observations météorologiques, faites à heure fixe, servent de contrôle aux indications des enregistreurs ; elles les complètent en outre par la mesure de quelques termes spéciaux : températures de l'air et du sol à différents niveaux, l'évaporation, la direction des nuages, l'intensité de la radiation solaire. La plupart de ces observations se font en plein air dans une enceinte palissadée qui constitue la station d'extérieur ou parc météorologique, Planche II. Ce parc d'observation, légèrement abrité des vents du nord par le rideau d'arbres des jardins de l'École et isolé de l'influence perturbatrice des bâtiments les plus voisins par un cordon d'arbres verts, se trouve admirablement approprié à la mesure des divers éléments météorologiques. Un abri thermométrique robuste y supporte une partie des instruments d'observation : Thermomètres, Évaporomètres, Hygromètres.

Le parc renferme en outre un héliographe enregistreur de Campbell donnant pour chaque jour la durée de l'insolation, un miroir à nuage servant à déterminer la direction des courants d'air supérieurs de l'atmosphère, un dispositif créé par M. Chabaneix pour déterminer l'évaporation des diverses natures de sols.

L'étude des éléments météorologiques est complétée par l'observation des phénomènes de la végétation. Le parc météorologique renferme une collection de plantes choisies parmi les plus sensibles aux divers agents météorologiques, froid, chaleur, humidité, sécheresse. On constate sur chacune d'elles les époques de gel, de défeuillaison, d'entrée en végétation, de floraison, de fructification.

Publicité donnée aux observations météorologiques de l'École. — Les observations de chaque jour sont inscrites dans le vestibule de l'École, aussitôt après l'observation de 9 heures du matin, sur un tableau d'ardoise disposé à cet effet, et la marche des températures et de la pression barométrique est représentée graphiquement à la craie sur un tableau voisin. Les observations de 9 heures du matin sont transmises en même temps par téléphone à l'Hôtel des Postes, où elles sont affichées dans un cadre spécial. Toutes les observations sont consignées dans un registre constituant les archives de la station. Chaque mois, l'observateur dresse une feuille résumant l'ensemble des observations mensuelles ; cette feuille est transmise aussitôt au Président de la Commission météorologique du département, et les feuilles mensuelles, centralisées à la fin de l'année, sont publiées intégralement dans le *Bulletin météorologique annuel du département de l'Hérault*. Les observations sont en outre communiquées périodiquement aux divers journaux agricoles de la région et insérées toutes les semaines dans le *Progrès agricole* et tous les mois dans le *Messager agricole*. Enfin chaque mois les feuilles des divers enregistreurs sont dépouillées par l'observateur et reproduites à une moindre échelle dans une planche mensuelle où les observations discontinues sont de même représentées graphiquement. Ces planches, publiées sous les auspices de la Commission météorologique de l'Hérault, sont communiquées aux diverses stations de France et de l'Étranger, affichées dans le cadre de l'Hôtel des Postes de Montpellier, insérées dans le *Bulletin météorologique annuel du département*, dans les *Annales de l'École d'Agriculture*, dans le *Bulletin de la Société d'Agriculture de l'Hérault*.

Enseignement de la météorologie. — Les appareils réservés à l'enseignement comprennent la collection des divers enregistreurs signalés dans le détail de la salle C, des baromètres métalliques, une collection de thermomètres ordinaires, à maxima, à minima, des hygromètres à cheveu, à condensation, des psychromètres, une collection de dessins sur carton grand format montrant l'allure des principaux éléments météorologiques. Cette collection de graphiques se complète par une série de clichés photographiques représentant les principaux phénomènes météorologiques. Enfin le laboratoire de physique a reçu en dépôt la bibliothèque de la Commission météorologique du département, renfermant l'ensemble des observations françaises et les annales de la plupart des stations de l'Étranger.

Enseignement de la minéralogie et de la géologie. — Le matériel d'enseignement comprend le matériel nécessaire pour permettre aux élèves d'effectuer les principales réactions élémentaires au chalumeau, savoir :

Réduction d'un oxyde métallique ; oxydation et réduction d'un sulfure métallique.

Réaction des divers oxydes métalliques au sel de borax.

Recherche du chlore, du brome et de l'iode par le borax saturé d'oxyde de cuivre.

Réactions de l'alumine, de la magnésie, des sels de zinc par l'azotate de cobalt.

Réaction des silicates par le sel de phosphore et le carbonate de soude.

Recherche d'un sulfate par le carbonate de soude et le charbon.

Étude des flammes caractéristiques des chlorures des métaux alcalins dits alcalino-terreux.

Une collection de minéraux et de fossiles comprenant environ 850 échantillons est installée dans une salle spéciale attenante aux collections générales de l'École. Les échantillons sont classés dans des vitrines en bois comprenant chacune 40 à 50 échantillons et pouvant être facilement transportées dans la salle de cours pour être mises sous les yeux des élèves. Les vitrines sont elles-mêmes classées dans une série d'étagères formant autant de casiers distincts qu'il y a de vitrines. La collection générale comprend une collection de minéralogie de 600 échantillons et une collection de géologie de 250 échantillons ; on a extrait de la collection de minéralogie une petite collection de 150 minéraux environ, choisis parmi les plus caractéristiques. Cette collection est mise entre les mains des élèves afin de les exercer à la détermination des principales espèces minérales.

Une collection de tableaux sur carton grand format représentant les détails de stratigraphie des divers étages géologiques complète le matériel d'enseignement.

Les environs immédiats de l'École permettent de montrer sur place aux élèves les représentants de plusieurs formations géologiques : loess et tufs quaternaires, sables, marnes et calcaires tertiaires, calcaire jurassique et marnes néocomiennes des terrains secondaires, basaltes de la formation volcanique de Montferrier.

Liste des Publications de M. HOUDAILLE.

1884. Bilan météorologique de l'année 1883, 1 broch. — Extrait du *Messager agricole.*

1885. Le laboratoire de Physique et le service de la météorologie à l'École d'Agriculture de Montpellier, 1 broch. — Extrait de l'*Annuaire de l'Association amicale des anciens Élèves de Montpellier.*

— Sur les lois de l'évaporation. — Extrait des *Comptes rendus de l'Académie des Sciences* (19 janvier 1885).

— Sur l'évaporation dans l'air en mouvement. — Extrait des *Compt. rend. de l'Acad. des Sc.* (10 août 1885).

— Compte rendu des réunions viticoles organisées par la Société centrale d'Agriculture de l'Hérault (En collaboration avec MM. Boyer, Fallot, Ravaz).

— Sur les lois de l'évaporation, 1 broch. — *Compt. rend. de l'Association française.*

— Note sur un pluviomètre enregistreur. — Le régime de la pluie à Montpellier. — Extrait des *Mémoires de l'Acad. des Sc. et Lettr. de Montpellier.* Tom. XI, 1885.

1886. Marche annuelle de la radiation solaire sous le climat de Montpellier en 1883-84-85, 1 br. — Extrait du *Mess. agr.*

— Étude des pluies de 1885 et de la série 1883-85, 1 broch. — Extrait des *Mém. de l'Acad. des Sc. et Lettr. de Montpellier.*

1886. Étude sur les vendanges en France. — In *Progrès agricole* du 9 mai.

— Note sur un hydromètre, 1 broch. — Voir *Progr. agr.* du 25 juillet 1886.

— Les paratonnerres agricoles.—In *Progr. agr.* du 11 juillet 86.

1887. Étude sur les pluies de 1886 — Extrait des *Mém. de l'Acad. des Sc. et Lettr. de Montpellier* — et marche annuelle de l'humidité du sol à Montpellier.

— Les gelées de printemps et les nuages artificiels, 1 broch. — Extrait du *Progr. agricole.*

— Sur un enregistreur des fermentations alcooliques. — Extrait des *Annales de l'École d'Agriculture*, tom. III.

1888. La lune. — Son influence sur les phénomènes terrestres, 1 broch. — Extrait du *Progr. agricole.*

— La prévision du temps. — In. *Bulletin de la Société des Sciences naturelles et physiques.*

Liste des Publications de M. CROVA.

1882.

1. Sur un nouvel hygromètre à condensation intérieure. *Compt. rend. de l'Acad. des Sc.*, tom. XCIV, pag. 1514, et *Journ. de Phys.*, 2e série, tom. II, pag. 166.
2. Étude des appareils solaires. *Compt rend. de l'Acad. des Sc.*, tom. XCIV, pag. 943, et *Mém. de l'Acad. des Sc. et Lettr. de Montp.*, tom. X (1882).
3. Sur la photométrie solaire. *Compt. rend.*, tom. XCV, pag. 1271, et tom. VCVI, pag. 124.

1883.

4. Étude sur l'hygrométrie. *Mém. de l'Acad. des Sc. et Lettr. de Montp.*, tom. X (1883).
5. Sur l'hygrométrie. *Journ. de Phys.*, 2e série, tom. II, pag. 450.

1884.

1. Observations actinométriques faites à Montpellier en 1883. *Compt. rend.*, tom. XCVIII, pag. 387, et *Mém. de l'Acad. des Sc. et Lettr. de Montp.*, tom. X (année 1884).
2. Méthode de graduation des hygromètres à absorption. *Journ. de Phys.*, 2 livres, tom. III, pag. 390.

1885.

1. Observations actinométriques faites à Montpellier en 1884. *Compt. rend.*, tom. C, pag. 906, et *Mém. de l'Acad. des Sc. et Lettr. de Montp.*, tom. XI (1885).
2. Sur un enregistreur de l'intensité calorifique de la radiation solaire. *Compt. rend.*, tom. CI, pag. 418.

1886.

1. Observations actinométriques faites à Montpellier en 1885. *Compt. rend.*, tom. CII, pag. 511, et *Mém. de l'Acad. des Sc. et Lettr. de Montp.*, tom. XI (1886).
2. Observations faites à Montpellier avec l'actinomètre enregistreur. *Compt. rend.*, tom. CII, pag. 962.

1887.

1. Observations actinométriques faites à Montpellier en 1886. *Compt. rend.*, tom. CIV, pag. 32, et *Mém. de l'Acad. des Sc. et Lettr. de Montp.*, tom. XII (année 1887).
2. Sur l'enregistrement de l'intensité calorifique de la radiation solaire par l'atmosphère terrestre. *Compt. rend.*, tom. CIV, pag. 1475.

1888.

1. Sur les observations actinométriques faites à Montpellier en 1887. *Compt. rend.*, tom. CVI, pag. 810, et *Mém. de l'Acad. des Sc. et Lettr. de Montp.*, tom. XII (1888).
2. Sur l'enregistrement de l'intensité calorifique de la radiation solaire. *Ann. de Chim. et de Phys.*, 6e série, tom. XIV.
3. Étude de l'intensité calorifique de la radiation solaire au moyen de l'actinomètre enregistreur. *Ann. de Chim. et de Phys.*, 6e série, tom. XIV.

1889.

1. Sur les observations actinométriques faites à Montpellier en 1888. *Compt. rend.* (en voie d'impression), et *Mém. de l'Acad. des Sc. et Lettr. de Montp.* (1889).
2. Observations faites au sommet du mont Ventoux sur l'intensité calorifique de la radiation solaire (en collaboration avec M. Houdaille). *Compt. rend.*, tom. CVII, pag. 35.
3. Sur le mode de répartition de la vapeur d'eau dans l'atmosphère. *Compt. rend.*, tom. CVIII, pag. 119.
4. Remarques sur les observations actinométriques faites à Kief par M. Savilief. *Compt. rend.*, tom. CVIII, pag. 289.

M. Crova publie chaque année le *Bull. météorolog. du départ. de l'Hérault*, sous les auspices du Conseil Général, 1 vol. in-4° avec planches. Cette publication, commencée en 1873, a été continuée sans interruption. Le volume de 1888 est actuellement à l'impression. M. Crova a fait aussi à l'École, en 1887, un travail sur l'influence de la radiation solaire sur les caissons d'artillerie chargés de munitions. Ce travail, non publié, fait sur la demande de M. le baron Berge, commandant le XVIe corps d'armée, a été envoyé au ministère de la Guerre. Les travaux ci-dessus mentionnés ne sont qu'une partie de ceux qu'a publiés M. Crova. Il n'a été fait ici mention que de ceux qui intéressent l'Agriculture.

Appareils *réalisés* en vue des recherches au laboratoire de Physique.

Balance Trébuchet disposée pour l'enregistrement automatique de l'évaporation à l'aide d'un *compensateur à grain de plomb.*

Hydromètre permettant la mesure des faibles variations de niveau d'une surface liquide (méthode optique).

Pluviomètre enregistreur. — Le jaugeage des volumes égaux de pluie tombée est effectué par un compteur à siphon. Chaque jaugeage est enregistré sur la bande d'un inscripteur de Morse.

Appareil enregistreur des fermentations alcooliques.—L'appareil enregistre la marche du dégagement de l'acide carbonique résultant de la fermentation.

Contact électrique à brèves émissions de courant. Ce contact, appliqué à l'anémomètre enregistreur Rédier, a pour effet de réduire considérablement l'usure des piles que nécessite le fonctionnement de cet enregistreur.

Appareils divers *utilisés* pour les recherches.

Bascule évaporomètre de M. Grandeau.— Étude de l'évaporation.

Ventilateur à force centrifuge. — Étude de l'évaporation.

Enregistreurs météorologiques : Thermomètre, Baromètre, Anémoscope, Anémomètre, Actinomètre. — Études météorologiques diverses.

Appareils divers d'observation météorologique : Hygromètres, Psychromètres, Actinomètres.

Appareils de mesures : Balance de précision.— Cathétomètre.— Dispositif pour la mesure des éléments des courants électriques : Intensité, résistance, tension.

Plan du Laboratoire de Physique (Pl. I).

SALLE A.

1. Table de travail.
2. Armoire.
3. Armoire.
4. Balance de précision.
5. Boîtes de résistance.
6. Galvanomètre.
7. Appareil pour la comparaison des Thermomètres.
8. Lampe et Échelle graduée pour Galvanomètre.
9. Support du Cathétomètre.
10. Bibliothèque de la Commission météorologique départementale.

SALLE B.

1. Piles pour enregistreurs.
2. Table à développer les Épreuves actinométriques.
3. Horloge de l'Actinomètre.
4. Galvanomètre de l'Actinomètre.

SALLE C.

1. Table.
2. Table.
3. Anémomètre enreg. Rédier.
4. Baromètre — — et Richard
5. Pluviomètre enregistreur Houdaille
6. Thermomètre — Rédier
7. Thermomètre et Hygromètre enregistreur Richard.

SALLE D.

1. Anémoscope.
2. Table de manipulation.
3. Table de manipulation.
4. Table de manipulation avec Hotte.

SALLE E.

1. Table de Laboratoire.
2. Bascule enregistrante.
3. Armoire.
4. Armoire.
5. Casier à dessins.
6. Table de manipulation.
7. Table de manipulation.

Organisation du Parc Météorologique (Pl. II).

1. Porte d'entrée. — 2. Massifs de végétaux étudiés en vue des Observations météorologiques. — 3. Pluviomètre totalisateur. — 4. Pluviomètre enregistreur. — 5. Écran-abri de la Bascule évaporomètre. — 6. Abri thermométrique. — 7. Thermomètre à minima à 0m20 au-dessus du niveau du sol. — 8. Héliographe de Campbell. — 9. Appareil Chabaneix mesurant l'évaporation de divers sols. — 10. Semis de céréales et de légumineuses étudiés en vue des Observations météorologiques. — 11. Appareil solaire Mouchot. — 12. Bac de condensation de l'appareil Mouchot.

Pl. I.

Plan du Laboratoire de Physique.

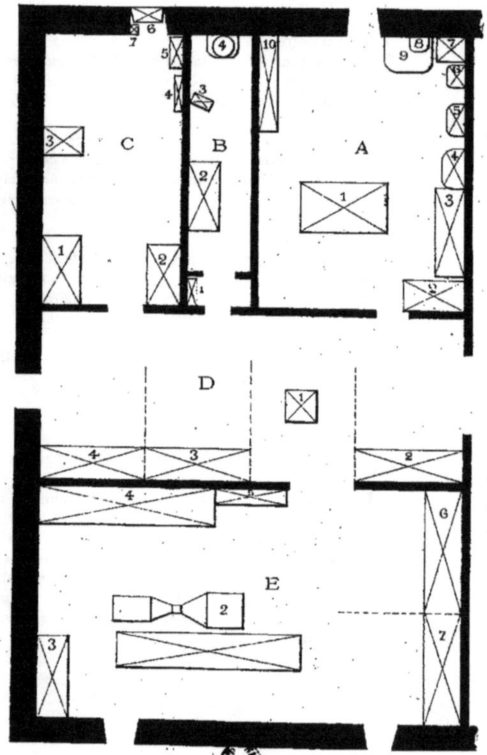

Echelle: 1 Centimètre par Mètre.

Pl. II.

Pl. II.

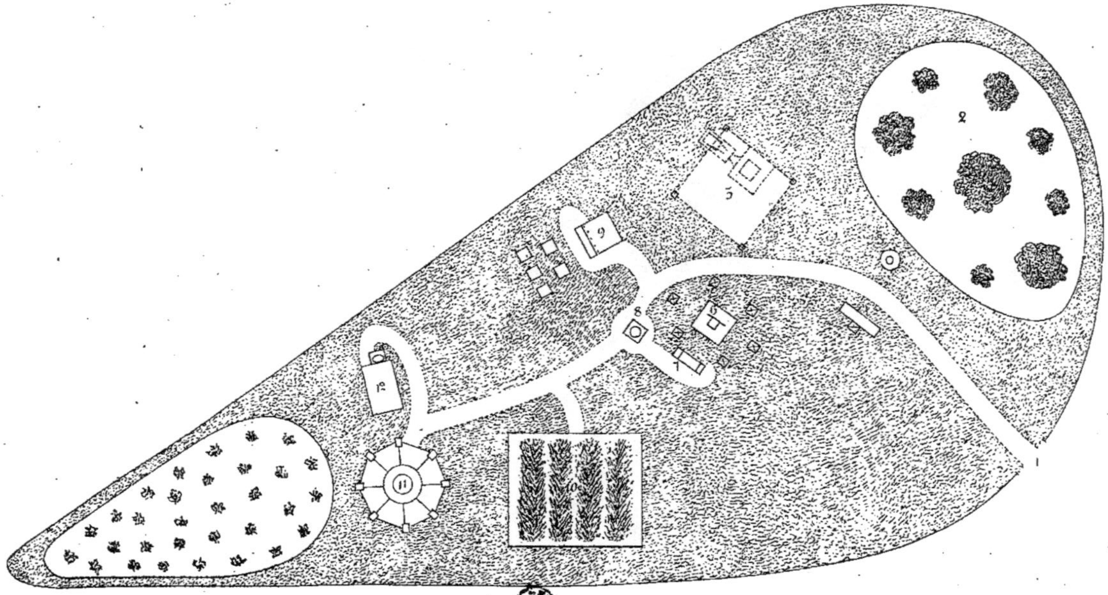

Parc Météorologique

Collection de Minéralogie.

Carbone et Carbonates.

Minéraux.	Nombre d'échantillons.	Minéraux.	Nombre d'échantillons.
Tourbe	10	Calcite	1
Lignite	12	Dusodile foliacé	1
Bitume	9	Agaric minéral	1
Ambre jaune	1	Calcaire siliceux	2
Houille	5	Marbres	20
Graphite sur calcaire	30	Dolomie	10
Chaux carbonatée	1	Calcaire cipolin	2
Aragonite	1	Marne octaédrique	1

Sulfates, Chlorures, Fluorures.

Soufre natif	1	Glaubérite	1
Baryte	8	Salpêtre efflorescent	1
Strontiane	3	Alun naturel	1
Gypse	25	Chaux fluatée	1
Chlorure de sodium	10	Berthiérite	1

Silice, Silicates.

Quartz	14	Émeraude	3
Silex	15	Macle prismatique	2
Corindon	1	Staurotite	1
Agate	8	Amphibole	3
Jaspe	1	Tourmaline	1
Sable quartzeux	1	Feldspath	15
Calcédoine	1	Lenzinite	1
Mica	4	Andalousite	2
Serpentine	2	Disthène	1
Amphibolite	2	Klaprothine	1
Amiante	2	Jade	1
Anthophyllite	1	Pétrosilex	1
Argile	10	Couzeranite	1
Pyroxène	3	Épidote	4
Péridot	2	Dipyre	1
Bronzite	1	Grenat	6

Minéraux.	Nombre d'échantillons.	Minéraux.	Nombre d'échantillons.
Zircon	1	Tourmaline	4
Gismondine	1	Schiste	10
Thomsonite	1	Meulière	1
Topaze	2	Argile	8
Mica	6	Corindon	1

Minerais métalliques.

Fer carbonaté	12	Zinc carbonaté	2
— oxydé	15	Plomb sulfuré	2
— oligiste	13	Azurite	1
— sulfuré	16	Malachite	1
— sulfaté	1	Antimoine oxydé	11
Cuivre carbonaté	10	Étain oxydé	1
— phosphaté	8	Almaden	1
— gris	1	Argent sulfuré	1
— sulfuré	2	Rutile	1
— pyriteux	1	Cinabre	1
— oxydulé	1	Plomb phosphaté	1
Oxydulite	10	— sulfuré	1
Manganèse	13	Mercure natif	1
Zinc sulfuré	1		

Roches composées.

Granite	15	Variolite	1
Gneiss	4	Leucitophyre	1
Micaschiste	15	Brèches volcaniques	1
Talcshiste	10	Spilite	1
Pegmatite	3	Pierre ollaire	1
Graphyschiste	3	Ophite	1
Gneigyne	4	Marnes	1
Cordiéclade	1	Téphrine	5
Protogyne	6	Steaschiste	1
Maclomyre	1	Grenatide	1
Maclite	1	Maclomyre	1
Quartzite	5	Domite	3
Euphotide	1	Amphibolite	5
Arkose	4	Diorite	4
Trachyte	6	Chlorite	1

Minéraux.	Nombre d'échantillons.	Minéraux.	Nombre d'échantillons.
Vackite	1	Tuf volcanique	3
Eurite	2	Quartzite	2
Basaltes	20	Grès	18
Bombe volcanique	1	Poudingues	7
Scorie volcanique	2		

Collection de Géologie.

TERRAIN PRIMORDIAL.

Gneiss, Micaschiste, Talcschiste.

Roches.		Roches.	
Granite	3	Calcaire cipolin	2
Gneiss	1	— saccharoïde	1
Micaschiste	11	Amphibole Trémolite	1
Feldspathine	1	Talc en roche	1
Talcschiste	1	Pétrosilex	1
Arkose	1	Silex pyromaque	1

TERRAIN DE TRANSITION.

Cambrien, Silurien, Dévonien.

Gypse	1	Contact de l'Eurite et du Calcaire	1
Calschiste	3	Marbre cipolin	1
Schiste	9	Serpentine	1
Grès	2	Vieux grès rouge	1
Calcaire	3	Macle prismatique	1
Fossiles.		Fossiles.	
Asaphus expansus	1	Orthis	1
Calomopora	1	Calymènes	1
Orthocères	3	Ogygia Guettardi	1

TERRAIN HOUILLER.

Calcaire carbonifère.

Roches.		Roches.	
Calcaire	2	Fer oxydé	5
Grès	5	Cuivre pyriteux	1
Poudingues	2	Porphyre	1
Argile	1	Schistes	6

TERRAIN HOUILLER.

Terrain houiller proprement dit.

Roches.	Nombre d'échantillons.	Roches.	Nombre d'échantillons.
Grès	5	Silex pyromaque	1
Houille pseudo-polyédrique	1	Fer carbonaté	1
Argile plastique	1	Fer oxydé	1
Calcaire carbonifère	6	Houille stipite	1
Fer lithoïde	1	Dolomie	1
Grauwacke calcaire	1	Schiste	1
Calcaire à encrines	1	Arkose	2
Mercure sulfuré	1		
Fossiles.		**Fossiles.**	
Schiste houiller avec empreintes végétales	25	Calamites	3
Sigillaria	5	Pecopteris	2
Lepidodendron	4	Encrines	3
Écailles de poisson	6	Orthocères	2

(Collection offerte à l'École d'Agriculture par les Mines de Bessèges.)

Fossiles.			Fossiles.		
Cycadées	Stigmaria	6	Équisétacées	Calamophyllites	3
	Sigillaria	8		Calamites	10
	Cordaites	7		Annularia	5
Conifères ?	Calamodendron	5		Astérophyllites	6
			Filicacées	Sphenopteris	8
				Pecopteris	9
			Lycopodiacées.	Lepidodendron.	7

Terrain Permien et Terrain du Trias.

Roches.		Roches.	
Grès	11	Muschelkalk	2
Schiste	2	Calcaire	1
		Arkose	4
Fossiles.		**Fossiles.**	
Cupressus du Zechstein	3	Bois fossile du grès bigarré	1

TERRAIN DU TRIAS.

Calcaire conchylien, Marnes irisées.

Roches.	Nombre d'échantillons.	Roches.	Nombre d'échantillons.
Gypse	5	Anhydrite	1
Dolomie	6	Lignite	2
Marne	8	Arkose	1
Argile	2	*Fossiles.*	
Muschelkalk	5	Chemitsia elongata	1

TERRAIN JURASSIQUE.

Lias.

Roches.		Roches.	
Minerai de fer	1	Grès	1
Craie chloritée	1	Marne	1
Calcaire à gryphées	5	Bone-bed	1
— à bélemnites	1	Schiste à possidonies	1
— à trigonies	1	*Fossiles.*	
— à térébratules	1	Gryphæa arcuata	11
— métamorphique	1	Pecten	1
— commun	5		

TERRAIN JURASSIQUE.

Oolithe inférieure.

Roches.		Roches.	
Calcaire oolithique	8	Grès de l'oolithe inférieure	1
Oolithe blanche	1	Calcaire	4
— inférieure	5	— pisolithique	1
— miliaire	2	Grande oolithe	1
— ferrugineuse	5	Calcaire pyriteux	2
— pisaire	1	Grès bigarré	3
Calcaire de Cornbrash	1	Calcaire schisteux	1
— marneux	1	Grès ferrugineux	1
Fer oolithique	1	Calcaire à nummulites	1
Silex corné	1	Marne à Ostrea acuminata	1
Fossiles.		*Fossiles.*	
Bélemnites	2	Pholadomya	3
Lobophylia aspera	1	Lithodendron flabellum	1
Gryphæa cymbium	1	Cardinia fulcara	1

Fossiles.	Nombre d'échantillons.	Fossiles.	Nombre d'échantillons.
Ammonites costatus	1	Isocardia minina	1
Pleurotomaria	2	Terebratula	1
Pleuromya	3	Ostrea acuminata	1
Gryphæa arcuata	1	Cidaris ovifera	1
Fucus	1	Cricopora annulosa	1
Modiola	1	Ammonites	2
Nautilus	1	Ancyloceras	1
Fucus	1	Pecten	2
Montlivoltia	1	Lima proboscidea	1

TERRAIN JURASSIQUE.

Oolithe moyenne, Oxfordien, Corallien.

Roches.		Fossiles.	
Marnes	3	Macraudina	1
Calcaire à dicérates	1	Trigonia costata	1
—	4	Madrepora	1
— à encrines	1	Plagiostoma cordiformis	1
Argile	2	Spongia floriceps	1
Gypse	1	Bélemnites	2
Chailles	1	Pecten	1
Calcaire à polypiers	1	Pholadomya	1
		Fucus	2
		Ammonites Dumani	1
		Perna quadrata	1

TERRAIN JURASSIQUE.

Corallien, Oolithe supérieure, Kimméridgien.

Roches.		Roches	
Calcaire à gryphées virgules	1	Calcaire coquillier	1
— à polypiers	1	*Fossiles.*	
— à diceras	1	Pleurotoma neocomensis	1
— à nérinées	1	Ostrea	1
Brèches coralliennes à polypiers	2	Cytherea	1
Calcaire blanc	1		

TERRAIN CRÉTACÉ.

Portlandien.

Roches.		Roches.	
Calcaire néocomien	1	Calcaire cristallisé	1
— compact	2	— argileux	1

Roches.	Nombre d'échantillons.	Fossiles.	Nombre d'échantillons.
Calcaire astartien	1	Terebratula	1
— portlandien	1	Pholadomya	3
— lamellaire	1	Catillus Cuvieri	3
— à gryphées virgules	1	Ceromya	2
Schiste calcaire	1		

TERRAIN CRÉTACÉ MOYEN.

Gault, Grès vert.

Calcaire Lumachelle	1	Belemnites mucronatus	1
— brèchiforme	1	Ostrea du grès vert	1
— grossier	1	— carinata	3
— pisolithique	1	Terebratula	2
Argile du Gault	1	Ananchites ovata	1
Grauwacke	1	Exogyre et serpule	1
Marne argileuse	1	Spatangus	3
Poudingue ferrugineux	1	Caratomna	1
Nodules de fer sulfuré	1	Modiola	1
Craie Tuffeau	1	Gryphæa colomba	2
— chloritée	3	Orbitolites concava	1
— blanche	1	Pleurotomaria	2
Grès verts	1	Crassatella	1
Cailloux roulés	1		

TERRAIN CRÉTACÉ MOYEN.

Craie blanche, Calcaire pisolitique.

Roches.		Roches.	
Calcaire pisolithique	6	Gypse argilifère	1
— à nummulites	2	Schiste marneux	1
— blanc à hyppurites	2	Lignite fibreuse	1
Craie grise à polypiers	1	Fossiles.	
— Tuffeau	1	Sphoroctites	1
— blanche	3	Echinolampas affinis	1
Marne	2	Dent de mesosaurus	1
Dolomie	2	Dent de requin	1
Silex dans la craie	2	Vertèbre de poisson	1

TERRAIN CRÉTACÉ SUPÉRIEUR.

Craie Tuffeau, Craie blanche.

Roches.	Nombre d'échantillons.	Fossiles.	Nombre d'échantillons.
Craie Tuffeau	3	Pecten	1
— blanche	3	Hyppurites	1
Silex pyromaque	2	Ostrea biauriculata	1
Fossiles.		Cyclolites elliptica	2
Ostrea vesicularis	3	Scyphia claviformis	1
Gryphæa colomba	2	Isocardia globulosa	1
Ananchites ovatus	2	Dent de squale	1
Exogyra	1	Exogyra flabellata	1

TERRAIN TERTIAIRE DU NORD.

Éocène argile plastique.

Roches.		Fossiles.	
Argile plastique	4	Modula plicata	1
Calcaire	2	Ceritbium	3
Sable ferrugineux	1	Nummulites	1
Faluns	2	Crassatelle	1
Calcaire à nummulites	2	Cardium	2
Arkose	1	Lucina	1
Gypse laminaire	1	Dent de cheval	1
Calcaire granulaire	1	Melanopsis	1
Émeraude hyaline	1		

TERRAIN TERTIAIRE DU NORD.

Éocène calcaire grossier supérieur, Caillasses.

Grès à coquilles marines	1	Ceritbium	4
Calcaire	9	Terebellum	2
Argile à orbitolite	1	Nautilus	1
Glauconie	1	Voluta	2
Molasse jaune	1	Turritella	2
Talc	1		

TERRAIN TERTIAIRE DU NORD.

Éocène calcaire grossier.

Roches.	Nombre d'échantillons.	Roches.	Nombre d'échantillons.
Calcaire grossier	12	Albatre du calcaire	1
— friable	1	Faluns	1
— à miliolites	1	Silex coquillier	1
Grès coquillier	1	Sable quartzeux	1
— quartzeux	1	*Fossiles.*	
Glauconie	1	Lucina	3
Marnes vertes	1	Cerithium	4
Magnésite	1		

TERTIAIRE DU NORD.

Éocène, Formation gypseuse.

Roches.		Roches.	
Gypse avec ménilite	2	Marne	4
Calcaire	4	— magnésienne	1
— siliceux	1	Meulière	1
— lacustre	1	Gypse	7
Marnes à mytilus	2	Argile	2
Strontiane sulfatée	6		

TERTIAIRE DU NORD.

Éocène, Formation supra-gypseuse, Marnes vertes, Calcaire lacustre de la Brie.

Marbre	1	Calcaire marin	1
Gypse	2	Meulière	2
Marne verte	1	Gypse et ménilite	2
— à Helix rubra	1	*Fossiles.*	
— blanchâtre	2	Planorbes	3
— à lymnées	1	Lymnées	4
Calcaire lacustre	8	Helix rubra	1
— de la Brie	1	Bois de forêt	1

TERRAIN TERTIAIRE DU NORD.

Éocène, Miocène, Grès de Fontainebleau, Meulière.

Roches.		Roches.	
Meulière	6	Molasse d'eau douce	1
Argile et lignite	1	Grès	4

Roches.	Nombre d'échantillons.
Grès marin	4
Sable de Fontainebleau	1
Nagelfluth molassique	2
Calcaire	4
— d'eau douce	1
— siliceux de la Brie	1
Brèche sidéroolithique	1
Silex pyromaque	1

Roches.	Nombre d'échantillons.
Molasses	3
Poudingues	5
Quartz grenu friable	1
Fossiles.	
Crepipatella	1
Ostrea	2
Spatangus	2

TERRAIN TERTIAIRE DU NORD.

Miocène faluns.

Molasse	3
Faluns coquillier et argileux	4
Sable avec coquilles	1
Fossiles.	
Cyclostoma	1
Ostrea	2
Venus	1
Serpula	3
Heteropora	1
Terebratula	3
Spondylus	1
Venericardia planicosta	1
Cypræa	1
Caryophillia	1
Madrepora	3
Scutellina	1
Echinolampas	1

TERTIAIRE D'AQUITAINE.

Fossiles.

Roches.	
Molasse	2
Calcaire lacustre	2
Fossiles.	
Venus	1
Arca	4
Meritima	1
Nerita	2
Natica	2
Delphinula	1
Tellina	1
Cyprina	2
Pleurotoma	2
Terebra	1

Fossiles.	
Dentalium	1
Cucullœa	1
Isocardia	1
Paludina	1
Bulla	1
Turritella	2
Cytherea	2
Calyptræa	1
Cardita	1
Nummulites	1
Pyrula	1
Pectonculus	2
Voluta	1

TERRAIN TERTIAIRE MÉDITERRANÉEN.

Système nummulitique, Marne et Sable.

Roches.	Nombre d'échantillons.	Fossiles.	Nombre d'échantillons.
Marne bleue	3	Murea	1
Marne panachée lacustre	1	Lithodomus	1
Calcaire marneux	1	Ancillaria	1
Molasse	4	Ostrea	1
Conglomérat lacustre	2	Serpules de la Valette	1
Molasse marine	1	Vers (Figueras)	3

TERRAIN QUATERNAIRE.

Roches.		Roches.	
Cailloux siliceux	10	Alluvion marine	1
— épuisés	1	Roche feldspathique altérée	1
— percés	1	Lehm	3
— roulés ferrugineux	10	Calcaire incrustant	1
Calcaire à entroques	1	Alluvion de la Seine	1
— madréporique	1	Sable coquillier	1
Concrétions du Lehm	1	Brèche sableuse	1
— calcaires	2	Argile lacustre	1
— actuelles	1	Huîtres roulées	10
Brèche ferrugineuse	1	Stalagmite	1
Galets du Havre	3	Diorite d'alluvion	1
Calcaire jurassique (Bloc erratique	1	Molasse	1
		Fossiles.	
Poudingue	7	Bois fossile	1
Minerai d'alluvion	1	Ostrea	1
Terre alluvienne	1	Cerithium	2
Quartzite	3	Bois silicifié	1
Bloc erratique	5	Humérus humain	1
Alluvion du Boulonnais	1	Vertèbres	2

Plan des Laboratoires de Chimie, de Technologie, d'Agriculture et de l'Amphithéâtre n° 2 (Pl. III).

A. – Amphithéâtre n° 2, spécialement disposé pour les cours de Physique, de Chimie et de Technologie.

B. — Cage pour les manipulations du laboratoire du professeur de Chimie.

C. — Laboratoire du professeur de Chimie.

D. — Laboratoire pour les manipulations des élèves (28 places).

E. E. E. — Réduits pour la verrerie.

F. F. F. — Cabinets de balance.

G. — Laboratoire extérieur pour les manipulations qui dégagent des gaz désagréables ou dangereux.

K. — Chambre noire pour les expériences de spectroscopie, polarimétrie, etc.

L. L. L. — Éviers et laveries.

I. — Pièce pour renfermer les appareils qui risqueraient d'être détériorés par les vapeurs d'acides.

H. — Laboratoire du préparateur de Chimie.

M. — Alambics pour la distillation de l'eau.

N — Compteur à gaz et régulateur de pression du réseau des laboratoires.

O. — Laboratoire du professeur d'Agriculture.

P. — Laboratoire de Technologie et Œnologie.

Q. — Salle pour les travaux de Micrographie du laboratoire de Technologie.

R. — Étuve à fermentations.

S. — Escalier conduisant à la cave d'expérience.

T. — Escalier conduisant au 1er étage (laboratoire de Physique et logement des préparateurs).

a. a. a... — Armoires.

c. c. — Cuves à mercure.

e. e. — Étuves.

f. — Prise de lumière pour les projections à la lumière solaire.

g. g. g. — Gradins de l'Amphithéâtre.

h. h. h. — Hottes.

i. i. — W. Cl.

j. — Urinoir.

k. — Dépôt des piles électriques.

l. — Entrée du Professeur et des objets nécessaires aux cours dans l'Amphithéâtre n° 2.

m. m. m... — Tables pour les manipulations.

n. — Entrée des élèves dans l'Amphithéâtre n° 2.

p. p. p. — Passages.

r. r. r... — Robinets d'eau.

s. — Appareil pour l'analyse physique des terres.

t. t. t. — Tables de débarras.

Pl. III.

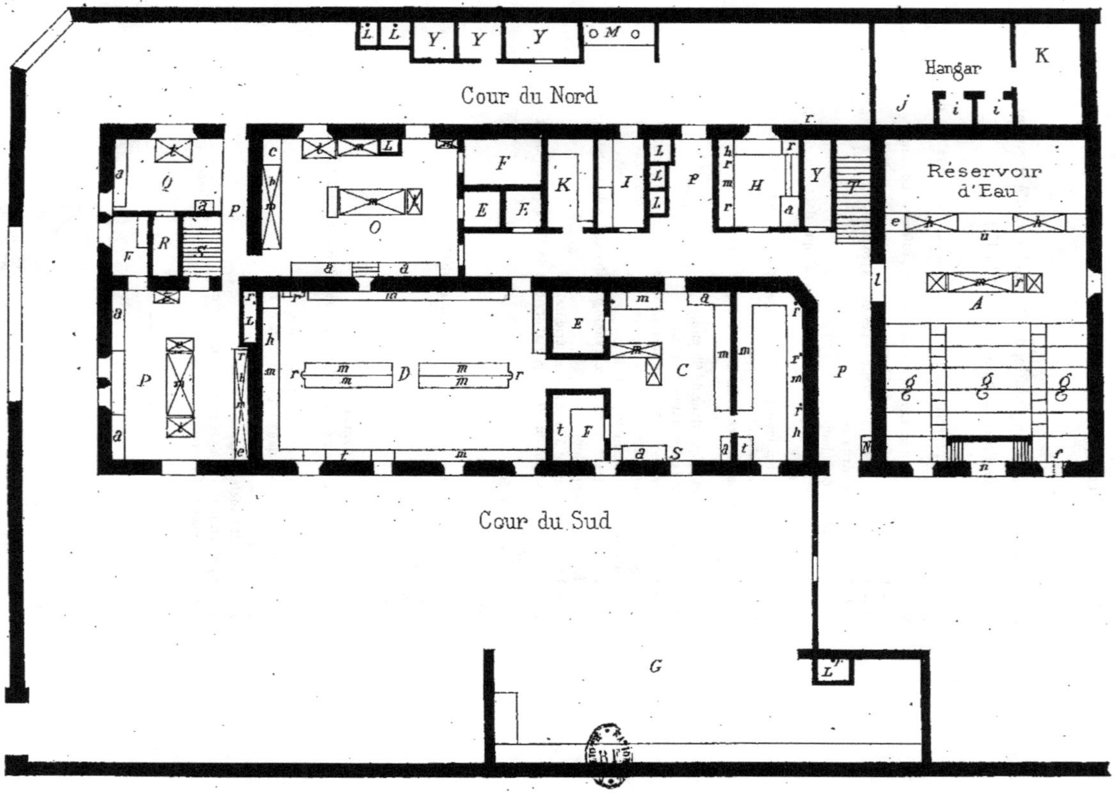

Plan des Laboratoires de Chimie d'Agriculture et de Technologie et de l'Amphithéâtre N°2.

CHAIRE ET LABORATOIRE DE CHIMIE.

C'est en 1870 que fut décidé le transfert, à Montpellier, de l'ancienne École d'Agriculture de La Saulsaie. Un matériel important fut alors transporté dans les bâtiments inachevés de la nouvelle École. Celle-ci ne fut ouverte qu'en 1872, avec un très petit nombre d'élèves tous externes. La chaire de Chimie était vacante, et M. Chancel, doyen de la Faculté des Sciences, s'était provisoirement chargé du cours. Après le concours du mois d'août 1873, le titulaire actuel en prit possession. L'enseignement réservé à cette chaire ne s'appliquait pas seulement aux sciences chimiques ; il comprenait encore une annexe importante et multiple : cosmographie, physique, météorologie, minéralogie et géologie. Le cours complet des études de nos élèves étant de cinq semestres, trois furent consacrés à la chimie générale et à la chimie agricole, les deux autres aux sciences que nous venons de nommer.

Les laboratoires étaient mal outillés ; les instruments de physique étaient en grande partie hors d'usage ; les collections minéralogique et géologique étaient encore enfermées sans ordre dans les caisses parties de l'École de La Saulsaie. Il fallut d'abord classer ces nombreux échantillons de roches et de minéraux, faire réparer les instruments les plus indispensables et munir le laboratoire de Chimie des appareils les plus nécessaires.

Ce premier travail accompli, on dut songer à la météorologie, à laquelle on attachait une grande importance. Les observations météorologiques établies à l'École en janvier 1872 étaient réduites à leur plus simple expression. On observait deux thermomètres à maxima et minima placés sur un piquet derrière le grand bâtiment de l'École, à 15 mèt. environ de distance. L'emplacement était assez mauvais, mais on n'avait pas trouvé mieux. Le professeur fit alors construire un kiosque-abri pour les thermomètres, auxquels on ajouta un évaporomètre de Piche, un hygromètre d'August et un pluviomètre.

En 1878, par suite de remaniements dans les cultures de l'École, on put trouver un emplacement meilleur ; les instruments furent distribués dans un petit parc (encore existant) et en un lieu très découvert ; on compléta cette installation par l'adjonction d'un miroir pour les nuages, de thermomètres du sol, d'un actinomètre d'Arago, de cases de végétation, etc. Toutes les observations, grâce au zèle du regretté Delacly, surveillant à l'École, ont été faites et enregistrées avec une grande régularité pendant huit années, de 1872 à 1880. A cette époque, la chaire fut dédoublée et le service de la météorologie fut rattaché à la chaire de Physique.

En 1873, les laboratoires appartenant à la chaire de Chimie occupaient tout le rez-de-chaussée de l'aile gauche du grand bâtiment. C'était suffisant pour notre petit nombre d'élèves. Mais bientôt la création de l'Internat vint modifier cet emplacement et rétrécir de plus en plus l'espace nécessaire au bon fonctionnement du service. Cependant les travaux chimiques du laboratoire allaient se multiplier. Pour donner plus de relief à l'École, étendre ses relations, on eut l'idée de créer une station agronomique et on pria le titulaire de Chimie d'en prendre la direction, ce qu'il fit volontiers dans l'intérêt de l'École. C'est en 1877 que cette station commença à fonctionner ; les travaux du laboratoire devinrent alors très difficiles : les moyens de chauffage étaient très imparfaits (charbon de bois et alcool) ; professeur et préparateurs avaient peine à se mouvoir dans le minime espace qu'on leur avait laissé.

C'est en 1880 que prit fin cette triste situation ; l'ancien cellier abandonné fut transformé en laboratoire et le gaz de Montpellier fut conduit à l'École. On pourra juger de l'importance de cette transformation par la description suivante que nous allons faire des laboratoires dépendant de la chaire de Chimie. La Pl. III va nous servir de guide.

Du côté de la cour Sud, les laboratoires s'étendent sur une lon-

Manipulations de Chimie.

gueur de 21 mèt. A gauche, on voit le laboratoire des élèves, grande salle rectangulaire D de $11^{m},50$ de long sur 6 de large. Au milieu et sur les deux grands côtés du rectangle, se trouvent 28 casiers, avec placards et tiroirs fermés à clef, surmontés d'étagères portant les flacons réactifs. 6 robinets d'eau (*r*) avec cuvettes sont commodément distribués. La table qui couvre les casiers porte-supports en fer avec pince et anneaux, becs Bunsen et pissettes nécessaires au travail courant ; une petite balance est placée près d'une fenêtre. On voit encore : (*e*) une grande étuve chauffant à 60° et 70° les corps de gros volume ; (*mh*) grande table en ardoise surmontée d'un hotte et portant deux grilles à gaz, un fourneau à moufle, une étuve à eau, une petite trompe pour filtrations rapides ; (*t*) une table de débarras. Une grande étagère très élevée est destinée aux ustensiles et appareils qui ne sont pas d'un usage journalier (grands supports, appareils à doser l'ammoniaque, l'acide carbonique, appareils à déplacement, réfrigérants de diverses sortes, et au-dessus de la table (*t*) l'appareil à analyse physique des terres. 25 élèves peuvent commodément travailler ensemble dans cette vaste salle, bien aérée et bien éclairée (Pl. IV).

Un passage met en communication avec le laboratoire du professeur, divisé en deux compartiments C et B par une cloison vitrée. Le premier C présente des armoires vitrées (*a*) pour produits chimiques ; ces armoires reposent sur des placards contenant porcelaines, verrerie soufflée, tubes gradués, etc., et tous les instruments de faible dimension (thermomètres, aréomètres, etc.) nécessaires dans les travaux chimiques. Les tables de travail (*m*), avec tiroirs et placards, sont surmontées d'étagères garnies des flacons et ustensiles d'un usage journalier. A l'encognure (*s*), se trouve un appareil à analyse physique des terres ; (*c*) indique la cuve à mercure ; (*r*) un robinet d'eau avec évier. Enfin il faut signaler en rapport avec cette pièce C le réduit E pour la verrerie commune et la petite salle F qui contient les instruments les plus précieux pour le chimiste : une grande balance de Collot pesant 300 gram. au 1/10 de milligr., une petite balance pour pesées courantes pesant 100 gram. à un milligr. près ; une grosse bascule à un seul plateau pesant 50 kilogr. à 4 gram. près ; on y trouve aussi objets en platine, burettes en réserve et tubes divers assemblés pour analyses organiques diverses.

Le compartiment B présente une table d'ardoise surmontée d'une large hotte et portant une étuve à eau, une étuve à huile, une étuve à sable de Schlœsing, une trompe de laboratoire; trois robinets (*r*) distribuent l'eau à volonté. En (*m*) sont des tables de travail avec supports, burettes, etc., et sur de nombreuses étagères tous les réactifs en usage et des appareils montés pour diverses recherches.

A ces diverses salles se trouve une annexe très utile: c'est le laboratoire extérieur G, servant à la fois aux élèves et au professeur pour les opérations qui dégagent des gaz désagréables ou dangereux. C'est une simple toiture au-dessous de laquelle se trouve un développement de 10 mètres de tables en bois ou en ciment. Le gaz y circule comme partout et l'eau peut y être amenée par quatre robinets (*r*).

En passant dans les corridors *pp*, nous remarquons les lavoirs LL et les placards à verrerie *aa* et trois pièces plus petites que les précédentes, mais aussi utiles : d'abord la chambre noire K pour expériences diverses (photographie, spectroscopie, polarimétrie, etc.) ; puis vient la pièce I, où se trouvent remisés un grand nombre d'appareils : machine Carré pour production du froid, spectroscope d'Hoffmann (grand modèle), grand polarimètre Laurent, bobine de Rhumkorff, batterie électrique, etc.; à droite, se trouve le laboratoire du préparateur, H ; on y remarque une table ardoise surmontée d'une hotte, un grand placard, des étagères, un évier et trois prises d'eau (*r*) ; on loge dans cette pièce les échantillons d'engrais, de roches, de minéraux et tous les appareils (serpentins, réfrigérants ascendants, digesteurs, etc.) qui ne peuvent être placés ailleurs.

Enfin, pour terminer cet examen, nous mentionnerons dans la cour Nord la pièce à débarras Y, les deux alambics M, et à l'entrée du vestibule en N le compteur à gaz et le régulateur de pression.

On voit, par ce rapide aperçu, que l'installation actuelle ne laisse que peu à désirer et diffère essentiellement de celle qu'on avait avant 1880. L'enseignement s'est nécessairement ressenti de toutes ces transformations et du dédoublement de la chaire. Le cours de Chimie a été remanié et a reçu plus d'ampleur. La chimie générale est traitée devant les élèves de première année ; les métalloïdes et les métaux sont groupés par familles, ce qui rend l'étude plus facile ; dans la chimie organique, les corps sont divisés en fonctions (carbures, alcools, éthers, etc.) suivant les vues larges de M. Berthelot. On passe rapidement sur les corps qui n'ont pas un intérêt agricole bien immédiat. La chimie agricole est réservée aux élèves de deuxième année. On y étudie quelques questions de chimie biologique (animaux et végétaux) ; puis on expose avec détail la composition et les propriétés de la terre arable et des matières fertilisantes ; les méthodes d'analyse, même les plus récentes, sont exposées avec soin. Nous cherchons toujours à développer chez nos élèves le goût des recherches et l'amour de la vérité.

Nous avons dit que la station agronomique fut ouverte en avril 1877 ; pour les causes que nous avons énumérées plus haut, ses débuts furent assez pénibles. Elle n'est pas cependant restée inactive ; ses relations n'ont pas tardé à s'étendre dans la région méditerranéenne et même dans de nombreux départements de l'est et de l'ouest de la France. On peut se faire une idée de l'importance de notre station par le tableau suivant :

(Voir le Tableau à la page suivante.)

Ainsi, malgré l'éloignement de la ville, la présence à Montpellier de laboratoires anciennement connus (Facultés, École de Pharmacie), malgré les créations de laboratoires agricoles voisins de Nice, Marseille, Avignon, Nimes, Bordeaux, etc., la station agronomique de Montpellier a rendu tous les services qu'on pouvait en attendre; la fondation toute récente des syndicats agricoles

Nombre des Dosages effectués sur :

	ENGRAIS.	TERRAINS.	SUBSTANCES DIVERSES.	
En 1877.........	31	2	1	37
1878.........	101	63	15	179
1879.........	65	35	15	115
1880.........	117	13	86	216
1881.........	179	55	95	329
1882.........	93	3	28	124
1883.........	100	36	3	139
1884.........	107	16	24	147
1885.........	106	29	28	163
1886.........	101	52	7	160
1887.........	117	99	8	224
1888.........	181	45	5	231
TOTAUX....	1.298	448	318	2.064

paraît avoir accru plutôt qu'atténué son travail et son action. Ajoutons encore que, tout en renseignant et instruisant même les propriétaires du sol, les recherches de la station ont été aussi pour nous et nos zélés collaborateurs une occasion excellente pour apprécier avec plus de sûreté un grand nombre de matières vendues comme engrais ; c'est dans cette station de Montpellier que MM. Saint-André, Chauzit, Zacharewicz ont achevé leur éducation pratique du laboratoire.

Nous ne pouvons terminer cette Notice sans faire remarquer que les occupations si nombreuses, les difficultés du début, n'ont pas arrêté les travaux personnels du Professeur ; depuis seize ans, les journaux agricoles de Paris et de la Province, les *Annales agronomiques*, les *Comptes rendus* de l'Académie des Sciences, etc., contiennent de nombreux témoignages de ses recherches et de ses études dans le domaine de la chimie agricole. Nous donnons ici, année par année, la liste des publications qui sont en quelque sorte sorties de la station agronomique de Montpellier.

1874.

A. Audoynaud. — Excursions agricoles dans les Alpes-Maritimes. (*Bull. de la Soc. d'Agr.* des Alpes-Maritimes.)

1875.

A. Audoynaud. — Recherches sur l'ammoniaque contenue dans les eaux maritimes du voisinage de Montpellier. (*Ann. agron.*)

1876.

A. Audoynaud. — L'olivier dans les Alpes-Maritimes. (*Ann. agron.*).

— Réflexions sur quelques insecticides. — Expériences nouvelles sur l'application du sulfure de carbone. (*Mess. agr. du Midi.*)

A. Audoynaud et Dr Crolas. — Application du sulfure de carbone aux vignes phylloxérées (expériences faites à notre École). (Imprimerie Boehm.)

1877.

A. Audoynaud. — De l'influence qu'exercent sur la vigne les engrais potassiques. (*Ann. agron.*)

— Expériences sur les vignes phylloxérées. (*Ann. agron.*)

— Les phénomènes chimiques de la respiration animale (conférence). (*Mess. agr.*)

— Méthode nouvelle d'analyse physique des terres. (*Journal de l'Agriculture de Barral.*)

Saint-André. — Sur le développement des bulbes. (*Ann. agron.*)

1878.

Saint-André. — Influence du poids des semences de pommes de terre sur la multiplication des tubercules. (*Ann. agron.*)

A. Audoynaud. — Sur les engrais appliqués dans le Midi (conférence). (*Journal de Barral, Mess. agr.*)

— Recherches sur les fonctions des feuilles. (*Mess. agr.*)

— Réflexions sur la composition des terres de nos vignobles. (*Mess. agr. du Midi.*)

1879.

A. Audoynaud et Chauzit. — Du passage de l'air et de l'eau dans la terre arable. (*Ann. agron.*)

— Composition de la terre arable (conférence). (*Mess. agr.*)

1880.

A. Audoynaud et Chauzit. — Recherches sur le passage des eaux pluviales au travers de la terre arable. (*Ann. agron.*)

A. Audoynaud. — Sur le son de riz. (*Journal de l'Agriculture de Barral.*)

A. Audoynaud et Chauzit. — Expériences sur la culture du blé. (*Mess. agr.*)

Chauzit. — L'engraissement des bœufs de travail. (*Mess. agr.*)

— Recherches chimiques sur quelques terrains plantés en vignes américaines. (*Mess. agr.*)

1881.

A. Audoynaud. — Sur l'adaptation au sol des cépages américains. (*Journal de Barral.*)

A. Audoynaud et Chauzit — Autres expériences sur la culture du blé. (*Mess. agr.*)

Chauzit. — Inconvénients pouvant résulter du vitriolage des semences et moyens d'y remédier. (*Mess. agr.*)

1883.

A. Audoynaud. — Sur les matières colorantes des vins. (*Ann agron.* et *Compt. rend. de l'Ac. des Sc.*)

1884.

A. Audoynaud. — Résistance de la vigne dans les terres sableuses. (*Ann. agron.*)

E. Zaccharewicz. — Sur la composition de l'urine des vaches et des moutons. (*Ann. agron.*)

1885.

A. Audoynaud. — Falsification de l'huile d'olive comestible. (*Compt. rend. de l'Ac. des Sc. — Progr. agr. de Montpellier.*)

A. Audoynaud et E. Zaccharewicz. — Contributions à l'étude du fumier de ferme. (*Ann. agron.*)

1886.

A. Audoynaud. — Étude sur les huiles comestibles. (*Soc. des Sc. industr. de Lyon*).

— Le Mildew et les composés cupriques. — L'eau céleste. (*Progr. agr. de Montpellier.*)

— Nouvelles observations sur le plâtrage des vendanges. (*Progr. agr. — Compt. rend.*)

1887.

A. Audoynaud. — Sur l'eau céleste. (*Soc. nat. d'Agr. de France.*)

— Sur la fermentation rapide des moûts de raisins. (*Progr. agr.*)

— Du commerce de l'huile d'olive et de l'avenir de l'olivier. (*Progr. agr.*)

— Du sucrage des vins. (*Progr. agr.*)

— Rapport sur le plâtrage (Analyse des urines) (Ministère de l'Agriculture).

1888.

A. Audoynaud. — Recherches sur la fermentation rapide des moûts de raisins. (*Ann. agron.*)

— Enquête sur les traitements contre le Mildew en 1887. (*Progr. agr.*)

CHAIRE DE GÉNIE RURAL.

Historique de sa fondation. — Le cours de Génie rural est, suivant une heureuse définition du comte de Gasparin, l'application de la science de l'ingénieur à tous les besoins de l'industrie agricole. La création de cette chaire remonte à la date de la fondation de l'École d'Agriculture de La Saulsaie (1849). L'enseignement de cette branche principale des sciences agricoles fut confié, dès 1851, à M. Rérolle, qui le conserva jusqu'en 1860.

L'arrêté ministériel qui instituait ce cours créait en même temps un répétiteur de Génie rural, qui devait assister le professeur et qui était, en outre, spécialement chargé des travaux d'arpentage, de nivellement, etc. M. Jeannenot, ancien élève de l'Institut agronomique de Versailles, fut appelé à remplir ces fonctions le 1er septembre 1858 : les entreprises de drainage qu'il avait dirigées pendant plusieurs années dans le Doubs, avec une grande habileté et un dévouement sans égal, le désignaient naturellement pour occuper ce poste.

Le 15 mai 1860, il fut placé à la tête du service en qualité de chargé de cours, et, quelques années plus tard, le 15 mai 1865, il fut nommé professeur titulaire, en même temps que sous-directeur de l'École.

La chaire de Génie rural fut créée à Montpellier en même temps que l'École elle-même, en 1870. Elle prenait immédiatement place parmi les plus importantes, en raison des progrès nombreux à réaliser dans la construction et dans l'emploi des machines agricoles, dans la pratique des irrigations, dans l'art des constructions rurales.

Au moment du transfert de l'École d'Agriculture de La Saulsaie à Montpellier, le poste de répétiteur de Génie rural fut supprimé. Les développements successifs de l'École, le nombre toujours croissant des élèves, l'essor considérable donné à l'enseignement du Génie rural par la création des submersions, par la reconstitution des vignobles, qui mettaient en œuvre un outillage mécanique nouveau, amenèrent l'Administration centrale à rétablir ce poste en 1881. Il fut d'abord confié à M. Ferrouillat, qui l'occupa du 31 octobre 1881 au 30 novembre 1883; puis à M. Couraud, du 21 décembre 1883 au 1er février 1888.

A la mort de M. Jeannenot, enlevé prématurément à l'affection des ses collègues, de ses élèves, de ses amis, M. Ferrouillat, qui était depuis le 1er décembre 1883 titulaire de la chaire de Génie rural de l'École de Grignon, fut appelé, sur sa demande, à recueillir la succession de Jeannenot, et placé le 1er octobre 1887 à la tête du service du Génie rural de l'École d'Agriculture de Montpellier, dont il est actuellement chargé.

M. Ferrouillat s'attacha comme répétiteur du cours, le 4 février 1888, M. Carré, un de ses anciens élèves à l'École de Grignon, qui, ayant demandé plus tard à occuper la même situation vacante à l'École de Grignon, a été remplacé à l'École de Montpellier, le 21 novembre 1888, par M. Charvet, actuellement en fonctions.

Enseignement du Génie rural. — *Cours de Génie rural.* — Le cours de Génie rural comprend quatre parties distinctes : la mécanique rationnelle ; les machines agricoles ; l'aménagement des eaux ; les constructions rurales.

Ces matières sont traitées dans des cours qui étaient, à l'origine, au nombre de 64 par an. L'extension donnée à la partie concernant les machines agricoles, de jour en jour plus nombreuses; l'importance de plus en plus grande des travaux hydrauliques, la création des celliers, les perfectionnements apportés à l'installation mécanique de ces constructions, ont eu pour effet de porter à 100 le nombre des cours faits annuellement. Pour atteindre facilement ce nombre considérable de leçons, le professeur de Génie rural réunit pendant le semestre d'hiver, dans le même amphithéâtre, les élèves de deuxième et ceux de troisième année. Ses leçons s'adressant à deux promotions à la fois, il lui est possible par ce procédé d'étendre son enseignement sans augmenter en fait le nombre de ses heures de travail (deux cours par semaine).

Pendant le semestre d'été, les élèves de première année suivent le cours de mécanique rationnelle, à raison d'une leçon par semaine. Pendant ce même semestre, les élèves de deuxième année assistent au cours de constructions et d'irrigations. Pendant le semestre d'hiver, les élèves de deuxième et troisième année sont réunis deux fois par semaine dans un même amphithéâtre ; les leçons portent : une année, sur les machines agricoles d'extérieur de ferme ; l'année suivante, sur les moteurs, les machines d'intérieur de ferme, et sur les travaux de drainage et de dessèchement.

Applications de Génie rural. — Les applications ont pour objet : 1° l'étude, sur le terrain, de l'arpentage et du nivellement ; 2° l'examen et le fonctionnement, dans les champs et dans la galerie, des instruments décrits pendant les leçons ; 3° des essais dynamométriques ; etc., etc.

Ces applications ont lieu en nombre égal à celui des leçons de mécanique et des leçons de machinerie agricole. Des visites dans les bâtiments ruraux, des excursions dans les exploitations agricoles de la région, forment un complément utile des cours et des applications.

Avant de quitter l'École, les élèves de troisième année ont en outre à faire l'étude d'un ou plusieurs projets d'instrument, ou d'aménagement des eaux, ou de construction, ou de route, etc. Ces projets sont l'objet de rapports détaillés, avec planches et albums de croquis, qui permettent au professeur de s'assurer à la fois de leurs connaissances générales et de leurs aptitudes spéciales.

Conférences préparatoires. — Les jeunes gens qui se présentent aux examens d'admission des Écoles d'Agriculture sont en général peu préparés aux études mathématiques. Pour les mettre en état de suivre avec fruit le cours de Génie rural, il leur est fait, pendant le semestre d'hiver de la première année d'études, une série de conférences qui portent sur l'arithmétique, l'algèbre, la géométrie et la trigonométrie élémentaire.

Ces conférences, créées en 1877, ont été confiées à M. Chabaneix, bibliothécaire-conservateur des collections, qui en est encore aujourd'hui spécialement chargé.

Dessin. — La nécessité de donner aux élèves des Écoles d'Agriculture des notions de dessin linéaire et de dessin à main levée n'a jamais été mise en doute. Soit qu'il s'agisse de rapporter des plans topographiques, des plans de bâtiments ruraux, de dessiner des machines ou des pièces de machines; soit plus simplement que, pendant les excursions, les élèves veuillent tracer quelques croquis sur leur carnet de notes, la connaissance des éléments du dessin leur est indispensable.

L'enseignement du dessin n'existait pas lors de la fondation de l'École. Il fut créé en 1882, et M. Node, ancien professeur de dessin aux écoles normales de l'Hérault et à l'École régimentaire du génie, en fut chargé jusqu'en 1886. A cette date, l'enseignement du dessin fut rattaché au cours de Génie rural, qui était le plus directement intéressé à son développement, et spécialement confié au répétiteur du cours.

Actuellement, les élèves de première ou de deuxième année

ont deux séances de dessin par semaine. Ceux de troisième année consacrent un temps égal aux travaux de fin d'études.

Installation matérielle.— Le professeur de Génie rural n'a pas de laboratoire. En attendant l'aménagement d'un atelier que peut seul lui donner l'agrandissement des constructions de l'École, il n'a qu'un cabinet de travail dans lequel il lui a été possible d'installer provisoirement un petit outillage pour constructions et réparations de faible importance.

Mais il possède, pour son enseignement, des machines, des modèles de machines et des instruments de précision qui occupent un hangar et une partie des salles de collections.

Sous le hangar sont placés les machines et les appareils de grandes dimensions, tels que locomobiles, batteuses, semoirs, faucheuses, moissonneuses, etc., etc. Quelques-unes de ces machines ont été apportées de l'École de La Saulsaie ; d'autres ont été achetées par l'École ; d'autres enfin proviennent de dons faits par les inventeurs ou les constructeurs.

Les achats sont nécessairement très limités si l'on songe que le budget annuel du cours de Génie rural a été, jusqu'en 1880, de 250 fr. seulement, et qu'aujourd'hui encore il ne dépasse pas la somme de 500 fr.

Le hangar étant insuffisant pour contenir toutes les machines, un lot de charrues a été placé sous la couverture de l'ancienne porcherie. Il reste encore un certain nombre d'instruments de culture sans abri dans la cour de ferme, où malheureusement il est difficile de les soustraire aux dégradations causées par l'excès de chaleur ou d'humidité.

Dans les salles de collections, plusieurs vitrines sont affectées aux instruments d'arpentage et de nivellement, aux instruments de précision (dynamomètres, appareils de jaugeage, etc.), aux modèles réduits d'instruments divers. Une fort belle collection d'appareils propres au traitement des maladies de la vigne, la plus complète de toutes, a pu être faite grâce aux dons des inventeurs et des fabricants.

Deux charrues sulfureuses, des modèles réduits de roues hydrauliques, un modèle réduit de batteuse-Duvoir, une collection d'outils de drainage, etc., etc., forment un lot intéressant. Au centre du grand vestibule de l'École, une cage vitrée recouvre un puissant dynamomètre de traction, construit par M. Courchaussé et acquis par l'École en 1878. Cet instrument permet de mesurer des efforts atteignant 2,000 kilos.

En dehors des bâtiments, un moulin à vent (don de M. Rossin) est installé sur une terre de l'École et disposé pour l'élévation de l'eau.

ÉCOLE D'IRRIGATIONS. — En 1876, M. Saintpierre, directeur, demanda à M. Jeannenot, professeur de Génie rural, de créer sur le domaine de l'École d'Agriculture une école d'irrigations.

Le terrain consacré à cette création fut divisé en trois parcelles : l'une servit à l'établissement d'un système d'irrigation par submersion ; la deuxième fut disposée en ados ; la troisième fut livrée à l'irrigation par rigoles de niveau. Le canal principal fut relié, par un canal d'amenée, à l'aqueduc qui conduit les eaux de la source du Lez à la ville de Montpellier et qui passe à proximité des terres de l'École.

Pendant quelques années, la ville de Montpellier consentit à laisser dériver une partie des eaux de l'aqueduc pour arroser les prairies soumises à l'irrigation. En 1883, par suite d'une nouvelle prise au Lez par la ville, l'École eut même à sa disposition une quantité d'eau assez considérable pour étendre l'arrosage à des cultures spéciales.

Mais depuis cette époque la ville a fait des travaux importants pour la complète utilisation des eaux qu'elle reçoit de l'aqueduc, et elle ne donne plus à l'École l'autorisation de prendre de l'eau à l'aqueduc pour l'école d'irrigation. Cette installation n'ayant plus de raison d'être, M. Foëx, directeur, en a décidé la suppression en 1888 et a rendu à la culture les terres sur lesquelles elle avait été faite.

Catalogue des Collections de Génie Rural.

A. — Instruments et appareils d'Arpentage, de Levée des Plans, de Nivellement, de Cubage, etc., etc.

Chaînes d'arpenteur.
Rubans d'acier.
Décamètres en fil.
Mètres et doubles-mètres.
Jeux de fiches.
Podomètre.
Jalons en bois.
Jalons en fer.
Équerres d'arpenteur cylindriques, octogonales, sphériques.
Pantomètres à pinnules.
Goniomètre à lunette.
Graphomètres à pinnules et à lunette.
Cercle d'alignement.
Boussoles d'arpenteur.
Boussoles éclimètres.
Planchettes d'arpenteur.
Alidades à pinnules et à lunette.
Boussoles déclinatoires.
Compas de station.
Nivelettes.
Niveau de maçon à bulle d'air.
Niveaux d'eau.
Niveau à bulle d'air de Lenoir.
Niveau à bulle d'air d'Egault.
Niveau à bulle indépendante de Brunner.
Niveau à collimateur du colonel Goulier.
Niveau de pente de Chézy.
Mires à voyant.
— partantes.
Fils à plomb.

Matériel takymétrique....
- 3 Tableaux pour écoles professionnelles.
- 2 — pour la takymétrie du soldat.
- 1 — mural des règles simples.
- 2 Boîtes : guidons métriques.
- 1 Boîte de manipulation.

Collection de solides géométriques, en bois, en plâtre, etc.

Collection de reliefs à pièces mobiles pour l'enseignement de la descriptive, par M. Jullien.

B. — Dynamomètres et Instruments de précision.

Dynamomètre de traction du général Morin, à 2 lames, transformé et rendu applic. aux manèges, faucheuses, etc., par M. Chabaneix.
Dynamomètre de traction de Poncelet et Morin, à 6 lames, construit par Courchaussé et modifié par M. Chabaneix.
Manivelle dynamométrique du général Morin.

Manivelle dynamométrique du général Morin, modifiée par M. Chabaneix.
Dynamomètre de rotation du général Morin.
Planimètres d'Amsler.
Boîte de compas et rapporteurs à vernier.
Instruments de dessin.
Compteur de tours.
— de secondes.
Pantographes.
Moulinet de Woltmann.
Flotteurs pour jaugeage de cours d'eau.

C. — Pièces ou Organes de Machines.

Palonnier de charrue.
Régulateur Casanova.
Avant-corps de charrue.
Versoirs de charrue en tôle.
Versoir théorique, en bois (exécuté par M. G. Foëx).
Socs de charrue.
Dents de herse, en fer (mod. offerts par M. Chambonnière et M. Émile Puzenat).
Disques de rouleaux Croskill.
Coupe de cylindre et de tiroir de machine à vapeur.
Modèles de poulies en fonte.
Modèles d'engrenage.
Piston et clapet Letestu.

D. — Machines et Appareils divers. — Modèles (grandeur d'exécution et réduits).

Machine à vap. à balancier (mod. réd.)
— verticale, —
Moulin à vent à voiles, —
Manège à terre, —
Manège en l'air, —
Roue hydraul. à aubes planes, —
Roue hydraul. à aubes courbes, de Poncelet (mod. réd.).
Roue hydraul. à augets (mod. réd.).
Charrue arabe (don de M. Coste).
— Meugniot (don de l'inv.).
Araire de Grignon.
Charrue à supports (mod., don de M. Vidal).
Charrue piémontaise.
Buttoir.
Rayonneur et traceur.
Appareils vignerons (collection de mod. réduits).
Charrue sulfureuse de Vernette (don de l'invent.).
Id., de Sat. Heury (don de l'invent.)
Herse triangulaire (mod. réduit).
— à chaînons.
Rouleau cannelé en bois (mod. réd.).
Semoir à la volée américain.
— à main, à poquets, de Le Docte
Houes à bras.
Serpes.
Sécateurs.
Pal injecteur à sulfure de carbone Vermorel (don de l'invent.).
Pal injecteur Vermorel (coupe suiv. l'axe).

Injecteur doseur Sant (don de l'inv.)
Projecteur de liquides Cazenave (don de l'invent.).
Projecteur de liquides et de poudres Japy frères (don des invent.).
Barillets pour le traitement du mildiou (don de la société l'*Avenir viticole*).
Pulvérisateur « le Régénérateur viticole » Delord et Guiraud (don des invent.).
Pulvérisateur Vermorel. à pompe indépendante (don de l'invent.).
Pulvérisateur du Comte Zorzi (don de l'invent.).
Soufflet pulvérisateur Skawinski (don de l'invent.).
Projecteur Lamouroux et Thirion (don de l'invent.).
Pulvérisateur Févrot-Guinaud (don de l'invent.).
Pulvérisateur Gastine (don de la société l'*Avenir viticole*).
Pulvérisateurs «le Rénovateur» Albrand (don de l'inventeur).
Pulvérisateur Broquet (don de l'inv.)
— Michel. —
— du Dr Loumaigue (don de l'invent.).
Pulvérisateur Gretillat « le Rapide» (don de l'invent.).
Pulvérisateur Bourdil (don de l'inv.)
— Vivez, —
— Cabrié, —
— Cabal, —
— Montoison et Puaux (don des invent.).
Pulvérisateurs Japy frères (don des invent.).
Pulvérisateurs Vigouroux (don de l'invent.).
Pulvérisateur Gaillot (don de l'inv.)
Pulvérisateur « l'Eclair » Vermorel (don de l'invent.).
Pulvérisateur « le Lion » Vallotton (don de l'invent.).
Pulvérisateur de la société l'*Avenir viticole* (don de la société).
Projecteur-diviseur Guieysse (don de l'invent.).
Pulvérisateur « le Rapide » Perrin (don de l'invent.).
Boites à soufrer.
— houppes Saint-Pierre.
Soufflets simples Malbec et Granal (don des invent.).
Soufflet simple Vivez (don de l'inv.).
— Skawinski, —
Chauleuse centrifuge Japy frères (don des invent.).
Hotte à soufrer Pinsard.
Soufreuse Trazy (don de l'invent.).
— Changrin.
Soufflet isolateur Malbec et Gilloux (don de M. Malbec).
Soufflet régulateur de Malbec (don de M. Malbec).
Soufflets Lagleyse (don de M. Serre)
Soufflet « Simplex » Albrand (don de l'invent.).
Soufflet modérateur Vivez (don de l'invent.).
Soufflet régulateur Vivez (don de l'invent.).
Hotte à soufrer Hugentobler (don de la société l'*Avenir viticole*).
Hotte à soufrer « Phénix » Albrand (don de l'invent.).
Hotte à soufrer Vermorel «Torpille» (don de l'invent.).
Soufflets Fabre (don de l'invent.).

Soufreur « Merveilleux » Trazy (don de l'invent.).
Soufreuse Japy frères (don des inv.)
Collection de 27 modèles de faux ;
Enclumes et marteaux pour le battage des faux (don de MM.).
Dents de faucheuses.
Fourches américaines en acier.
Fourches en bois.
Râteaux à main.
Râteau à cheval (mod. réd.).
Chariot écossais, —
Industrie du charronnage (instrum., matériaux).
Joug de bœuf italien (modèle).
Machine à battre Duvoir (modèle réduit, don de M. Albaret).
Égrugette de grains.
Appareil Dozier pour la destruction de l'alucite dans les greniers.
Laveur de racines (mod. réduit).
Épierreur de racines, —
Hache-paille allemand, —
Baratte Valcourt.
Pressoir Mabille (mod. réduit, don de l'invent.).
— Boyries, —
— Gaillot, —
Bélier hydraulique Douglas (don de M. Pilter).
Pompe centrifuge Gwynne.
— Neut et Dumont.
Noria Gâteau (mod. réduit).

E. — Irrigations. — Submersions. — Drainage.

Partiteur Milanais (mod. réduit).
Vanne automatique de M. Pinchard (mod. réduit, don de l'invent.).
Hache à prés.
Tranche-gazon.
Pelle pour le curage des rigoles.
Collection d'instrum. de sondage.
Collection d'instrum. de drainage (bêches, gouges, écopes, pelles, pose-tuyaux, etc.).
Collection de tuyaux de drainage.
Matrice de machines à fabriquer les tuyaux.

F. — Constructions rurales.

Colombier en bois découpé (pavillon octogonal, don de M. Fontanié).
Collection de briques pleines et creuses.
Collection de tuiles.
Collection de carreaux pour dallages
Échantillons de pierres et marbres.
Échantillons d'asphalte.
Collection d'ardoises.
Couvertures en ardoises (système Bussières, don de l'invent.).

Leçon d'Œnologie à l'Amphithéâtre N° 2.

TECHNOLOGIE.

Historique. — C'est à l'École nationale d'Agriculture de Montpellier que fut créée, en 1872, la première chaire de Technologie de l'enseignement agricole. Ce cours prit bientôt, grâce à l'activité et aux connaissances spéciales de son créateur C. Saintpierre, professeur agrégé de Chimie de la Faculté de Médecine de Montpellier, le rang qui lui appartenait parmi les sciences agronomiques.

Malheureusement, la mort vint brusquement interrompre l'œuvre si brillamment commencée : en 1881, l'École eut la douleur de perdre C. Saintpierre, alors devenu Directeur de cet établissement dont il avait contribué si puissamment à la fondation.

On doit à ce savant et regretté professeur non seulement la création et l'organisation de l'Œnologie et de la Technologie, mais encore de nombreux travaux originaux dont on indiquera dans la suite les plus importants.

M. A. Bouffard, répétiteur de Technologie, fut pendant trois ans chargé du cours, puis en 1885, après concours, nommé professeur titulaire. Il y eut successivement, comme répétiteurs : M. Bouffard (1881), M. Tord (1883), actuellement professeur départemental d'agriculture de la Charente-Inférieure ; M. Fallot (1884).

On ne saurait passer sous silence les stagiaires qui, jusqu'en 1881, ont fait fonction de préparateurs de Technologie : M. Magnin (1876-78), auteur de recherches très intéressantes sur la physiologie de la maturation des raisins, sur divers sujets d'Œnologie; MM. Cazeaux, Sabatier, Breheret; MM. Marsais et Berdin, alors secrétaires de la direction.

Enseignement. — La Technologie agricole a pour objet l'étude des industries qui transforment plus spécialement et dans l'exploitation agricole même les produits du sol, végétaux et animaux (fabrication du vin, distillerie, sucrerie, huilerie, féculerie, beurre, fromage, etc.). A ces industries, qui doivent être au point de vue économique en harmonie avec la culture, la compléter même, il faut en ajouter d'autres d'allures plus modestes, ayant un caractère purement ménager; celles-ci, utiles seulement à la ferme et à son personnel, viseront la préparation des objets mobiliers, des substances alimentaires, etc. (mouture, panification, conserves alimentaires, salaisons, engrais chimiques, etc.).

Dans les Écoles nationales d'Agriculture, l'enseignement de la Technologie prend en considération le milieu agricole dans lequel elles sont établies ; une plus large part est faite aux industries les plus caractéristiques de la région, sans toutefois négliger, au point de vue des connaissances générales que les élèves doivent posséder, les industries agricoles étrangères au pays.

On comprend facilement qu'à l'École nationale d'Agriculture de Montpellier, placée au milieu d'une région méridionale essentiellement viticole, le cours de Technologie soit consacré en grande partie à l'étude complète de la préparation du vin et des industries vinicoles (Œnologie). Pour plus de détails, on renverra au programme des cours.

L'enseignement de la Technologie est tout à la fois théorique et pratique. Les industries ne sont le plus souvent que l'application des découvertes de la science pure aux besoins de l'homme. Outre l'exposé des théories sur lesquelles sont basées ces industries, les opérations techniques, chimiques, manuelles ou mécaniques qui permettent de les réaliser pratiquement, sont décrites avec soin aux élèves.

Cependant l'École ne peut avoir pour mission de faire des agriculteurs ou des industriels expérimentés. En dehors d'elle, à la fin de ses études, l'élève se perfectionne à l'aide des connaissances théoriques qu'il possède déjà. Il voyage, visite des exploitations agricoles, des usines, des fabriques; il observe, au besoin même met les mains à la pâte en travaillant manuellement sous la direction des gens de métier ; il acquiert bien vite ainsi l'aplomb et l'expérience indispensable pour conduire à bien toute entreprise industrielle ou commerciale. C'est ainsi que dans un voyage d'instruction en Bourgogne nous avons eu le plaisir de voir un de nos élèves engagé chez un tonnelier de Beaune pour apprendre le métier; accompagnant en même temps celui-ci dans les caves, il se familiarisait avec la manutention si délicate des vins. Le moyen était héroïque, mais le résultat certain.

A l'École, l'enseignement de l'Œnologie et de la Technologie se donne à l'aide : 1° de cours ; 2° de manipulations ; 3° d'excursions ou visites aux caves, celliers, usines, etc. Examinons chacun de ces moyens d'instruction.

COURS.— Le cours est fait à l'amphithéâtre ; le professeur s'entoure de tout ce qui peut illustrer ou rendre plus claires les démonstrations théoriques. Il frappe l'esprit de ses auditeurs par des expériences ou des préparations figurant d'assez près celles de l'industrie. Il met sous les yeux les dessins des machines ou des appareils employés dans la fabrication qu'il expose. Notons enfin, autant que la richesse de nos collections le permet, l'exhibition, au cours, d'outils ou d'appareils dus souvent à la générosité des constructeurs; leur construction et leur fonctionnement sont décrits avec détails.

TRAVAUX PRATIQUES, MANIPULATIONS, APPLICATIONS. — Ces travaux ont lieu au laboratoire de Technologie ; l'élève répète les expériences des cours, apprend à connaître et à apprécier les matières premières et les produits fabriqués provenant des diverses industries agricoles. Il exécute les opérations chimiques les plus caractéristiques en suivant les procédés industriels ; il se familiarise avec les outils, les instruments, en les faisant fonctionner lui-même. Enfin il se livre à l'analyse chimique des matières dont il étudie la fabrication au cours.

Rien n'est plus profitable que ce travail, où l'élève manipule sous l'œil du maître, en discutant avec lui les points qui lui paraissent obscurs. Il serait à désirer qu'il soit donné plus d'extension à ce genre d'enseignement. On citera parmi les principales manipulations :

Travaux pratiques d'Œnologie. — Analyse immédiate du raisin, analyse qualitative du moût, appréciation de la maturité de la vendange. Étude microscopique des principaux ferments alcooliques. Étude de la fermentation alcoolique au point de vue chimique. Examen des principaux ferments des maladies des vins. Examen de l'outillage vinaire : tonneaux, cuves, foudres, pressoirs, pompes, etc. Travail des vins : ouillage, soutirage, collage. Chauffage des vins. Examen des vins : dégustation, analyses, recherches des falsifications, etc.

Travaux pratiques de Technologie. — Distillation des vins. Saccharification des matières amylacées. Vinaigre. Examen des farines, des sucres, beurre, fromage. Préparation d'engrais, superphosphate, etc.

Excursions. — Elles consistent en visites aux exploitations rurales, aux usines, aux fabriques, etc. En parcourant une usine, l'élève suit pas à pas les diverses transformations des matières premières mises en œuvre.

Le professeur, après avoir déjà préparé les élèves sur ce qu'ils auront à voir, leur donne des explications ; ceux-ci prennent des notes, dessinent à main levée des croquis de machines, d'installation générale, etc., et emportent ainsi des documents précieux.

Souvent même le propriétaire vigneron ou industriel fait avec plaisir lui-même les honneurs de sa maison et initie ses visiteurs aux petits secrets de son art. Nous estimons que ces excursions contribuent beaucoup à l'enseignement en fixant les idées des élèves par des faits précis.

L'École de Montpellier est particulièrement favorisée à ce point de vue ; sans s'écarter bien loin, dans la région même, on rencontre des industries variées.

On énumérera ici les principales excursions, en indiquant la localité et l'industrie.

Ville de Montpellier. — Minoterie. Brasserie. Manutention militaire. Boulangerie. Fabrique de tartre. Fabrique d'acide tartrique. Tonnellerie. Foudrerie. Chais du commerce. Huilerie. Stéarinerie. Gaz. Soufre. Verdet.

Environs de Montpellier.— Lattes : Celliers de Saint-Sauveur, d'Encivade. Celliers d'Agnac, de la Paillade, du Rochet, de Guilhermain.

Pignan : Nombreux moulins à huile d'olive.

Montarnaud : Distillerie d'essence.

Sommières : Moulins à huile d'olive. Filature.

Lunel : Fromagerie de Roquefort. Fabrique d'absinthe.

Aigues-Mortes, Saint-Laurent-d'Aigouze et les environs : Celliers des Salins du Midi, de Tarmarguière.

Nimes : Vinaigrerie. Distillerie de pétrole.

Cette, Mèze, Agde et les environs : Vins de liqueur imités. Vermoutherie. Chais du commerce. Foudrerie. Distillerie d'Agde. Raisin sec. Distillerie de vin, etc. Celliers de la Cie des Salins du Midi.

Excursion dans la plaine de Bessan : Nombreux et intéressants celliers.

Béziers, Narbonne : Celliers. Installations vinaires. Brasserie.

Excursion de Camargue et de Crau. — Celliers. Usine de produits chimiques des salins Giraud. Usine de Rassuen, acide sulfurique, chlorure, soude, etc.

Excursion en Provence. — Marseille : Raffinerie. Sulfure de carbone. Gaz. Traitement des vidanges. Engrais chimiques. Brasserie Velten. Huilerie. Minoterie. Savon. Distillerie. — Grasse : Distillerie d'essence. Moulin à huile d'olive.

Excursion à Roquefort : Fabrication et affinage du fromage.

Graissessac : Houillère.

Laboratoire, recherches, etc. — Outre l'enseignement proprement dit, le personnel attaché à la Technologie se livre à des recherches particulières, soit en vue du cours, soit pour résoudre les problèmes scientifiques ou industriels qui se rattachent plus particulièrement à cette branche des sciences agricoles. L'Administration supérieure charge souvent la Technologie d'étudier ou de donner son avis sous forme de rapport sur des questions de son ressort.

Les cultivateurs vignerons ou industriels s'adressent également au laboratoire pour demander conseil relativement à certaines particularités ou accidents qu'ils ont cru remarquer dans leurs opérations. Le professeur, en même temps qu'il trouve là des sujets d'étude, se fait toujours un devoir de mettre sa compétence à leur disposition. L'enseignement ne peut que gagner de ses rapports avec les gens pratiques, qui apportent ainsi le fruit d'une longue observation.

Les locaux affectés à la Technologie comprennent : un laboratoire et ses dépendances, un cellier, deux caves.

Le laboratoire proprement dit, installé comme tous les laboratoires de chimie, ne présente rien de particulier. Il mesure $7^{m},50$ sur 5 mètres ; la lumière est largement donnée. On y trouve hotte, table à expérience avec dessus en ardoise, armoires pour les produits et les instruments. Eau, gaz, etc. Les balances et les instruments délicats sont placés dans un petit cabinet voisin. A côté du laboratoire, une petite pièce dans laquelle se trouve une grande étuve est réservée spécialement à l'étude des fermentations et des maladies des vins. L'étuve est assez grande pour qu'on puisse s'y tenir debout, on peut y mettre à la rigueur de petits tonneaux ; à l'aide d'un simple bec de gaz brûlant librement, on obtient facilement la température de 30° ; en chauffant davantage, on arriverait à 40°.

Notons sommairement les instruments les plus importants du laboratoire : Balance de précision. Polarimètre. Spectroscope. Microscope. Trompe pour le vide sec et humide. Colorimètre. Nombreux appareils pour doser l'alcool : Ébullioscope. Alambic, etc. Verrerie graduée. Densimètres divers. Étuves à dessécher dans le vide. Turbine, etc.

En raison des recherches spéciales sur le vin, la Technologie possède une installation de cave assez complète. Sous le laboratoire existe une première cave mesurant $4^m,50$ sur $3^m,95$; on y loge les produits en expérience dont on peut avoir immédiatement besoin, les vins malades, etc. La température moyenne est de 15°.

La deuxième cave est attenante au cellier de l'École. Elle est creusée dans la marne, ce qui la rendait humide et malsaine. Pour éviter les infiltrations d'eau, on l'a revêtue intérieurement d'une enveloppe de ciment. Entre la voûte formée par le sol et celle formée par le ciment, existe un espace libre dans lequel se réunissent les eaux d'infiltration, pour s'écouler au dehors à l'aide d'un drain. La température de cette cave est plus basse que celle de la précédente : 10° à 15° ; on y met les vins en bouteilles et ceux qui, en tonneaux, ont déjà subi un séjour plus ou moins long dans la première cave ou dans le cellier d'expérience, dont nous allons dire un mot.

Le cellier d'expérience a été pris sur le cellier de l'École; il mesure $10^m,50$ sur $3^m,50$.

Ce local ne pouvant être chauffé, on n'y met en fermentation que les vendanges d'expérience, dont le volume est assez important (300 kilogr.) pour ne pas être influencé par la température relativement basse des mois de septembre et octobre. Pour la vinification de quantité de raisins plus petite, on organise alors en cellier un laboratoire voisin de celui de la Technologie ; cette pièce peut être chauffée et maintenue pendant la durée de la fermentation, de 25° à 30°, suivant les besoins.

Chaque année on prépare avec la récolte de nombreuses variétés de raisins, américains et français, cultivés dans l'École, des vins types qui permettent ainsi d'apprécier les résultats des nouveaux modes de reconstitution du vignoble français. Ces vins servent à des études ultérieures et au service du cours. Le laboratoire les fait volontiers déguster au public intéressé ; des échantillons sont souvent envoyés aux corps agricoles compétents, dans les expositions, aux laboratoires d'analyse, etc.

C'est à l'époque des vendanges que règne dans le laboratoire la plus grande activité. On y fait alors l'analyse des principaux cépages, en vue de déterminer leur maturité. On étudie les diverses questions relatives à la vinification, en faisant varier le mode d'expérience. Les ferments sont aussi l'objet de très intéressantes observations. On profite de la présence des raisins pour conserver des moûts par le chauffage; ceux-ci servent ensuite à des expériences ultérieures. Enfin, notons la préparation des principaux types de vins, dont il est parlé dans le cours d'Œnologie.

Sans entrer dans plus de détails sur les travaux de la chaire de Technologie et d'Œnologie, nous donnerons ici la liste des principaux travaux ou publications parus depuis sa création:

1871.

C. Saintpierre. — Nouvelles recherches sur les engrais chimiques appliqués à la vigne. — Montpellier, C. Coulet.

1872.

C. Saintpierre. — Note sur les engrais chimiques appliqués à la culture de la vigne. — *Mess. agr.*

— Comparaison des vins de vingt-quatre heures avec les vins rouges. — *Mess. agr.*, 10 décembre 1872.

— Note sur les vins qui résistent au collage — *Mess. agr.*, 1872.

— Des relations en poids et en volume entre les diverses parties de la vendange en fermentation. — *Mess. agr.*, 10 décembre 1872.

1873.

C. Saintpierre et F. Foëx. — Expériences sur la composition comparée du vin de goutte et du vin de pressoir. — *Mess. agr.*, 10 février 1873.

C. Saintpierre. — Nouvelles expériences pour l'étude des engrais chimiques appliqués à la culture de la vigne. — *Mess. agr.*, 10 mars 1873.

— Expériences comparatives sur le vin rouge et le vin blanc obtenu avec des raisins d'Aramon. — *Mess. agr.*, 10 avril 1873.

1874.

C. Saintpierre. — Les vins d'imitation de Cette et de Mèze. — Congrès international et viticole de Montpellier, 1874.

1875.

C. Saintpierre. — De la composition du vin. — *Mess. agr.*, 10 octobre 1875.

— Étude sur le vin de Clinton. — *Mess. agr.*, 10 juillet 1876.

1876.

L. Magnien. — Recherches d'œnologie. — Montpellier, 1876-1877.

1877.

C. Saintpierre et L. Magnien. — Recherches expérimentales sur la maturation du raisin. — *Ann. agron.*, 1877.

C. Saintpierre. — Recherche sur les vins de cépages Américains récoltés en France en 1876 et 1877. — Deux broch. in-8°. Montpellier, 1877 et 1878.

1878.

C. Saintpierre. — Note sur les moyens de conserver les foudres. — *Mess. agr.*, 1878.

1880.

G. Marsais. — Étude sur la couleur des vins Américains. — *Mess. agr.*, 4 juin 1880.

1881.

C. Saintpierre. — La tonnellerie et la foudrerie. — Montpellier, C. Coulet.

A. Bouffard. — Composition des moûts de quelques cépages Américains. Communication à l'Académie des Sciences, 1884. — *Ann. de l'Éc. nat. d'Agr. de Montp.*, 1884-1885.

— Vinification du Jacquez. — *Ann. de l'Éc. nat. d'Agr. de Montp.*, 1884-1885.

— Étude analytique des vins Américains et Français exposés au Congrès viticole de Montpellier. — *Ann. de l'Éc. nat. d'Agr. de Montp.*, 1886.

— Fabrication du fromage de Roquefort dans le département de l'Hérault. — *Ann. de l'Éc. nat. d'Agr. de Montp.*, 1886.

— Nouvelle étude sur la vinification du Jacquez. — *Progr. agr. et vit.*, 1887.

A. BOUFFARD. — Observations relatives à un vin blanc Algérien noircissant. — *Progr. agr. et vit.*, 1887.

— Expériences sur le plâtrage des vins. — *Bull. du min. de l'Agr.*, octobre 1887.

— Rapport au ministère de l'Agriculture sur la présence du cuivre dans les vins provenant des vignes traitées contre le Mildew. — *Bull. du min. de l'Agr.*, 1887 (?).

— Réponse au rapport de M. Marty sur le plâtrage des vins. — *Progr. agr. et vit.*, 1888.

— Étude des nouveaux procédés de vinification : plâtrage, phosphatage, tartrage, sels ammoniacaux.— *Progr. agr. et vit.* Paris, Lecrosnier.

— Articles divers d'Œnologie dans le *Dictionnaire d'Agriculture* publié sous la direction Barral-Sagnier. — Paris, Hachette.

— Recherches sur la richesse en huile des principales variétés d'olives cultivées dans le département de l'Hérault. — Voir *l'Olivier*, publ. par MM. Degrully et Viala.

— Sur la nature et la proportion des sucres contenus dans le raisin pendant sa maturité. — *Ann. de l'Éc. nat. d'Agr. de Montp.*, 1889.

— Nouvelles études comparatives des procédés de vinification conseillés récemment pour remplacer le plâtrage, 1889.

— Collaboration au Calendrier agricole et viticole publié dans le *Progr. agr. et vit.* de 1889.

— Conférence à la Société d'Agriculture du Gard, 1886.

FALLOT. — Tartre et lies. — *Progr. agr.* de 1887.

Le laboratoire de Technologie et d'Œnologie à l'École d'Agriculture de Montpellier. — *Bull. de l'Ass. des anc. élèves de l'Éc. nat. d'Agr. de Montp.*, 1886-1887.

B. TAIROFF, attaché du domaine de Russie. Note sur la culture de la vigne et les vins du Caucase. — *Ann. de l'Éc. nat. d'Agr. de Montp.*, 1887.

BOUFFARD ET FALLOT. — Le cuivre dans les vins. — *Prog. agr. et vit.*, 1889.

Collections de Technologie, Œnologie et Industries diverses.

En créant cette collection et surtout celle qui concerne la préparation des vins (Œnologie), on a eu pour but d'organiser une Exposition permanente de l'outillage vinicole. Les instruments, outils, appareils donnés ou confiés par les constructeurs, sont placés tous les jours sous les yeux des élèves. Les visiteurs si nombreux de notre École peuvent aussi se rendre compte des perfectionnements apportés à l'industrie des vins.

1° *Collection de dessins* de machines, plans, etc., pour la démonstration des cours.

2° *Collection des vins*. Cette collection comprend : 1° des vins français ; 2° des vins américains (cépages cultivés à l'École) ; 3° des vins étrangers ; 4° des vins d'expériences ; 5° des vins malades et défectueux ; 6° des moûts conservés par le chauffage ou des antiferments. Chaque année, pendant les vendanges, on prépare des vins à l'aide des procédés de vinification connus. Les vins sont conservés en tonneaux, puis en bouteilles. On leur fait subir les traitements ordinaires, soutirage, collage, chauffage, etc., en vue d'étudier ces différentes opérations.

Ces produits servent à l'enseignement des élèves.

Vins francais : Aramon, Carignan, Cinsaut, Œillade, Alicante, Clairette, hybrides Bouschet, Petite Syrah, Pinot, Gamay, Mondeuse, Cabernet, Folle blanche, Terret. Vins de divers mélanges, etc. Vins de liqueur. Vins mousseux ; collection des vins provenant des concours agricoles.

Vins américains : Jacquez, Herbemont, Black July, Brandt, Canada, Cunningham, Othello, Alvey, Secretary, Noah, Rulander, Elvira, Triumph, Autuchon, Diana, Pauline, Union-Village, Catawba, Isabella, Israella, York-Madeira, Telegraph, Eumelan, Huntingdon, etc.

Vins étrangers : Grèce, Turquie, Russie, Caucase, Italie, etc. Cap, Australie, Asie-Mineure, etc.

Vins d'expériences : V. plâtrés, V. tartrés, V. phosphatés, V. égrappés, V. blancs, V. rouges, V. rosés, etc.

Vins malades : V. fleurs, V. aigres, V. tournés, V. poussés, V. amers, V. gras, V. cassés, moisis, fûtés, etc.

Moûts conservés : Cépages variés.

APPAREILS ET OUTILS DIVERS.

Analyse des moûts et des vins : Instruments de précision. Laboratoire du vigneron.

Matériel pour la vendange dans les différentes régions vinicoles: Instruments pour couper le raisin. Récipients pour le transport de la vendange.

Préparation de la vendange, Égrappage : Égrappoir Mabille. É. de la Bourgogne, É. de l'Hermitage, É. trident.

Foulage : Fouloir Mabille, F. Gaillot (cylindres en bois).

Tonnellerie et foudrerie : Vaisselle vinaire, Collection de tonneaux des principaux pays vinicoles. Outre, foudre, cuve en bois, en ciment, bois, métaux, pierre, etc. Matières premières, outils de foudriers. Accessoires de cuves et de foudre, Bondes-trappes, clapet, robinet, dégustateur. Appareil Barère. Entretien des tonneaux. Soufre, mèche, appareils à mécher.

Décuvage : Siphon, pompes, syst. Formis, s. Noel, pompe à cuve du pays.

Pressurage : Press. Mabille, Press. Gaillot, Press. à pression horizontale (press. Troyen), Press. à ancre, Press. hydraulique, Press. Boyries, Press. Cassan.

Ouillage : Bidons ouilleurs divers. Ouilleurs continus.

Bondes : B. hydrauliques, B. alcoolique, s. Mirepoix, B. filtrante, B. sulfurante, (s. Fage, s. Japy, etc.) B. ordinaires, bois, verre, etc.

Soutirage : Appareil pneumatique pour soutirer par méthode Bordelaise (soufflet), App. pour soutirer par méthode Mâconnaise, Entonnoirs divers, Vide-fûts.

Collage : Collection des diverses colles. Fouets : F. Parisien, F. Bordelais, F. Bourguignon.

Filtration : Filtre Rhouette, F. Mirepoix, F. Simoneton pour échantillon, F. Mesot, F. presse Simoneton, F. Vigouroux. Tissus à filtrer divers.

Chauffage : Appareil Terrel des Chênes, App. Giret et Vinas. Chauffage domestique des bouteilles.

Mesurage des moûts : Appareils à muter de l'Hérault.

Mise en bouteilles : Collection de bouteilles servant à renfermer les divers vins du monde.

Outillage pour la mise en bouteilles : Machines à boucher, Bouchons. Casier à bouteilles et porte-bouteilles. Fourneaux à goudronner. Outils divers pour le nettoyage et l'égouttage des bouteilles.

Vins mousseux : Outils, Bouteilles, Bouchons, Manomètre, etc.

Dégustation : Verres, Tasses de divers modèles.

Mesure de capacité et jauge métrique pour mesurer les vins.

Collection de produits œnologiques : Sucres, tannins, acides, soufre, plâtre, alcools, etc.

Collections de produits dérivés de la fabrication du vin.

Produits provenant de la fabrication du tartre.

Produits provenant de la fabrication de l'acide tartrique.

Industrie des verdets. Matières premières et produits dérivés.

INDUSTRIES DIVERSES.

Lait, Beurre et Fromage : Vases pour la traite et le transport du lait. Crémeuse Fouju. Baratte suédoise. B. Chapelier, B. Pouricau, B. Valecourt, etc. Malaxeur.

Matériel pour la fabrication du fromage de Roquefort.

Matériel pour la fabrication du fromage du Cantal.

Moules pour fromages divers. Presse à fromage. Instruments de précision pour analyse du lait. Produits divers dérivés du lait.

Huileries : Matières premières (graines, fruits). Collections d'huiles. Escourtins, Tourteaux.

Essences : Plantes odoriférantes. Huiles essentielles.

Brasserie : Orges, Malt, Houblon.

Matières tinctoriales diverses : Garance, etc.

Sucrerie : Collection des diverses matières premières et produits dérivés.

Fécules, Amidons : Pâtes alimentaires.

Tannage : Corroyage. Écorce, tan, peaux.

Matières textiles : Lin, chanvre, coton, ramie, alfa, etc.

Distillation et alcools : Appareil Claparède, App. Savalle (petit modèle), App. Deroy (petit modèle), App. de laboratoire, etc. Collections d'alcools de diverses provenances.

Vinaigrerie : Tonneau à vinaigre, collection de vinaigres.

CHAIRE ET LABORATOIRE DE ZOOLOGIE GÉNÉRALE ET D'ENTOMOLOGIE.

Historique.— En juin 1877, quand M. Valéry Mayet est entré à l'École d'Agriculture de Montpellier comme chargé du cours d'Entomologie, il n'y avait ni laboratoire, ni collections concernant cet enseignement. On ne pouvait en effet appeler collections les quelques oiseaux et mammifères empaillés, la plupart en mauvais état, provenant de l'École de La Saulsaie.

Les premières leçons durent être faites avec des objets et échantillons apportés du dehors. M. Sabatier, professeur à la Faculté des Sciences de Montpellier, voulut bien prêter quelques tableaux se rapportant à l'enseignement spécial de l'École et la collection personnelle du professeur fournit les types indispensables.

Pendant l'année 1878, M. le Directeur Saintpierre affecta à l'Entomologie un petit local de quelques mètres carrés dans la Station séricicole (aujourd'hui chambre du garçon) et obtint de M. le Ministre un crédit annuel de 200 francs pour frais de cours et d'excursions, achats de livres, d'instruments, etc.

En 1879, un grand progrès s'opérait. Le budget alloué à la chaire d'Entomologie n'était pas augmenté, mais M. le Directeur Saintpierre obtenait un crédit spécial pour l'achat de la belle collection d'insectes de l'entomologiste Perris, et un local plus spacieux était aménagé au premier étage de la Station séricicole pour loger cette collection, ainsi que les diverses armoires, tables et rayons nécessaires à l'installation d'un véritable laboratoire d'Entomologie.

C'est le local encore occupé aujourd'hui par le professeur Valéry Mayet. Depuis lors (1880), celui-ci a été nommé titulaire de la chaire, qui a pris le nom de *Chaire de Zoologie générale et d'Entomologie*.

Dans un laboratoire incomplètement aménagé, il est vrai, au point de vue de la Zoologie générale, mais complété par des collections importantes et compris heureusement dans les bâtiments de la Station séricicole, des observations suivies ont pu être entreprises à partir de cette époque. Les plus importantes, dont on trouvera la liste annexée à ces lignes, ont été publiées dans des Notes à l'Institut ou des Mémoires adressés à divers journaux scientifiques ou agricoles.

Matériel d'enseignement. — En dehors des collections et du rucher, dont il sera parlé spécialement, le matériel d'enseignement se compose : 1° d'un microscope de Zeiss avec tous les accessoires nécessaires, spécialement affecté aux recherches du professeur ou aux préparations microscopiques servant à l'enseignement; 2° des quatre microscopes de Nachet de la Station séricicole, dont le professeur de Zoologie générale et d'Entomologie est sous-directeur, qui par ce fait sont à sa disposition et qui servent aux manipulations des élèves ; 3° de divers modèles clastiques démontables du Dr Auzoux, tels qu'un hanneton, des abeilles, des gâteaux de cire, divers modèles d'anatomie d'insectes et un ver à soie ; 4° d'un petit matériel de pisciculture, baquets incubateurs avec baguettes de verre (modèle-Coste), etc., qui grâce à l'installation du laboratoire dans les bâtiments de la Station séricicole a déjà pu fonctionner. La Société d'Acclimatation de Paris a en effet, pendant quatre ans, chargé le professeur de l'éclosion d'œufs de saumons et de l'élevage des jeunes poissons destinés à l'empoissonnement du Lez et de l'Hérault; 5° d'une dizaine de ruches vides de divers modèles pour l'enseignement théorique de l'apiculture.

Collections. — Depuis l'acquisition de la collection Perris, le laboratoire a acquis, soit par des crédits spécialement accordés par M. le Ministre, soit par des dons, les collections suivantes : 1° en 1883, la collection d'oiseaux d'Europe de M. le baron de Mathan d'Albi; 2° en 1885, la collection de mollusques de M. Daube de Montpellier ; 3° en 1886, la magnifique collection de reptiles et batraciens de M. Westphal-Castelnau de Montpellier, donnée par son fils.

La collection Perris, enfermée dans 200 cartons doubles, se compose de 16,270 espèces d'insectes de divers ordres représentés par environ 120,000 individus. Outre cela, une collection de larves contenue dans environ 1,700 tubes de verre remplis d'alcool renferme environ 20,000 spécimens des premiers états des insectes. Cette collection de larves, unique au monde, est d'un prix inestimable pour l'étude des ravageurs de nos récoltes.

La collection de Mathan, composée de 200 espèces d'oiseaux d'Europe représentés par 235 individus en parfait état, offre tous les types d'oiseaux utiles à connaître et ne demande, pour être complétée, qu'un plus grand nombre d'oiseaux de basse-cour.

La collection Daube renferme environ 500 espèces de coquilles européennes ou étrangères, nombre plus que suffisant pour l'instruction des élèves.

La collection Westphal, composée de reptiles et de batraciens du monde entier, est certainement la plus riche de France après celle du Muséum de Paris. Elle renferme environ 550 espèces et 1,500 individus, tous dans un état parfait de conservation ; et ce qui ajoute encore à sa valeur scientifique, ce sont les 20 squelettes entiers et les quarante préparations anatomiques diverses exécutées de la main même de M. Westphal-Castelnau, l'erpétologiste bien connu, père du donateur. Cette collection Westphal, qui suivant l'expression de M. Planchon «pourrait rendre jaloux les plus beaux musées de l'Europe», ne pouvait, vu son importance, être enfermée dans le laboratoire. Elle a été installée, ainsi que la collection de Mathan, par les soins de M. le Directeur Foëx, dans une partie spéciale du musée de l'École.

En résumé, la chaire de Zoologie générale et d'Entomologie possède quatre collections importantes qui ont été le mieux possible complétées par les types et les échantillons des autres groupes d'animaux pouvant être utiles à l'enseignement. Nous signalerons notamment, en ce qui concerne les animaux marins, un envoi de zoophytes reçus de M. Barrois, directeur de la station zoologique de Villefranche (Alpes-Maritimes). Toutes ces collections réunies constituent un ensemble vraiment unique dans les diverses Écoles d'Agriculture et fort précieux pour l'enseignement zoologique agricole.

Rucher. — Outre les ruches vides faisant partie du matériel d'enseignement dont nous avons parlé, le rucher se compose d'une dizaine de ruches pleines, de divers modèles. Ce nombre est suffisant pour les leçons pratiques d'apiculture et permet de se passer d'un homme chargé spécialement de la surveillance et de l'entretien du rucher. Ces ruches pleines appartiennent à un apiculteur de la ville, M. Lautal, qui se charge gratuitement de les entretenir, de donner ses soins aux abeilles et de faire toutes les manipulations réclamées par le professeur pour son enseignement. En retour, l'apiculteur n'a rien à payer pour l'emplacement occupé et tous les produits des ruches lui sont acquis.

Travaux pratiques des élèves.—Toutes les fois que le temps le permet, des applications de Zoologie et surtout d'Entomologie destinées à compléter les leçons se font sur les terres de l'École ou aux environs. Ces applications consistent dans la recherche des diverses formes du phylloxera, des parasites des plantes et des animaux, ainsi que de tous les animaux utiles et nuisibles. Des petites collections de ces derniers sont faites par les élèves. En plus de cela, des excursions d'une demi-journée et même d'une journée entière sont organisées par le professeur pour faire visiter aux élèves les localités des environs de Montpellier intéressantes au point de vue zoologique, les divers établissements scientifiques de la ville, ainsi que la station de zoologie maritime de Cette.

Les jours de gelée et de pluie sont utilisés pour la visite des collections de l'École, les dissections, les préparations microscopiques, l'étude au microscope des infusoires, vers intestinaux, acariens, phylloxera, etc.

Liste des publications du Laboratoire de Zoologie générale et Entomologie depuis 1877.

1877. Les araignées industrieuses. (*Bulletin Soc. des Sc. nat. de Béziers.*)

— Les sens chez les insectes. (*Id.*)

— Excursion entomologique à l'abbaye de Fonfroide (Aude). (*Id.*)

— Excursion entomologique au mont Caroux (Hérault). (*Id.*)

1878. Les insectes utiles, conférence faite à la préfecture de l'Hérault, publiée dans le *Mess. agr. du Midi*, n° d'avril.

— Causerie entomologique. (*Id.*, n° de mai.)

— Étude sur la Gribouri de la vigne ou Écrivain (*Adoxus vitis*), travail avec planche, en collaboration avec J. Lichtenstein. (*Bull. de la Soc. des Agricul. de France*), mémoire ayant obtenu une médaille d'or à chacun des auteurs.

1879. Note sur un Longicorne (*Sympiezocera Laurazi*), vivant aux dépens du cyprès. (*Ann. Soc. ent. de France, Bull.*, pag. 124.)

— Causerie entomologique. (*Mess. agr. du Midi*, n° de février).

— Les insectes ampélophages, conférence faite à la préfecture de l'Hérault, publiée dans le *Mess. agr. du Midi*, n° d'avril.

— Recherche de l'œuf d'hiver du Phylloxera dans l'Hérault. (*Journ. d'Agr. pratique*, 24 juillet.)

— Expériences sur l'efficacité de la submersion des vignes. (*Journ. de l'Agr. de M. Barral*, 7 août.)

— Éclosion des vers à soie par le frottement. (*Ass. franç. pour l'av. des Sc.*, session de Montpellier.)

— L'œuf d'hiver du Phylloxera dans l'Hérault. (*Compt. rend. de l'Acad. des Sc. de Paris*, séance du 24 novembre.)

— Observations sur les pontes du Phylloxera ailé en Languedoc. (*Mess. agr. du Midi*, 10 décembre.)

1880. La pisciculture fluviale et marine dans l'Hérault. (*Id.*, 10 janvier.)

— Les noctuelles de la vigne. (*Id.*, 10 mai.)

— L'ostréiculture en Languedoc. (*Journ. Agr. prat. de Paris*, mars.)

— Observations sur l'œuf d'hiver du Phylloxera. (*Compt. rend. Acad. des Sc. de Paris*, 2 novembre, et *Mess. agr. du Midi*, novembre.)

1880. La maladie des oliviers aux environs de Montpellier. (*Mess. agr. du Midi*, décembre; *Journ. d'Agr. prat. de Paris*, décembre, et *Journ. de l'Agr.*, décembre.)

— Observations sur le Saumon de Californie. (*Soc. d'ét. des Sc. de Béziers*, vol. de 1880).

1881. Nouvelles recherches sur l'œuf d'hiver du Phylloxera, sa découverte à Montpellier. (*Compt. rend. de l'Acad. des Sc. de Paris*, séance du 28 mars.) C'est à la suite de cette note que M. V. Mayet a été nommé délégué de l'Académie des Sciences.

— Observations sur les lieux de ponte du Phylloxera ailé. (*Mess. agr. du Midi*, juillet.)

— Note sur les Carabes qui se trouvent dans les Corbières. (*Bull. de la Soc. ent. de France*, pag. 107.)

— Note sur l'identité spécifique de deux Carabus : *C. auronitens* des Alpes et *C. punctato-auratus* des Pyrénées. (*Id.*, pag. 161.)

— Observations sur les divers Capricornes qui attaquent les Chênes. (*Id.*, pag. 162.)

— Note sur les métamorphoses de la Criocère du Lys. (*Id.*, pag. 126.)

— L'œuf d'hiver du Phylloxera au point de vue de sa destruction et des lieux de pontes de l'ailé. (*Compt. rend. du Congr. phyll. de Bordeaux*, 1881.)

1882. Moyens de détruire l'œuf d'hiver du Phylloxera. (*Compt. rend. de l'Acad. des Sc. de Paris*, séance de janvier.)

— Diffusion du Phylloxera par les boutures américaines. (Journal *La Vigne amér.*, décembre 1882.)

— Note sur les métamorphoses et les mœurs souterraines des Dorcadion, Coléoptères de la famille des Longicornes. (*Bull. Soc. ent. de France*, 1882, pag. 59.)

— Note sur un Diptère, le *Microdon mutabilis*, vivant à l'état de larve dans les fourmilières. (*Id.*, pag. 106.)

— Résultat des traitements effectués en Suisse en vue de la destruction du Phylloxera. (*Compt. rend. Acad. des Sc.*, séance du 20 novembre.)

1883. Note sur les Buprestes du genre Eurythyrea. (*Bull. de la Soc. ent. de France*, 1883, pag. 148.)

1884. Note sur la présence, en Tunisie, du Cobra ou Naja d'Égypte (*Naja Haje*), envoyée à M. Cosson, membre de l'Institut, pendant une mission en Tunisie confiée à M. Valéry

Mayet par M. le Ministre de l'Instruction publique. (*Compt. rend. de l'Inst.*, juillet.)

1884. Description de la larve du *Curculio transversovittatus*. (Faune des Coléoptères du bassin de la Seine, par Bedel. Paris, 1884.)

— Description de la larve du *Liparus coronatus* détruisant les carottes. (Faune des Coléoptères du bassin de la Seine, par Bedel. Paris, 1884.)

1885. Voyage dans le sud de la Tunisie, prem. éd. extraite des (*Compt. rend. de la Soc. lang. de Géogr.*) Brochure de 206 pages, grand in-8°, avec carte de l'itinéraire.

1887. Caractères qui distinguent les larves de Carabus de celles des Calosoma. (*Bull. Soc. ent. de France*, pag. 171.)

— Description des larves des *Calosoma Maderæ* et *Olivieri*. (*Id.*, pag. 173.)

— Description de la larve du *Scarites buparius*. (*Id.*, pag. 162.)

— Note sur la longévité de certains insectes et en particulier du *Cybister Roëseli*. (*Id.*, pag. 87.)

— Description de deux nouvelles espèces de Coléoptères tunisiens : *Dromius Fedjejensis* et *Rhyssemus Coluber*. (*Id.*, pag. 89.)

— Description de la larve de l'*Eunectes stictitus*. (*Id.*, pag. 203.)

— Notice nécrologique sur J. Lichtenstein, suivie de la liste des travaux de cet entomologiste ; cette dernière partie en collaboration avec M. Planchon. (*Ann. Soc. ent. de France*, pag. 49.)

— Le Phytoptus de la vigne et la maladie de l'Érinose. (*Progr. agr. et vit. de Montpellier*, deux articles, n^{os} du 24 et du 31 juillet.)

— Description de deux nouvelles espèces de Coléoptères tunisiens : *Pachydema Doumeti* et *Acmœodera Acaciæ*. (*Bull. de la Soc. ent. de France*, pag. 94.)

— Voyage dans le sud de la Tunisie, 2e édition revue et augmentée. 1 vol. format Charpentier. Paris, Challamel aîné, éditeur.

1888. Série d'articles sur les insectes ampélophages : la Cécidomie, les Cochenilles de la vigne, le Phylloxera, la Pyrale, la Cochylis, le Rhynchite ou Attelabe, le Gribouri et l'Altise. (*Progr. agr. et vit. de Montpellier*, n^{os} du 1er janvier, des 11, 18 et 25 mars, du 1er avril, des 13, 20 et 27 mai, du 3 juin, des 9, 16 et 23 septembre et du 7 octobre.)

1888. Description d'une nouvelle espèce de Locustides (sauterelles), le *Barbitistes Berenguieri*, ayant ravagé les vignes du Var en 1888. (*Bull. Soc. ent. de France*, pag. 111.)

CHAIRE ET LABORATOIRE DE ZOOTECHNIE.

HISTORIQUE. — A l'ouverture de l'École, le cours de Zootechnie fut confié à M. Gobin, actuellement professeur départemental d'agriculture.

Le 1er mai 1877, une décision ministérielle chargea provisoirement du même cours M. Pourquier, vétérinaire distingué, bien connu par ses travaux sur les maladies virulentes.

Grâce à son initiative, la création d'un laboratoire fut décidée en 1878.

La même année, M. Tayon, ancien élève de l'École d'Alfort et docteur en médecine, fut nommé professeur. Par suite d'une mort prématurée, il ne put occuper la chaire que quelques années.

Il organisa cependant avec une grande activité son laboratoire encore mal outillé. Dans ses travaux, il s'occupa surtout de l'exploitation des Ovidés dans les contrées méridionales. La question était importante et fort mal connue, et il sut l'éclaircir. Travailleur ardent, il employa ses loisirs à la recherche du microbe de la fièvre typhoïde.

Après l'avoir découvert, il le mit en culture et parvint à l'atténuer d'une manière suffisante pour qu'il ait pu se l'inoculer et l'inoculer sans danger à diverses personnes; il allait entreprendre l'étude de l'action préservatrice que pourrait avoir la vaccination, lorsqu'il fut enlevé à l'affection de ses Collègues par une maladie foudroyante, le 24 septembre 1885.

Enfin des expériences importantes ont été effectuées avec son concours, au laboratoire de Zootechnie, sur la vaccination charbonneuse par le procédé de M. Pasteur. Ce savant voulut bien présider lui-même à leur inauguration, le 9 mai 1882. Ces expériences ont été divisées en deux séries : la première fut la répétition de celle de Pouilly-Lefort, sur les races de moutons de la région méditerranéenne ; la seconde avait pour but d'apprécier la durée de la préservation conférée par le virus-vaccin à ces diverses races : 1° après simple inoculation de virus-vaccin ; 2° après que les animaux vaccinés avaient reçu le virus dangereux. Ces études ont été poursuivies avec un plein succès pendant cinq années consécutives, par MM. Foëx, Tayon et Mozziconacci, avec l'appui et le concours de la Société centrale d'Agriculture de l'Hérault qui les avait provoquées.

En 1882, M. Mozziconacci avait été nommé répétiteur-préparateur.

Par décision ministérielle du 1er mars 1886, M. Blanchard fut chargé provisoirement du cours, et il garda ce poste jusqu'au 24 mai 1888.

A cette date, M. Duclert le remplaça et fut nommé professeur titulaire de Zootechnie.

Division du cours. — La première partie comprend la Zootechnie générale et la seconde la Zootechnie spéciale. Dans la première partie, on étudie les sciences préparatoires à la Zootechnie, c'est-à-dire l'Anatomie, la Physiologie et l'Histologie des animaux domestiques. Le professeur s'étend longuement sur l'hérédité et sur les méthodes de reproduction et de gymnastique fonctionnelle.

Dans la seconde partie, après avoir classé les animaux domestiques, il passe en revue toutes les espèces et décrit avec les plus grands détails celles qui intéressent particulièrement la région. Il insiste aussi sur les procédés d'élevage, le choix des reproducteurs.

Installation du Laboratoire. — Le laboratoire comprend trois pièces. La plus vaste est utilisée comme salle de dissection.

M. Tayon, comprenant l'utilité des dissections pour les études anatomiques, s'est efforcé d'obtenir sa construction. Des étagères fixées dans la muraille supportent de nombreux squelettes.

Dans une salle voisine se trouvent les collections. On remarque dans ses vitrines des crânes servant à la classification des espèces, des membres d'Équidés pourvus de tares dures et des mâchoires de toutes sortes.

Des pièces minutieusement disséquées et les parasites de nos animaux domestiques gardés dans l'alcool trouvent aussi leur place dans cette salle.

Des balances sont installées sur les tables; des seringues Pravaz et à injection, des scalpels, etc., etc., sont renfermés dans les tiroirs. De nombreux échantillons de laine placés sur des cartons sont aussi exposés dans cette pièce.

La troisième salle, la plus petite, du reste, est utilisée pour les études micrographiques.

Des microscopes, un microtome à bascule, une étuve pour les inclusions à la paraffine, constituent un outillage très suffisant pour toutes les préparations.

Dans une grande vitrine sont placés tous les produits chimiques.

L'achat des sujets d'expérience étant souvent fort difficile, on s'est appliqué à les élever au laboratoire.

A cet effet, on a entouré de murs une petite cour et on a bâti des cages pour loger les lapins, les cobayes, les chiens, etc.

Dans un coin, une cuve en ciment sert à la macération des os des animaux dont on veut monter les squelettes.

Le matériel de l'enseignement de la Zootechnie est complété par des pièces exposées dans la salle des collections de l'École. A côté des squelettes de cheval, de bœuf, de mouton, de porc et d'homme, on trouve l'œil, l'oreille et le cheval en carton du Dr Auzoux.

Applications. — Les données théoriques du cours sont complétées par des applications pratiques qui se font dans le laboratoire avec le matériel qui vient d'être décrit ou dans les écuries, étables, bergeries et porcheries de l'École et des exploitations avoisinantes.

Nous donnons ci-après un résumé des applications faites après les cours :

1° Étude micrographique de la cellule, des tissus conjonctif, adipeux, cartilagineux, osseux et musculaire ;

2° Ostéologie comparée du rachis et des membres des Équidés, Bovidés, Ovidés et Suidés ;

3° Dissection de la cavité buccale d'un Ovidé. Étude micrographique de la muqueuse buccale ;

4° Étude du chronomètre dentaire des animaux domestiques ;

5° Étude du système digestif d'un mouton. Dissection de l'animal ;

6° Étude et dissection des systèmes digestif et respiratoire d'un cheval ;

7° Étude sur des lapins et cobayes de l'appareil circulatoire. Examen micrographique du sang ;

8° Dissection du système urinaire sur des chiens, lapins et cobayes ;

9° Dissection des extenseurs et des fléchisseurs des phalanges du cheval ;

10° Étude du système nerveux sur un chien ; examen micrographique de la moelle épinière ;

11° Examen micrographique de la peau et étude du pied du cheval ;

12° Étude des organes génitaux chez la vache et la brebis. Dissection de ces organes. Examen micrographique de la vésicule de Graaf, de l'épididyme, etc.

Les applications concernant la Zootechnie spéciale sont plus nombreuses que celles qui ont rapport à la Zootechnie générale. Elles se font à l'écurie, à l'étable, à la bergerie et à la porcherie. Elles ont pour but de familiariser les élèves avec le choix des reproducteurs.

De nombreuses visites faites au marché de la ville et des excursions dans les exploitations voisines les initient aux méthodes zootechniques employées pour l'élevage, l'engraissement, la production du lait et de la laine.

Publications.

1880.

A. Mozziconacci. — Quelques mots sur la cantharide à vésicatoire. (*Mess. agr. du Midi*, 25 août 1880.)

V. Tayon. — De la variation des mamelles chez les Ovidés des Basses-Cévennes. (Mémoire présenté par M. Bouley à l'Académie des Sciences, le 19 avril 1880.)

1882.

G. Foex. — Instruction sur le charbon et la vaccination charbonneuse par le procédé de M. Pasteur (publiées par la Société centrale d'Agriculture de l'Hérault).

V. Tayon. — Conférence sur la fièvre charbonneuse faite à l'École d'Agriculture de Montpellier, le 9 juin 1882. (Montpellier, Imprimerie centrale du Midi.

1884.

V. Tayon. — Sur le microbe de la fièvre typhoïde de l'homme; culture et inoculations. (*Compt. rend. de l'Acad. des Sc.*, 18 août 1884.)

A. Mozziconacci. — La vaccination charbonneuse (dans journal l'*Agr. Cév.* d'Alais, du 1er juillet 1884).

— Pratique de la vaccination charbonneuse. (*Id.*, du 1er août 1884.)

1885.

V. Tayon. — Sur le microbe de la fièvre typhoïde de l'homme; culture et inoculations. (*Compt. rend. de l'Acad. des Sc.*, 9 février 1885.)

— Recherches sur le microbe de la fièvre typhoïde de l'homme; culture et inoculations. (Extrait de la *Gaz. hebd. des Sc méd.*, juin 1885. — Montpellier, C. Coulet.

— Production des agneaux de lait dans le Midi. (*Ann. de l'Éc. d'Agr. de Montp.*, 1885.)

— Recherches sur le microbe de la fièvre typhoïde de l'homme. (*Ann. de l'Éc. d'Agr. de Montp.*, 1885.)

1887.

A. Mozziconacci. — Les races ovines de la région méridionale de la France. (*Progr. agr. et vit. de Montp.*, 16 janvier 1887.)

— Le laboratoire de Zootechnie à l'École d'Agriculture de Montpellier. (*Ann. de l'Ass. amic. des anc. élèv. de l'Éc. d'Agr. de Montp.*, avril 1887.)

— Du choix des brebis laitières. (*Progr. agr. et vit. de Montp.*, 1er mai 1887.)

1888.

L. Duclert. — Déterminisme de la frisure des productions pileuses. (*Journ. de l'Anat. et de la Phys. de Ch. Robin*, Paris, 1888.)

A. Mozziconacci. — Note sur les brebis laitières et leurs produits. (*Progr. agr. et vit. de Montp.*, 12 février 1888.)

— Influence de la castration sur les animaux. (*Bull. mens. de la Soc. des Sc. nat. et phys. de Montp.*, octobre 1888.)

Catalogue des principaux Objets renfermés dans les collections de Zootechnie.

Squelettes : *Cheval camargue*, — *Cheval métis*, — *Ane*, — *Taureau nivernais*, — *Vache bretonne*, — *Bélier de Bergame*, — *Bélier barbarin*, — *deux Béliers corses*, — *Bélier mérinos*, — *Bélier mauchamp*, — *Bélier Dishley*, — *Bélier syrien*.

Brebis *Southdown*, *berrichonne* ; — *Agneau de un mois* ; *agneau* (*monstruosité*) ayant deux corps, huit pattes, deux cous et une seule tête.

Boucs de *Malte* et d'*Algérie*.

Deux *Singes* (Cercocebus radiatus).

Un *Mouflon corse*, — un *Isard*, — une *Chienne Shloughi*.

Un *Alpaca*.

Une *Truie* de 6 mois.

Un Coq malais, — une Poule commune.

Collection d'*os divers* et de *têtes* de diverses races.

Collection de tares osseuses réunie par M. Pourquier.

Collection de bézoards et calculs divers.

Anatomie clastique du Dr Auzoux. — Cheval.

Appareil de la locomotion *avec tares*.

— de la vue.

— de l'ouïe.

— de la respiration.

— de la circulation.

— de la digestion.

Collection de mâchoires pour la connaissance de l'âge.

— — naturelles pour la connaissance de l'âge des bovidés, des ovidés et des équidés.

Collection d'instruments de pansage.

— — de chirurgie et de médecine vétérinaire.

— — de maréchalerie.

— de fers pour équidés et bovidés.

— d'anneaux, boucles et pinces pour taureaux.

Masque pour taureaux méchants.

Bâtons pour la conduite des taureaux.

Modèles de joug, colliers et autres harnais.

Biberon Dutertre pour les agneaux.

Appareils d'incubation artificielle et d'élevage des oiseaux de basse-cour (système Voitellier).

Collection de laines.

Types de vaches laitières (terres cuites de M. de Lapparent).

Tableaux de la conformation comparée des animaux de boucherie, de Baudement.

STATION SÉRICICOLE ET CHAIRE DE SÉRICICULTURE.

Histoire de sa fondation.— La fondation de la Station séricicole de Montpellier remonte au 1er janvier 1874.

A cette époque, M. Pasteur avait, depuis cinq ans déjà, publié ses importantes découvertes sur les maladies des vers à soie. Mais les procédés de sélection qu'il préconisait, et dont il prévoyait avec tant de perspicacité les heureuses conséquences dans l'avenir, n'étaient connus que d'un petit nombre d'initiés : quelques graineurs habiles s'en faisaient une sorte de monopole ; la foule des éleveurs les ignorait totalement.

C'est ainsi qu'on en était encore réduit, en 1874, à consommer en France plus de 700,000 onces de graines, dont 400,000 de races japonaises, et cela pour obtenir seulement 15 kilogr. de cocons à l'once.

Il était donc urgent de répandre dans les campagnes les nouvelles méthodes de M. Pasteur, d'y faire connaître l'usage du microscope, de réhabiliter le grainage domestique, fondement naturel de l'industrie séricicole ; pour cela, il était bon que l'administration de l'Agriculture prît sous son patronage le nouvel enseignement.

C'est ce que fit M. Desoilligny, alors ministre de l'Agriculture, en créant à Montpellier, sous le nom de Station séricicole, une École de Sériciculture annexe de l'École régionale d'Agriculture. Il mit à la tête de cette Station M. Maillot, professeur agrégé de l'Université et élève de M. Pasteur. M. Maillot avait été associé aux travaux de l'illustre savant dans le midi de la France, de 1865 à 1869; et plus tard en 1870, 1871 et 1872, il avait été chargé par le ministère de l'Agriculture de diverses missions séricicoles en Corse et en Italie. Ces travaux formaient le prélude naturel de ceux qu'il aurait désormais à exécuter.

En 1876, un emploi de stagiaire fut créé à la Station pour donner au directeur un auxiliaire indispensable : ce poste fut occupé par M. Mallet, docteur médecin. Malheureusement, M. Mallet, dès le mois d'avril 1877, tomba gravement malade et succomba au bout de quelques jours (19 avril).

L'administration nomma alors M. Mayet, sous-directeur de la Station (14 juin 1877); l'enseignement de l'Entomologie, dont la charge avait incombé jusqu'alors au professeur de Sériciculture, lui fut attribué exclusivement.

A partir du 1er janvier 1880, la Station séricicole, qui avait déjà avec l'École d'Agriculture des rapports très étroits, fut complètement incorporée à ce grand établissement. Elle constitue aujourd'hui un de ses services les plus importants.

Installation matérielle.— Un corps de bâtiment situé dans

le groupe des constructions de l'École d'Agriculture est spécialement affecté à la Sériciculture.

Il comprend : 1° une salle de collections; 2° trois salles pour l'élevage des vers ; 3° un local pour la feuille de mûrier ; 4° un petit laboratoire; 5° une chambre de gardien; 6° une serre à mûriers.

La salle de collections renferme dans des vitrines ou des bocaux : des spécimens de cocons et des papillons d'un grand nombre de races de vers à soie ; des spécimens de soie grège et de soie cardée ; un modèle du ver clastique Auzoux ; plusieurs microscopes, avec le matériel utile pour la sélection des cellules ; un sérimètre ; des hygromètres, balances et instruments thermométriques divers ; enfin des cartes, dessins et portraits appendus aux murs de la salle.

Les locaux d'élevage, ou magnaneries, sont au premier étage : l'un, ventilé par un lanterneau, est muni d'un calorifère à air chaud ; le deuxième n'a qu'une cheminée ordinaire et sert pendant l'hiver de chambre froide pour les cellules du grainage ; la troisième pièce est occupée actuellement par des collections entomologiques. On élève tous les ans dans ces locaux 25 à 30 grammes de graine. En outre, la même quantité est élevée dans une autre petite magnanerie adossée à la conciergerie et ventilée par un grand lanterneau.

Les claies servant aux vers sont en bois ou en fil de fer ; on se sert aussi de paniers d'osier. Les supports des claies et des paniers sont mobiles. Un bassin assez grand qu'on remplit d'eau sulfatée sert aux lavages de tous ces agrès.

Pour l'incubation, on a divers modèles de couveuses.

La montée des vers se fait dans des ramilles qu'on renouvelle tous les ans ; des claies Davril et des râteliers spéciaux servent aussi à cet usage. Un modèle de filature à deux bassines peut servir à dévider les cocons.

La salle d'entrepôt de la feuille est pavée de briques vernies ; une bascule sert à faire les pesées.

Le laboratoire sert de bureau au directeur et ne contient que quelques produits chimiques et une soufflerie à gaz.

La serre à mûriers est chauffée par un thermosiphon ; elle fournit de la feuille en février et mars, pour nourrir quelques centaines de vers servant à des études anatomiques. Les éducations normales sont faites avec la feuille des plantations de mûriers qui existent sur le domaine de l'École.

STAGIAIRES.— La Station a reçu à titre de stagiaires plusieurs élèves sortant des Écoles nationales d'Agriculture ; ce sont :

MM. Mozziconacci (1879-1880) ; Bernard (1881-1882) ; — Rougier (1883-1884) ; — Lambert (1885-1886-1887) ; — Chapelle (1888).

COURS DE SÉRICICULTURE A L'ÉCOLE.— Conformément au programme actuel de l'École, les leçons théoriques de Sériciculture sont au nombre de vingt environ. Elles sont faites par le directeur de la Station devant les élèves de deuxième année, dans un des amphithéâtres de l'École. Le semestre d'hiver leur est consacré. Le semestre d'été est réservé aux leçons pratiques de micrographie et d'élevage qui sont faites dans les locaux de la Station ; les élèves ont du reste la faculté de visiter quotidiennement les élevages pratiqués à cette époque, et même d'y collaborer dans une certaine mesure, lorsqu'ils veulent se perfectionner dans la pratique de cette industrie.

DÉLÉGUÉS ET VISITEURS. — La Station a toujours été et est encore ouverte aux visiteurs, aux délégués des Comices ou Sociétés agricoles et aux étrangers dûment accrédités. On peut évaluer à cinq ou six cents en moyenne le nombre des visiteurs tous les ans. Sur ce nombre, une centaine seulement réclament quelques heures de leçons sur la sélection au microscope.

Parmi les meilleurs élèves de la Station, se distinguent un bon nombre de jeunes gens venus d'Italie, de Grèce, de Turquie, de Russie, quelques-uns même de l'Amérique, du Japon et de l'Inde.

La Station demeure en communication régulière avec les établissements similaires de Goritz, Padoue, Brousse et Berhampoore.

ENSEIGNEMENT NOMADE. CONFÉRENCES. — Les conférences publiques faites dans les villes et villages sont un puissant moyen de propagande, dont on a tâché de tirer parti. Tous les hivers, de 1874 à 1882, M. Maillot a parcouru une vingtaine de localités choisies parmi les principaux centres séricicoles et appelé tous les éleveurs à ses conférences ; il y a développé successivement les procédés de sélection et de grainage, les règles de l'hygiène des vers et l'étude pratique des maladies. On peut évaluer à huit cents le nombre des auditeurs annuels de ces conférences. Voici le tableau des localités où elles ont été faites pendant les huit années 1874-1882 :

	NOMBRE de conférences.		NOMBRE de conférences.
Aix	8	Orange	1
Alais	5	Perpignan	8
Anduze	1	Pont-Saint-Esprit	1
Apt	5	Prades	2
Avignon	8	Privas	8
Aubenas	7	Quissac	1
Bagnols-sur-Cèze	2	Remoulins	1
Bourg Saint-Andéol	1	Romans	1
Brignolles	6	Roquemaure	1
Carpentras	4	Saint-Ambroix	3
Carcassonne	2	Saint-Marcellin	4
Céret	3	Salon	1
Crest	4	Sisteron	1
Clermont-l'Hérault	2	Sommières	1
Digne	2	Toulon	4
Draguignan	7	Toulouse	2
Ganges	4	Tournon	1
Grasse	1	Uzès	1
Grenoble	8	Valence	8
Joyeuse	1	Valleraugue	1
Largentière	5	Vallon	1
Le Luc	1	Valréas	2
Lussan	1	Vans (Les)	4
Manosque	5	Vidauban	1
Marseille	5	Vigan (Le)	4
Montélimar	3	Villeneuve-de-Berg	1
Montpellier	7	Viviers	1
Narbonne	3		
Nice	8	TOTAL	192
Nimes	8		

Dans cet intervalle, on reconnut que les auditeurs les plus assidus de ces conférences étaient invariablement les élèves des écoles normales primaires, et qu'il y aurait des avantages de plus d'une sorte à transporter cet enseignement dans ces écoles mêmes.

Cette mesure fut en effet approuvée par MM. les Ministres de l'Agriculture et de l'Instruction publique, et mise en pratique dès l'hiver de l'année 1882, jusqu'à 1887 inclusivement. Voici le tableau de ces six années de conférences :

ÉCOLES NORMALES des départements de	NOMBRE DE CONFÉRENCES dans l'école de	
	Garçons.	Filles.
Ain	2	2
Alpes (Basses-)	6	»
Alpes (Hautes-)	5	2
Alpes-Maritimes	6	»
Ardèche	7	5
Aveyron	2	»
Bouches-du-Rhône	6	5
Drôme	7	5
Gard	7	3
Garonne (Haute-)	2	2
Hérault	6	5
Isère	6	5
Loire	2	2
Lozère	6	3
Pyrénées-Orientales	6	5
Rhône	2	2
Savoie	5	2
Tarn	2	»
Tarn-et-Garonne	2	2
Var	6	»
Vaucluse	6	»
TOTAL	99	50

Il est difficile de constater avec précision les résultats de l'enseignement ainsi distribué ; il n'a probablement pas été étranger aux améliorations que tout le monde peut constater aujourd'hui dans les élevages de vers à soie. Cette année (1888), avec la faible quantité de 275,000 onces de graine (dont 254,000 indigènes), on a récolté 9,600,000 kilogr. de cocons, c'est-à-dire 35 kilogr. à l'once, ce qui est beaucoup plus que la moyenne d'il y a vingt ans. En outre, nos graineurs exportent plus de 600,000 onces de graines.

Mais ces progrès sont l'œuvre d'une élite de graineurs et d'éleveurs ; les nouvelles méthodes n'ont pas encore pénétré dans les campagnes éloignées des centres de grainage ; c'est un résultat qu'on ne peut espérer d'atteindre si l'on ne poursuit ce but avec persévérance et pendant longtemps: il faut pour cela l'intervention d'un grand nombre de personnes zélées et instruites.

La nouvelle organisation créée depuis un an marque un grand pas dans cette voie : une circulaire du 27 octobre 1887, signée par M. Barbe, alors Ministre de l'Agriculture, charge désormais les professeurs départementaux d'agriculture des leçons de Sériciculture et de Microscopie dans les écoles normales d'instituteurs et d'institutrices de la région séricicole. En outre, un petit élevage de 3 à 4 gram. de graine doit être fait dans chaque école par les élèves, à titre d'exercice pratique. Le directeur de la Station séricicole de Montpellier a la direction et la surveillance de cet enseignement. On espère que, parmi les instituteurs et les institutrices sortant de ces écoles, il s'en trouvera un certain nombre qui sauront répandre dans les campagnes les notions les plus utiles de l'industrie séricicole. La Station de Montpellier aura eu l'honneur d'être la première source de cette utile propagande.

Distribution gratuite de graines saines. — Dans les nombreux élevages faits tous les ans à la Station, il y a d'ordinaire des lots dont le succès est très satisfaisant; on fait avec ces lots quelques milliers de cellules de graine. Depuis quatorze ans, ces cellules ont été distribuées gratuitement par petits lots de 10 à 15 cellules à toutes les personnes qui en ont fait la demande en temps utile. Lorsque ces graines ont été élevées à part, avec soin, on a pu presque toujours livrer au grainage les cocons récoltés, ou tout au moins en tirer des reproductions cellulaires ou seulement des cocons. On espère user de ce moyen pour propager à l'avenir les races les plus recherchées ou les races nouvelles.

Publications diverses sur la sériciculture. — De 1874 à 1879, le ministère de l'Agriculture a fait publier par la Station séricicole, à Montpellier, et distribuer gratuitement dans tout le Midi à plusieurs centaines d'exemplaires les brochures suivantes :

— 1. Les Congrès séricicoles internationaux ; compte rendu sommaire, par E. Maillot; 31 pag. in-8°, 1874.

— 2. Recherches sur la Gattine et la Flacherie, par Verson et Vlacovich (traduction de l'italien); 44 pag. in-8°, 1874.

— 3. Congrès séricicole international de Montpellier; compte rendu sommaire, par E. Maillot; 10 pag. in-8°, 1874.

— 4. De la production des Graines de vers à soie, par E. Maillot; 22 pag. in-8°, 1875.

— 5. Du Chauffage des magnaneries, traduction de l'italien (Actes du Congrès de Rovereto); 57 pag. in-8°, 1875.

— 6. Expériences sur l'accouplement des Papillons du Bombyx du mûrier, par E. Cornalia (traduc. de l'italien); 22 pag. in-8°, 1875.

— 7. De la Soie en Europe, par Pinchetti, Mattiuzzi et Nessi (traduction de l'italien); 50 pag. in-8°, 1875.

— 8. De l'art d'élever les Vers à soie, par E. Maillot; 34 pag. in-8°, 1876.

— 9. Méthodes de Sélection; revue, par E. Maillot; 23 pag. in-8°, 1876.

— 10. Éclosion des Graines par le frottement, l'électricité et l'hivernation artificielle ; revue, par E. Maillot; 23 pag. in-8°, 1876.

— 11. Le système Pasteur et ses résultats, par E. Maillot; 18 pag. in-8°, 1876.

— 12. Congrès séricicole international de Milan; compte rendu, par E. Maillot; 60 pag. in-8°, 1876.

— 13. La façon de faire et semer la Graine de mûriers, gouverner et nourrir les vers à soye, par Bartélemy de Laffemas (réimpression); 29 pag. in-8°, 1877.

— 14. Essai sur l'histoire de l'industrie de la Soie en France, par A. Poirson (réimpression); 60 pag. in-8°, 1877.

— 15. Des principes du Grainage, par E. Maillot; 27 pag. in-8, 1878.

— 16. Traité du Ver à soie, par Malpighi; texte latin et trad. en français, avec 12 planches; 154 pag. in-4°, 1878.

— 17. Des Soieries et des Vers à soie en Chine, par le P. Du Halde (réimpression); 37 pag. in-8°, 1879.

— 18. Observations anatomico-physiologiques sur les Insectes en général, et en particulier sur le Ver à soie du mûrier, par De Filippi (traduit de l'italien); 27 pag. in-8° et 3 planches, 1879.

La continuation de ces brochures n'a pu être faite à partir du 1er novembre 1879.

Une autre série de publications consiste dans les Rapports adressés à M. le Ministre de l'Agriculture par M. Maillot, et qui ont paru, les uns sous forme de brochures distinctes, les autres dans le *Bulletin de l'Agriculture*; en voici la liste :

— 1. Sur l'Industrie séricicole en Corse (1870); 7 pag. in-8°. Paris, Masson.

— 2. Sur les Congrès séricicoles internationaux de Goritz et Udine (1871); 45 pag. in-8°. Paris, Masson.

— 3. Sur l'établissement de grainage Susani (1872); 19 pag. in-8°. Paris, Masson.

— 4. Sur le Congrès séricicole international de Rovereto (1872); 54 pag. in-8°. Paris, Masson.

— 5. Sur l'Exposition séricicole, en 1878, à Paris (classe 83); 20 pag. in-8°. Paris, Imp. nationale.

— 6. Sur le Congrès séricicole international de Sienne; 12 pag. in-8°. (*Bull. de l'Agr.*, année 1882.)

— 7. Sur les Croisements; 9 pag. in-8°. (*Ibid.*, 1883.)

— 8. Sur la Production séricicole de la France en 1882 et 1883; 20 pag. in-8°, avec 2 cartes. (*Ibid.*, 1884.)

— 9. Sur la Production séricicole de la France en 1884; 10 pag. in-8°, avec 1 carte. (*Ibid.*, 1885.)

— 10. Sur la Production séricicole de la France en 1885; 9 pag. in-8°, avec 1 carte. (*Ibid.*, 1886.)

— 11. Sur la Production séricicole de la France en 1886; 10 pag. in-8°, avec 1 carte. (*Ibid.*, 1887.)

— 12. Sur la Production séricicole de la France en 1887; 9 pag. in-8°, avec 1 carte. (*Ibid.*, 1888.)

M. Maillot a publié encore un grand nombre de notes et de

traductions relatives à la Sériciculture dans plusieurs journaux d'agriculture, et enfin, en dernier lieu, les brochures suivantes :

— 1. Leçons sur le Ver à soie du mûrier ; 1 vol. de 273 pag. in-8°, avec planches et gravures, Coulet, éditeur. Montpellier, 1885.

— 2. Rapport à la Chambre de commerce de Lyon sur de nouvelles races de vers à soie. Lyon, 1888.

M. Mozziconacci, stagiaire à la Station séricicole en 1879-80, est l'auteur des articles ci-après :

— 1. Quelques Conseils aux éducateurs de vers à soie qui s'occupent de grainage (achat des graines, conservation, époque de la sélection microscopique, dermestes). — Publié dans le *Mess. agr. du Midi*, du 25 juillet 1880.

— 2. La Sériciculture en Corse (dans le *Journ. de l'Agr. de J.-A. Barral* ; Paris, 18 décembre 1880).

— 3. L'Avenir agricole de la Corse. (*Prog. agr. et vit.* Montpellier, 27 avril 1884).

Travaux de laboratoire. — En raison même du rôle spécialement scolaire attribué jusqu'ici à la Station séricicole, les recherches expérimentales n'ont guère tenu de place dans le programme de ses travaux. Voici cependant, année par année, les sujets sur lesquels ont été faits des essais dont les résultats n'ont pas été publiés, soit parce qu'ils n'étaient pas assez décisifs, soit parce qu'ils n'offraient pas d'intérêt pour le public.

1875. Élevage comparatif de 14 lots de graines fournies par M. Cornalia.

1876. Élevage de 15 lots de graines conservées dans des conditions variées, et 5 lots fournis par la Société des Agriculteurs de France.

1877. Études sérimétriques sur divers échantillons de soie filée au Japon.

1878. Expériences sur le procédé de MM. F... et B..., pour la purification des graines.

Observations sur les Éducations avec de la feuille avariée.

1879. Observations sur l'Élevage des vers aux rameaux, en Italie.

Expériences d'Élevage de graines d'Australie et de yama-maï du Japon.

1880. Expériences sur l'Hivernation des graines dans des milieux divers.

1881. Élevage de Graines diversement hivernée. Procédé B... pour la sélection des cocons de graine. Vers des *B. pernyi* de la Chine, et *cecropia* d'Amérique.

1882. Élevage aux Rameaux. Expériences sur l'Alimentation des vers.

1883. Expériences sur des Graines préparées par le procédé N... Essai des graines Casati. Vers des *B. cecropia* et *cynthia*.

1884. Élevages de graines de Chine (Arlès-Dufour), de Corée (Frizzoni), de Pologne (Hignet), du Japon (Susani).

Concours séricicole de la Drôme.

1885. Élevage de Vers de races diverses.

1886. Élevage de Vers de races diverses. Concours séricicole de l'Isère.

1887. Élevage de Vers de races diverses : Chine (M. Rondot), France (M. Chabrier), Italie (M. le comte de Bione). Estivation (procédé Rollat).

Concours séricicole du Gard.

1888. Élevage de Vers de races diverses : Chine et Perse (Rondot). Estivation.

Étude des caractères distinctifs des Races.

COURS, LABORATOIRES ET COLLECTIONS DE BOTANIQUE ET DE SYLVICULTURE.

Cours de botanique. — L'enseignement de la Botanique et de la Sylviculture est donné par M. Durand, inspecteur des forêts et antérieurement déjà professeur à La Saulsaie. Le cours de Botanique est fait à un point de vue tout à la fois scientifique et pratique. Les conditions dans lesquelles il est donné sont assez favorables pour que le goût des études scientifiques se développe fréquemment chez les élèves ; plusieurs d'entre eux recherchent les grades universitaires et quelques-uns ont déjà obtenu leur diplôme de licencié. On cherche en outre, par une étude sérieuse de l'anatomie, de l'organographie et de la physiologie végétale, à fournir aux élèves des bases solides sur lesquelles s'appuieront ultérieusement les enseignements de la Sylviculture, de l'Agriculture, de la Viticulture, de l'Horticulture, de l'Arboriculture agreste, etc.

Le cours de Botanique se fait en 80 leçons.

Il est complété : 1° par des applications de micrographie faites au laboratoire de Botanique ; 2° par des herborisations dans les divers terrains de la région et par des démonstrations au jardin botanique et au jardin dendrologique de l'École. Les élèves sont obligés de se constituer un herbier des principales plantes de la région.

COURS DE SYLVICULTURE.— Le cours de Sylviculture comprend 40 leçons.

Les applications de ce cours se font, d'une part dans le jardin dendrologique et les collections de l'École, de l'autre dans les pépinières, les jardins, les parcs et les bois de la région.

LABORATOIRE DE BOTANIQUE. — Le laboratoire de Botanique est installé au Chalet, élégante construction élevée à côté des jardins, qui fournissent bon nombre des matériaux d'étude. Il comprend au premier étage deux pièces où sont réunis les herbiers et collections que l'on consulte le plus souvent pour les besoins des applications. L'une des pièces est destinée plus spécialement aux travaux micrographiques et disposée pour recevoir les élèves qui viennent par séries s'y exercer au maniement du microscope. Spacieuse et largement éclairée, dix élèves à la fois peuvent y travailler à l'aise.

Le matériel de cette partie du laboratoire comprend les microscopes réservés aux applications. Chaque élève a le sien. Le modèle adopté est le n° 6 inclinant de Vérick avec les objectifs 2, 3, 6 et les oculaires 1 et 3 ; il permet d'obtenir des grossissements variant de 60 à 570 diamètres, bien suffisants pour les études ordinaires d'histologie. Lorsqu'il convient d'amplifier les images pour l'étude de certains détails de structure et l'examen des ferments, on porte les préparations sous le microscope de Zeiss. Cet instrument reçoit l'appareil d'éclairage Abbé et donne à l'aide de l'objectif F le grossissement maximum de 1,390 diamètres. Le laboratoire possède encore des microscopes de dissection ou loupes montées avec support rendant aisé le maniement des aiguilles à dissection et trois lentilles donnant un grossissement de 6 à 15 diamètres, suffisant pour l'étude de la disposition des organes floraux.

Deux applications par semaine réunissent les élèves au laboratoire. Ils sont exercés au montage, à la mise au point des microscopes et font les préparations qu'ils doivent examiner et dessiner. On veille aussi à ce qu'ils ne négligent aucun des soins d'entretien à donner aux instruments dont ils se servent. Ils acquièrent progressivement la connaissance de la structure des végétaux dans leurs différents organes, à l'aide de coupes. Il ne suffit point cependant de connaître les formes des tissus et leur disposition dans la plante, on doit encore faire agir sur eux des réactifs révélant la nature chimique du contenu des cellules. Après avoir reconnu les formes des corps, les élèves se rendent compte de l'action des principaux réactifs. Ils appliquent l'iode, l'alcool, la potasse, les couleurs d'aniline, etc.; éclaircissent les préparations avec les liquides appropriés, les montent et les conservent dans la glycérine, le chlorure de calcium, le baume du Canada.

En outre des notions d'anatomie générale que les élèves viennent acquérir au laboratoire, ils étudient plus spécialement la structure des principales plantes agricoles, l'organisation, l'appareil végétatif et la reproduction des champignons parasites qui attaquent les végétaux cultivés.

Les jardins et les herborisations fournissent les matériaux de travail qui, autant que possible, sont étudiés à l'état frais. Pour la mauvaise saison, qui ne permet pas de les recueillir au dehors, on conserve des échantillons dans les herbiers et collections du laboratoire.

JARDIN BOTANIQUE. — Le Jardin Botanique, créé en 1872, comprend 1,200 plantes choisies parmi celles qui expriment le mieux le caractère de notre flore indigène. Ces plantes appartiennent à la région de l'olivier, à la zone littorale et aux basses montagnes du département de l'Hérault.

Le Jardin Botanique est disposé en plates-bandes parallèles. Planté d'abord suivant l'ordre de la classification de De Candolle, cette disposition a été modifiée depuis quelque temps conformément aux progrès réalisés par la morphologie florale.

TABLEAU DE LA CLASSIFICATION.

- Plantes vasculaires.
  - Phanérogames.
    - Angiospermes
      - Dicotylédones. . .
        - Thalamiflores.
        - Caliciflores.
        - Corolliflores.
        - Monochlamydées.
      - Monocotylédones.
        - pétaloïdes.
        - glumacées.
    - Gymnospermes. — Gnétacées, Conifères.
  - Cryptogames. — Isoétées, Marsiliacées, Équisétacées, Fougères.

Thalamiflores.

RENONCULACÉES.

Clematis Flammula L.

— Vitalba L.

Thalictrum mediterraneum Jordan.

— expansum Jordan.

Anemone coronaria L.

Adonis autumnalis L.

— flammea Jacquin.

Myosurus minimus L.

Ceratocephalus falcatus Persoon.

Ranunculus trichophyllus Chaix.

— gramineus L.

— Flammula L.

— acris L.

— repens L.

— bulbosus L.

Ranunculus albicans Jordan.

— flabellatus Desf.

— philonotis Ehrart.

— arvensis L.

— muricatus L.

— sceleratus L.

Ficaria ranunculoides Mœnch.

Helleborus fœtidus L.

Nigella damascena L.

— gallica Jordan.

Delphinium pubescens DC.

— Staphysagria L.

Pæonia peregrina Miller.

NYMPHÉACÉES.

Nuphar luteum Smith.

BERBÉRIDÉES.

Berberis vulgaris L.

PAPAVÉRACÉES.

Papaver silvestre Daléchamps.
— Argemone L.
— Rhæas L.
— dubium L.
— hybridum L.
Rœmeria hybrida DC.
Glaucium luteum Scopoli.
— corniculatum Curtis.
Chelidonium majus L.
Hypecoum procumbens L.

FUMARIACÉES.

Fumaria major Badarro.
— capreolata L.
— officinalis L.
— Vaillantii Loiseleur.
— parviflora Lamk.
— spicata L.

CRUCIFÈRES.

Raphanus Raphanistrum L.
— Landra Moretti.
Sinapis alba L.
— arvensis L.
Brassica nigra Koch.
— orientalis L.
— humilis DC.
Eruca sativa Lamk.
Hirschfeldia adpressa Mœnch.
Diplotaxis tenuifolia DC.
— muralis DC.
— viminea DC.
— erucoides DC.
Erucastrum obtusangulum Reichb.
Cheiranthus Cheiri L.
Matthiola sinuata R. Br.
Matthiola incana R. Br.
Malcolmia littorea R. Br.
Sisymbrium polyceratium L.
— Alliaria Scopoli.
— Irio L.
— officinale Scopoli.
— Columnæ Jacquin.
— Thalianum Gay.
Nasturtium officinale R. Br.
— amphibium R. Br.
— stenocarpum Godron.
Barbarea stricta Andrzeiowsky.
Cardamine hirsuta L.
Arabis hirsuta Scopoli.
Alyssum spinosum L.
— maritimum Lamk.
— campestre L.
— calycinum L.
Clypeola Jonthlaspi L.
Draba verna L.
— muralis L.
Myagrum perfoliatum L.
Neslia paniculata Desvaux.
Calepina Corvini Desvaux.
Bunias Erucago L.
Isatis tinctoria L.
Biscutella lœvigata L.
Iberis pinnata L.
Thlaspi perfoliatum L.
— Bursa-pastoris L.
Hutchinsia petræa R. Br.
Lepidium campestre R. Br.
— hirtum DC.
— ruderale L.
— graminifolium L.
— latifolium L.
— Draba L.
Senebiera coronopus Pourret.
— pinnatifida DC.
Rapistrum rugosum Allioni.
Cakile maritima Scopoli.

CISTINÉES.

Cistus ladanifer L.
— laurifolius L.
— albidus L.
— crispus L.
— salvifolius L.
— monspeliensis L.
— Ledou Lamk.
Helianthemum vulgare Gœrtner.
— hirtum Persoon.
— guttatum Miller.
— canum Dunal.
— pulverulentum DC.
— procumbens Dunal.
— salicifolium Pers.
— Fumana Dunal.

VIOLARIÉES.

Viola odorata L.
— sepincola Jordan.
Reichenbachiana Jordan.
— nemausensis Jordan.
— scotophylla Jordan.

RÉSÉDACÉES.

Reseda Phyteuma L.
— alba L.
— lutea L.
— luteola L.

POLYGALÉES.

Polygala monspeliaca L.

FRANKÉNIACÉES.

Frankenia lœvis L.

CARYOPHYLLÉES.

Cucubalus baccifer L.
Silene inflata Smith.
— conica L.
Silene gallica L.
— muscipula L.
— nocturna L.
— italica Persoon.
— Otites Smith.
Lychnis Flos-cuculi L.
— dioica DC.
— Githago Lamk.
Saponaria officinalis L.
— Vaccaria L.
— ocymoides L.
Dianthus prolifer L.
— Armeria L.
— longicaulis Tenore.
Velezia rigida L.
Sagina apetala L.
Buffonia macrosperma Gay.
Alsine tenuifolia Crantz.
Arenaria leptoclados Gussone.
Stellaria media Villars.
Cerastium glomeratum Thuillier.
— glutinosum Fries.
Spergularia rubra Persoon.
— marginata Boreau.

PARONYCHIÉES.

Paronychia nivea DC.
Polycarpon tetraphyllum L.
Herniaria hirsuta L.
— incana Lamk.

LINNÉES.

Linum glandulosum Mœnch.
— gallicum L.
— strictum L.
— maritimum L.
— tenuifolium L.
— suffruticosum L.
— narbonense L.
— angustifolium Hudson.
— usitatissimum L.

Linum catharticum L.

TILIACÉES.

Tilia platyphylla Scopoli.

MALVACÉES.

Lavatera maritima Gouan.
Malva silvestris L.
— rotundifolia L.
— nicæensis Allioni.
— parviflora L.
Althæa officinalis L.
— cannabina L.
— narbonensis Pourret.
— hirsuta L.

GÉRANIACÉES.

Geranium sanguineum L.
— columbinum L.
— dissectum L.
— pyrenaicum L.
— molle L.
— rotundifolium L.
— purpureum Villars.
Erodium malacoides Willdenow.
— ciconium Willdenow.
— moschatum L'Héritier.
Erodium cicutarium L'Héritier.
— romanum Willdenow.
— petræum Willdenow.

HYPÉRICINÉES.

Hypericum perforatum L.
— tetrapterum Fries.
— tomentosum L.

ACÉRINÉES.

Acer monspessulanum L.

AMPÉLIDÉES.

Vitis vinifera L.

OXALIDÉES.

Oxalis corniculata L.

ZYGOPHYLLÉES.

Tribulus terrestris L.

RUTACÉES.

Ruta montana Lœffling.
— angustifolia Persoon.

CORIARIÉES.

Coriaria myrtifolia L.

Caliciflores.

CÉLASTRINÉES.

Evonymus europæus L.

ILICINÉES.

Ilex Aquifolium L.

RHAMNÉES.

Paliurus aculeatus DC.
Rhamnus Alaternus L.
— infectoria L.

TÉRÉBINTHACÉES.

Pistacia Lentiscus L.
— Terebinthus L.
Rhus Coriaria L.
Cneorum tricoccum L.

LÉGUMINEUSES-PAPILIONACÉES.

Anagyris fœtida L.
Ulex parviflorus Pourret.
Calycotome spinosa Link.

Spartium junceum L.
Genista pilosa L.
— tinctoria L.
— Scorpius DC.
Cytisus sessilifolius L.
— candicans DC.
Argyrolobium Linnæanum Walp.
Lupinus hirsutus L.
— reticulatus Desvaux.
Ononis ramosissima Desfontaines.
— natrix L.
— repens L.
— campestris Koch et Ziz.
— pubescens L.
— Columnæ Allioni.
— minutissima L.
Anthyllis Vulneraria L.
— tetraphylla L.
Medicago lupulina L.
— falcato-sativa Reichb.
— falcata L.
— sativa L.
— orbicularis Allioni.
— scutellata Allioni.
— leiocarpa Bentham.
— denticulata Willdenow.
— disciformis DC.
— apiculata Willdenow.
— maculata Willdenow.
— minima Link.
— marina L.
— littoralis Rhode.
— Gerardi Willdenow.
— muricata Godr. et Gren.
Trigonella Fœnum-græcum L.
— gladiata Steven.
— monspeliaca L.
— corniculata L.
Melilotus parviflora Desfontaines.
— italica Lamk.
— sulcata Desfontaines.
Melilotus alba Lamk.
— arvensis Wallroth.
— altissima Thuillier.
Trifolium stellatum L.
— Molinerii Balbis.
— angustifolium L.
— purpureum Loiseleur.
— rubens L.
— Cherleri L.
— pratense L.
— ochroleucum L.
— maritimum Hudson.
— lappaceum L.
— arvense L.
— striatum L.
— scabrum L.
— subterraneum L.
— fragiferum L.
— resupinatum L.
— tomentosum L.
— repens L.
— nigrescens Viviani.
— campestre Schreber.
Dorycnium suffruticosum Villars.
— gracile Jordan.
Tetragonolobus siliquosus Roth.
Lotus rectus L.
— hirsutus L.
— corniculatus L.
— angustissimus L.
— major Scopoli.
— decumbens Poiret.
Astragalus sesamens L.
— Stella Gouan.
— hamosus L.
— incanus L.
— monspessulanus L.
— narbonensis Gouan.
Colutea arborescens L.
Glycyrrhiza glabra L.
Psoralea bituminosa L.

Vicia sativa L.
— angustifolia Allioni.
— amphicarpa Dorthes.
— lutea L.
— hybrida L.
— narbonensis L.
— pannonica Jacquin.
— onobrychioides L.
— sepium L.
— peregrina L.
— Cracca argentea Coss. et G.
— Cracca L.
Ervum hirsutum L.
— tetraspermum L.
Pisum arvense L.
Lathyrus Aphaca L.
— Ochrus DC.
— Clymenum L.
— Nissolia L.
— hirsutus L.
— Cicera L.
— annuus L.
— pratensis L.
— tuberosus L.
— ensifolius Badaro.
— angulatus L.
— inconspicuus L.
— setifolius L.
— sphæricus Retz.
Orobus niger L.
— tuberosus L.
Scorpiurus subvillosa L.
Coronilla glauca L.
— Emerus L.
— minima L.
— varia L.
— scorpioides Koch.
Ornithopus compressus L.
Hippocrepis glauca Tenore.
— unisiliquosa L.
— ciliata Willdenow.

Hedysarum humile L.
— capitatum Desfontaines
Onobrychis sativa Lamk.
— caput-galli Lamk.
— supina DC.

LÉGUMINEUSES-CÉSALPINIÉES.

Cercis siliquastrum L.

AMYGDALÉES.

Prunus spinosa L.
— fruticans Reichenbach.
Cerasus Mahaleb Miller.

ROSACÉES.

Spiræa Filipendula L.
Geum urbanum L.
Potentilla hirta L.
— verna L.
— reptans L.
— Fragariastrum Ehrart.
Fragaria collina Ehrart.
— vesca L.
Rubus cœsius L.
— tomentosus Borckh.
— collinus DC.
— discolor Weihe et Nees.
Rosa myriacantha DC.
— Pouzini Trattinick.
— sempervirens L.
— sepium Thuillier.
— rubiginosa L.
— canina L.
— micrantha Smith.
Agrimonia Eupatoria L.

SANGUISORBÉES.

Poterium muricatum Spach.
— Magnolii Spach.
Sanguisorba officinalis L.
Alchemilla arvensis Scopoli.

POMACÉES.

Cratægus monogyna Jacquin.
— ruscinonensis Gren. et Bl.
Amelanchier vulgaris Mœnch.
Pyrus amygdaliformis Villars.
Sorbus torminalis Crantz.

GRANATÉES.

Punica Granatum L.

ONAGRARIÉES.

Epilobium tetragonum L.
— parviflorum Schreber.
— hirsutum L.
Œnothera biennis L.
Jussiæa grandiflora Michaux.

HIPPURIDÉES.

Hippuris vulgaris L.

LYTHRARIÉES.

Lythrum Salicaria L.
— Hyssopifolia L.

TAMARICINÉES.

Tamarix africana Poiret.
— gallica L.

CUCURBITACÉES.

Bryonia dioica Jacquin.
Momordica Elaterium L.

PORTULACÉES.

Portulaca oleracea L.

CRASSULACÉES.

Crassula Magnolii DC.
Sedum anopetalum DC.
— album L.
— acre L.
Sedum dasyphyllum L.
— nicæense Allioni.
Umbilicus pendulinus DC.

GROSSULARIÉES.

Ribes Uva-crispa L.

SAXIFRAGÉES.

Saxifraga tridactylites L.

OMBELLIFÈRES.

Daucus Carota L.
— maritimus Lamk.
Orlaya platycarpos Koch.
— grandiflora Hoffmann.
Turgenia latifolia Hoffmann.
Caucalis daucoides L.
Torilis helvetica Gmelin.
— nodosa Gœrtner.
Bifora testiculata DC.
— radians Bieberstein.
Thapsia villosa L.
Laserpitium gallicum L.
Anethum graveolens L.
Peucedanum officinale L.
Ferula nodiflora L.
Opopanax Chironium Koch.
Tordylium maximum L.
Pastinaca pratensis Jordan.
Crithmum maritimum L.
Silaus pratensis Besser.
Seseli tortuosum L.
— montanum L.
— elatum L.
Fœniculum officinale Allioni.
Œnanthe fistulosa L.
— Lachenalii Gmelin.
— globulosa L.
— pimpinelloides L.
Bupleurum protactum Link et Hoff.

Bupleurum rigidum L.
— junceum L.
— fruticosum L.
Berula angustifolia Koch.
Pimpinella Saxifraga L.
— peregrina L.
Ægopodium Podagraria L.
Bunium Bulbocastanum L.
Ammi majus L.
— Visnaga Lamk.
Sison Amomum L.
Falcaria Rivini Host.
Helosciadium nodiflorum Koch.
Trinia vulgaris DC.
Apium graveolens L.
Scandix Pecten-Veneris L.
— australis L.
Anthriscus silvestris Hoffmann.
Echinophora spinosa L.
Smyrnium Olusatrum L.
Cachrys lævigata Lamk.
Hydrocotyle vulgaris L.
Eryngium maritimum L.
— campestre L.

HÉDÉRACÉES.

Hedera Helix L.

CORNÉES.

Cornus sanguinea L.
— mas L.

CAPRIFOLIACÉES.

Sambucus Ebulus L.
Viburnum Tinus L.
Lonicera implexa Aiton.
— etrusca Santi.

RUBIACÉES.

Rubia peregrina L.
— tinctorum L.
Galium verum L.
— elatum Thuillier.
— erectum Hudson.
— dumetorum Jordan.
— corrudæfolium Villars.
— Aparine L.
— tricorne L.
Vaillantia muralis L.
Asperula galioides Marschal-Bieb.
— cynanchica L.
Sherardia arvensis L.
Crucianella angustifolia L.
— maritima L.

VALÉRIANÉES.

Centranthus Lecoquii Jordan.
— ruber DC.
— Calcitrapa Dufresne.
Valerianella olitoria Pollich.
— echinata DC.
Valeriana tuberosa L.

DIPSACÉES.

Dipsacus silvestris Miller.
Cephalaria leucantha Schrader.
Knautia hybrida Coulter.
— arvensis Koch.
Scabiosa stellata L.
— maritima L.
— Gramuntia L.
— Succisa L.

COMPOSÉES-CORYMBIFÈRES.

Eupatorium cannabinum L.
Tussilago Farfara L.
Solidago Virga-aurea L.
Linosyris vulgaris DC.
Phagnalon sordidum DC.
Coniza ambigua DC.
Erigeron canadensis L.
— acris L.

Aster acris L.
— Tripolium L.
Bellis annua L
— perennis L.
— silvestris Cyrillo.
Senecio vulgaris L.
— viscosus L.
— gallicus Chaix.
— erucifolius L.
— erraticus Bertoloni.
— Doria L.
Artemisia vulgaris L.
— campestris L.
— gallica Willdenow.
Chrysanthemum Leucanthemum L.
— graminifolium L.
— Parthenium Pers.
— corymbosum L.
— segetum L.
Anthemis arvensis L.
— cotula L.
— maritima L.
Cota altissima Gay.
Anacyclus radiatus Loiseleur.
— tomentosus Persoon.
Diotis candidissima Desfontaines.
Santolina squarrosa Willdenow.
Achillea Millefolium L.
— Ageratum L.
— odorata L.
Bidens bipinnata L.
Asteriscus aquaticus Lessing.
— spinosus Gren. et Godr.
Inula Conyza DC.
— squarrosa L.
— montana L.
— crithmoides L.
Pulicaria dysenterica Gœrtner.
Cupularia graveol. Godr. et Grenier.
— viscosa Godr. et Grenier.
Jasonia tuberosa Godr. et Grenier.
Helichrysum Stœchas DC.
Gnaphalium luteo-album L.
Filago spatulata Presl.
— germanica L.
— gallica L.
Calendula arvensis L.

COMPOSÉES-CYNAROCÉPHALES.

Echinops Ritro L.
Tyrimnus leucographus Cassini.
Galactites tomentosa Mœnch.
Silybum Marianum Gœrtner.
Onopordum Acanthium L.
— virens DC.
— illyricum L.
Cinara Cardunculus L.
Picnomon Acarna Cassini.
Cirsium ferox DC.
— lanceolatum Scopoli.
— monspessulanum Allioni.
— bulbosum DC.
— acaule Allioni.
— arvense Scopoli.
Carduus tenuiflorus Curtis.
— pycnocephalus L.
— hamulosus Ehrart.
— nigrescens Villars.
Carduncellus monspeliensium All.
Centaurea amara L.
— Jacea L.
— pectinata L.
— pullata L.
— Cyanus L.
— montana L.
— Scabiosa L.
— collina L.
— paniculata L.
— aspera L.
— Calcitrapa L.
— melitensis L.
— solstitialis L.

Centrophyllum lanatum DC.
Microlonchus salmanticus DC.
Cnicus benedictus L.
Crupina vulgaris Cassini.
Serratula tinctoria L.
Leuzea conifera DC.
Stœhelina dubia L.
Carlina vulgaris L.
— lanata L.
— corymbosa L.
Lappa minor DC.
Xeranthemum inapertum Willden.
— cylindraceum Sibth.

COMPOSÉES-CHICORACÉES.

Catananche cærulea L.
Cichorium Intybus L.
Tolpis barbata Gœrtner.
Hedypnois cretica Willdenow.
Rhagadiolus stellatus DC.
Lampsana communis L.
Hypochœris radicata L.
— glabra L.
Thrincia hirta Roth.
— hispida Roth.
— tuberosa DC.
Leontodon proteiforme Villars.
— crispum Villars.
— Villarsii Loiseleur.
Picris hieracioides L.
Helminthia echioides Gœrtner.
Urospermum Dalechampii Desfont.
— picrioides Desfont.
Scorzonera parviflora Jacquin.
Podospermum laciniatum DC.
Trapopogon australe Jordan.
— pratense L.
— majus Jacquin.
Chondrilla juncea L.
Taraxacum obovatum DC.
— lævigatum DC.
Taraxacum officinale Wiggers.
Lactuca viminea Link.
— saligna L.
— virosa L.
— Scariola L.
— perennis L.
Sonchus oleraceus L.
— asper Allioni.
— tenerrimus L.
— maritimus L.
Picridium vulgare Desfontaines.
Pterotheca sancta Loret.
Crepis taraxacifolia Thuillier.
— fœtida L.
— pulchra L.
— bulbosa Cassini.
— virens Villars.
Hieracium præaltum Villars.
— Pilosella L.
— Jaubertianum Timb. et L.
— umbellatum L.
— stelligerum Frœlich.
Andryala sinuata L.
Scolymus hispanicus L.
— maculatus L.

AMBROSIACÉES.

Xanthium strumarium L.
— macrocarpum DC.
— spinosum L.

CAMPANULACÉES.

Jasione montana L.
Campanula Erinus L.
— glomerata L.
— speciosa Pourret.
— rapunculoides L.
— Rapunculus L.
— rotundifolia L.
Specularia Speculum A. DC.

ERICINÉES.

Arbutus Unedo L.
Calluna vulgaris Salisbury.
Erica cinerea L.
Erica scoparia L.
— arborea L.
— multiflora L.

Corolliflores.

PRIMULACÉES.

Primula officinalis Jacquin.
Asterolinum stellatum Link.
Lysimachia vulgaris L.
— Nummularia L.
Coris monspeliensis L.
Anagallis arvensis L.
Samolus Valerandi L.

JASMINÉES.

Jasminum fructicans L.
Ligustrum vulgare L.
Phillyrea angustifolia L.

APOCYNÉES.

Vinca minor L.
— major L.
— acutiflora Bertoloni.
Cynanchum monspeliacum L.
Vincetoxicum officinale Mœnch.
— nigrum Mœnch.

GENTIANÉES.

Erythræa Centaurium Persoon.
— pulchella Fries.
Chlora perfoliata L.
— imperfoliata Linné fils.
Villarsia nymphoides Ventenat.

CONVOLVULACÉES.

Convolvulus sepium L.
— arvensis L.
— Cantabrica L.
— lineatus L.
— Soldanella L.

BORRAGINÉES.

Cerinthe aspera Roth.
Borrago officinalis L.
Symphytum officinale L.
— tuberosum L.
Anchusa italica Retzius.
Lycopsis arvensis L.
Nonnea alba DC.
Alkanna tinctoria Tausch.
Onosma echioides L.
Lithospermum fruticosum L.
— officinale L.
— arvense L.
— apulum Vahl.
— purp.-cœruleum L.
Echium vulgare L.
— plantagineum L.
— italicum L.
Myosotis cœspitosa Schultz.
— versicolor Persoon.
— hispida Schlechtendal.
— intermedia Link.
Echinospermum Lappula Lehmann.
Cynoglossum cheirifolium L.
— pictum Aïton.
— officinale L.
— montanum Lamk.
Asperugo procumbens L.
Heliotropium europæum L.

SOLANÉES.

Lycium barbarum L.
— europæum L.
Solanum villosum Lamk.
— nigrum L.

Solanum miniatum Bernhardi.
— Dulcamara L.
Datura Stramonium L.
Hyoscyamus albus L.
— niger L.
Verbascum pulverulentum Villars.
— sinuatum L.
— maiale DC.
— Chaixi Villars.
— Blattaria L.

Scrophularinées.

Scrophularia aquatica L.
— canina L.
— peregrina L.
Antirrhinum majus L.
— Orontium L.
Anarrhinum bellidifolium Desfont.
Linaria Cymbalaria Miller.
— spuria Miller.
— Elatine Desfontaines.
— supina Desfontaines.
— græca Chavannes.
— simplex DC.
— Pelliceriana Miller.
— arvensis Desfontaines.
— striata DC.
— minor Desfontaines.
— rubrifolia Robill. et Cast.
Gratiola officinalis L.
Veronica Teucrium L.
— Chamædrys L.
— Beccabunga L.
— Anagallis L.
— officinalis L.
— arvensis L.
— Buxbaumii Tenore.
— polita Fries.
— hederæfolia L.
— Cymbalaria Bodard.

Labiées.

Lavandula Stœchas L.
— vera DC.
— latifolia Villars.
Mentha rotundifolia L.
— silvestris L.
— Pulegium L.
— aquatica L.
Preslia cervina Fresenius.
Lycopus europæus L.
Origanum vulgare L.
Thymus vulgaris L.
— Serpyllum L.
Satureia montana L.
Calamintha officinalis Mœnch.
— Nepeta Savi.
— Acinos Clairv.
Clinopodium vulgare L.
Rosmarinus officinalis L.
Salvia officinalis L.
— Sclarea L.
— pratensis L.
— Clandestina L.
— Verbenaca L.
— verticillata L.
Glechoma hederacea L.
Nepeta Cataria L.
Lamium amplexicaule L.
— purpureum L.
— flexuosum Tenore.
Galeopsis angustifolia Ehrart.
— Tetrahit L.
Stachys germanica L.
— palustris L.
— recta L.
— annua L.
Betonica officinalis L.
Ballota fœtida Lamk.
Phlomis Lychnitis L.
— Herba-venti L.
Sideritis romana L.

Sideritis scordioides L.
Marrubium vulgare L.
Brunella hyssopifolia L.
— alba Pallas.
— vulgaris L.
Ajuga Iva Schreber.
— reptans L.
— Chamæpitys Schreber.
Teucrium Scordium L.
— Botrys L.
— Chamædrys L.
— Polium L.

VERBÉNACÉES.

Verbena officinalis L.

PLANTAGINÉES.

Plantago major L.
— Cornuti Gouan.
— Coronopus L.

Plantago crassifolia Forskal.
— serpentina Allioni.
— Lagopus L.
— albicans L.
— lanceolata L.
— Psyllium L.
— arenaria Waldst et Kitaib.
— Cynops L.

PLOMBAGINÉES.

Statice echioides L.
— serotina Reichenbach.
— virgata Willdenow.
— Girardiana Gussone.
— bellidifolia Gouan.
Plumbago europæa L.

GLOBULARIÉES.

Globularia vulgaris L.
— Alypum L.

Monochlamydées.

AMARANTACÉES.

Amarantus deflexus L.
— ascendens Loiseleur.
— silvestris Desfontaines.
— Delilei Richter et Loret
— albus L.

CHÉNOPODÉES.

Polycnemum arvense L.
Atriplex hortensis L.
— laciniata L.
— patula L.
— hastata L.
— rosea L.
— crassifolia Meyer.
— Halimus L.
Obione portulacoides Moq.-Tandon
Beta maritima L.
Chenopodium ambrosioides L.
— Botrys L.
— Vulvaria L.
— album L.
— urbicum L.
— opulifolium Schrader
— murale L.
Kochia prostrata Schrader.
Camphorosma monspeliaca L.
Corispermum hyssopifolium L.
Salicornia fruticosa L.
Suæda fruticosa Forskal.
Salsola Soda L.
— Kali L.

POLYGONÉES.

Rumex pulcher L.
— conglomeratus Murray.

Rumex crispus L.
— Hydrolapathum Hudson.
— bucephalophorus L.
— tingitanus L.
— scutatus L.
— Acetosa L.
— intermedius DC.
— Acetosella L.
Polygonum Convolvulus L.
— Hydropiper L.
— Persicaria L.
— amphibium L.
— aviculare L.

DAPHNOIDÉES.

Daphne Gnidium L.
Stellera Passerina L.
Passerina Thymelæa L.

LAURINÉES.

Laurus nobilis L.

SANTALACÉES.

Osyris alba L.

ARISTOLOCHIÉES.

Aristolochia Clematitis L.
— longa L.
— Pistolochia L.
— rotunda L.

EUPHORBIACÉES.

Euphorbia Chamæsice L.
— stricta L.
— helioscopia L.
— palustris L.
— pubescens Desfontaines.
— nicæensis Allioni.
— platyphylla L.
— flavicoma DC.
Euphorbia amygdaloides L.
— Characias L.
— Gerardiana Jacquin.
— exigua L.
— serrata L.
— Paralias L.
— Esula L.
— Cyparissias L.
— falcata L.
— segetalis L.
— Peplus L.
Mercurialis annua L.
— tomentosa L.
Croton tinctorium L.
Buxus sempervirens L.

CELTIDÉES.

Celtis australis L.

MORÉES.

Ficus Carica L.

ULMACÉES.

Ulmus campestris L.

URTICÉES.

Urtica urens L.
— dioica L.
— pilulifera L.
Parietaria officinalis L.
Theligonum Cynocrambe L.

CANNABINÉES.

Humulus Lupulus L.

CUPULIFÈRES.

Castanea vulgaris Lamk.
Quercus pubescens Willdenow.
— Ilex L.
— coccifera L.

SALICINÉES.

Salix cinerea L.
Populus alba L.

BÉTULINÉES.

Alnus glutinosa Gœrtner.

Monocotylédones.

ALISMACÉES.

Alisma Plantago L.
— ranunculoides L.

COLCHICACÉES.

Colchicum longifolium Castagne.

LILIACÉES.

Tulipa Clusiana DC.
— Oculus-Solis Saint-Arnaud.
— præcox Tenore.
— silvestris L.
— gallica Loiseleur.
Uropetalum serotinum Gawler.
Scilla autumnalis L.
Ornithogalum narbonense L.
— divergens Boreau.
— tenuifolium Gussone
Gagea arvensis Schultes.
Allium vineale L.
— polyanthum Ræm. et Schul.
— sphærocephalum L.
— roseum L.
— pallens L.
— oleraceum L.
— rotundum L.
— moschatum L.
— nigrum L.
Muscari neglectum Gussone.
— comosum Miller.
Bellevalia romana Reichenbach.
Phalangium Liliago Schreber.
Asphodelus fistulosus L.
— cerasifer Gay.
Aphyllanthes monspeliensis L.

ASPARAGINÉES.

Asparagus acutifolius L.
— officinalis L.
— amarus DC.
Ruscus aculeatus L.
Smilax aspera L.

DIOSCORÉES.

Tamus communis L.

IRIDÉES.

Romulea ramiflora Tenore.
Iris lutescens Lamk.
— Chamæiris Bertoloni.
— germanica L.
— Pseudo-Acorus L.
— fœtidissima L.
— spuria L.
— Xyphium Ehrart.
Gladiolus segetum Gawler.
— communis L.

AMARYLLIDÉES.

Leucoium æstivum L.
Narcissus poeticus L.
— Tazetta L.
— juncifolius Lagasca.
— dubius Gouan.
Pancratium maritimum L.

ORCHIDÉES.

Limodorum abortivum Swartz.
Cephalanthera ensifolia A. Richard
Epipactis latifolia Allioni.
Serapias Lingua L.
Orchis hircina Crantz.

Orchis longibracteata Bivona-Bern.
— picta Loiseleur.
— fragrans Pollich.
— purpurea Hudson.
— laxiflora Lamk.
— palustris Jacquin.
— militaris L.
Ophrys tenthredinifera Willdenow.
— aranifera Hudson.
— lutea Cavanille.
— apifera Hudson.
— Scolopax Cavanille.

HYDROCHARIDÉES.

Hydrocharis morsus-ranæ L.

NAIADÉES.

Potamogeton natans L.

JONCAGINÉES.

Triglochin maritimum L.

LEMNACÉES.

Lemna minor L.

AROIDÉES.

Arum italicum Miller.

TYPHACÉES.

Typha angustifolia L.
— latifolia L.
Sparganium ramosum Hudson.

JONCÉES.

Juncus multiflorus Desfontaines.
— glaucus Ehrart.
— acutus L.
— maritimus Lamk.
— anceps Labarpe.
— effusus L.
— conglomeratus L.
Juncus lamprocarpus Ehrart.
— obtusiflorus Ehrart.
— striatus Schousboe.
— Duvalii Loret.
— compressus Jacquin.
— bufonius L.
Luzula campestris DC.

CYPÉRACÉES.

Cyperus longus L.
— badius Desfontaines.
— schœnoides Grisebach.
— flavescens L.
Schœnus nigricans L.
Cladium Mariscus R. Br.
Scirpus maritimus L.
— Holoschœnus L.
— lacustris L.
— littoralis Schrader.
— palustris L.
Carex divisa Hudson.
— setifolia Godron.
— vulpina L.
— muricata L.
— divulsa Goodenhoug.
— stricta Goodenhoug.
— glauca Scopoli.
— maxima Scopoli.
— Linkii Schkuhr.
— extensa Goodenhoug.
— tomentosa L.
— humilis Leysser.
— Halleriana Asso.
— distans L.
— pseudo-Cyperus L.
— paludosa Goodenhoug.
— riparia Curtis.
— hirta L.

GRAMINÉES.

Leersia oryzoides Solander.

Phalaris canariensis L.
— brachystachys Link.
— minor Retzius.
— paradoxa L.
— cœrulescens Desfontaines.
— nodosa L.
— arundinacea L.
Anthoxanthum adoratum L.
Chamagrostris minima Borkhausen
Crypsis schœnoides Lamk.
Phleum Bœhmeri Wibel.
— pratense L.
— arenarium L.
Alopecurus pratensis L.
— agrestis L.
— bulbosus Gouan.
Sesleria cœrulea Arduino.
Echinaria capitata Desfontaines.
Tragus racemosus Allioni.
Panicum glaucum L.
— viride L.
— Grus-galli L.
— verticillatum L.
— sanguinale L.
— Digitaria Laterrade.
Dactylon officinale Villars.
Spartina versicolor Fabre.
Andropogon Ischœmum L.
— Gryllus L.
— halepensis Sibth. et Sm.
Saccharum Ravennæ L.
— cylindricum Lamk.
Arundo Donax L.
— Phragmites L.
Psamma arenaria Rœmer et Schult.
Agrostis verticillata Villars.
— alba L.
— olivaterum Godr. et Gren.
Lasiagrostis Calamagrostis Link.
Sporobolus arenarius Duval-Jouve.
Milium paradoxum L.
Milium multiflorum Loiseleur.
— lendigerum L.
Polypogon monspeliense Desfont.
— maritimum Willdenow.
Lagurus ovatus L.
Stipa pennata L.
— juncea L.
— capillata L.
— Aristella L.
Aira canescens L.
— capillaris Gaudin.
— Cupaniana Gussone.
— media Gouan.
Avena sterilis L.
— barbata Brotero.
— pubescens L.
— pratensis L.
— bromoides Gouan.
— bulbosa Willdenow.
— elatior L.
— flavescens L.
Holcus lanatus L.
Kœleria cristata Persoon.
— villosa Persoon.
— valesiaca Gaud.
— phleoides Persoon.
Glyceria aquatica Wahlberg.
— convoluta Fries.
— distans Wahlenberg.
Schlerochloa dura P. de Beauvois.
Poa rigida L.
— annua L.
— bulbosa L.
— bulbosa vivipara.
— compressa L.
— pratensis L.
— trivialis L.
Eragrostis megastachya Link.
— pilosa P. de Beauvois.
— poæoides P. de Beauv.
Briza maxima L.

Briza minor L.
— media L.
Melica Magnolii Godron et Grenier
— Bauhini Allioni.
— minuta L.
Sphenopus Gouani Trinius.
Scleropoa maritima Parlatore.
— hemipoa Parlatore.
Dactylis littoralis Willdenow.
— glomerata L.
Molinia cœrulea Mœnch.
Danthonia decumbens DC.
Cynosurus echinatus L.
— cristatus L.
Vulpia sciuroides Gmelin.
— ciliata Link.
— uniglumis Parlatore.
Festuca heterophylla Lamk.
— ovina L.
— duriuscula L.
— rubra L.
— spectabilis Godron.
— arundinacea Schreber.
— pratensis Hudson.
Bromus tectorum L.
— sterilis L.
— maximus Desfontaines.
— madritensis L.
— rubens. L.
— erectus Hudson.
— arvensis L.
— commutatus Schrader.
— mollis L.
— squarrosus L.
Bromus macrostachys Desfontaines
Hordeum murinum L.
— secalinum Schreber.
— maritimum L.
Elymus crinitus Schreber.
Ægilops ovata L.
— triaristata Willdenow.
— triuncialis L.
— triticoides Requien.
Triticum monococcum L.
— villosum P. de Beauvois.
— repens L.
— campestre Godr. et Gren.
— acutum DC.
— junceum L.
— elongatum Host.
— littorale Host.
Brachypodium phœnicoides DC.
— pinnatum P. de B.
— ramosum Rœmer et Schultes.
— distachyon Rœmer et Schultes.
Lolium perenne L.
— italicum A. Braun.
— multiflorum Lamk.
— rigidum Gaudin.
— temulentum L.
Gaudinia fragilis P. de Beauvois.
Nardurus unilateralis Boissier.
Lepturus filiformis Trinius.
— incurvatus Trinius.
Psilurus nardoides Trinius.

Gymnospernes.

GNÉTACÉES.

Ephedra distachya L.

CONIFÈRES.

Pinus halepensis Miller.
Pinus Salzmanni Dunal.
Juniperus communis L.
— Oxycedrus L.
— phœnicea L.

Cryptogames vasculaires.

Isoétées.

Isoetes setacea Delile.

Marsiliacées.

Marsilia pubescens Tenore.

Equisétacées.

Equisetum ramosissimum Desfont.

Fougères.

Ceterach officinarum Willdenow.
Polypodium vulgare L.
Asplenium Ruta-muraria L.
— Trichomanes L.
Scolopendrium officinale Smith.
Pteris aquilina L.

Jardin dendrologique. — Les végétaux ligneux indigènes et exotiques, arbres, arbrisseaux et arbustes, sont groupés par familles sur un terrain d'une contenance de 1 hectare 50 ares disposé en jardin anglais.

Ils forment un arboretum ou jardin dendrologique comprenant environ 720 espèces ou variétés.

Les arbres exotiques qui redoutent le froid sont réunis sur des terrasses exposées au Midi, où les espèces les plus frileuses sont protégées dans leur jeune âge par des paillassons.

Ce mode de protection est insuffisant pour les orangers, qui, palissés contre un mur, passent l'hiver sous des châssis vitrés.

CATALOGUE MÉTHODIQUE

DES

ARBRES, ARBRISSEAUX ET ARBUSTES

CULTIVÉS A L'ÉCOLE D'AGRICULTURE

AVEC LEUR SYNONYMIE ET LEUR PATRIE

NOMS LATINS.	SYNONYMIE.	NOMS FRANÇAIS.	PATRIE.

Angiospermes.

DICOTYLÉDONES THALAMIFLORES.

Renonculacées.

Clematis cirrhosa L.	....	Clématite à vrilles.	Sicile. Espagne.
— Flammula L.	....	— Flamette.	Europe méridionale.
Variété : maritima.	Clematis maritima L.	— maritime.	—
Clematis montana Hamilton.	....	— des montagnes.	Népaul.
— Vitalba L.	....	— commune. Herbe aux gueux.	Europe.
Pæonia Moutan L.	Pæonia arborea Hort.	Pivoine en arbre.	Chine.

Magnoliacées.

Liriodendron tulipifera L.	....	Tulipier de Virginie.	Amérique septentrionale.
Magnolia grandiflora Michx. fils	....	Magnolia à grandes fleurs.	Amériq. septent. Caroline.
Variétés : ferruginea.	....	— à feuilles ferrugineuses.	—
— præcox.	....	— précoce.	—
— rotundifolia.	....	— à feuilles rondes.	—
Magnolia Yulan L.	Magnolia conspicua Salisb.	— Yulan.	Chine.

Anonacées.

Anona triloba Michaux fils.	Asimina triloba Dunal.	Anona trilobé.	Amériq. septent. Floride.

Ménispermées.

Akebia quinata Decaisne.	Rajania quinata Thunberg.	Akebia à cinq feuilles.	Japon.

Berbéridées.

Berberis Darwini Hooker.	....	Berberis de Darwin.	Chili.
— dulcis Sweet.	....	— à fruits doux.	Magellan.
— Hookeri Hort.	Berberis dealbata Lindley.	— de Hooker.	Mexique septentrional.
— vulgaris L.	....	— commun. Epine vinette.	Europe.
Variété : foliis purpureis.	....	— — à feuilles pourpres.	—
Mahonia Aquifolium Nuttal.	Berberis Aquifolium Pursh	Mahonia à feuilles de Houx.	Amérique septentrionale.
— japonica DC.	....	— du Japon.	Japon.
Variétés : Fortunei.	Mahonia Fortunei Lindley.	— de Fortune.	—
— intermedia.	— intermedia Hort.	— intermédiaire.	—
Nandina domestica Thunberg.	....	— domestique.	Chine et Japon.

Bixacées.

Idesia polycarpa Maximowicz.	Polycarpa Maximowiczi H^rt	Idesia à fruits nombreux.	Japon.

Capparidées.

Capparis spinosa L.	....	Caprier épineux.	Région méditerranéenne.
Variété : inermis.	....	— sans épines.	—

NOMS LATINS.	SYNONYMIE.	NOMS FRANÇAIS.	PATRIE.
		Cistinées.	
Cistus albidus L.	....	Ciste blanchâtre. Ciste cotonneux.	Europe méridionale.
— creticus L.	....	— de Crète.	Crète. Orient.
— crispus L.	....	— à feuilles crispées.	Europe méridionale.
— ladaniferus L.	....	— ladanifère.	—
— laurifolius L.	....	— à feuilles de Laurier.	—
— Ledon Lamk.	Hybride entre le Cistus monspeliensis et le Cistus laurifolius.	— Lédon.	—
— monspeliensis L.	....	— de Montpellier.	—
— purpureus Lamk.	....	— à fleurs pourpres.	Orient.
— salviæfolius L.	....	— à feuilles de Sauge.	Europe méridionale.
		Malvacées.	
Hibiscus syriacus L.	....	Ketmie de Syrie. Guimauve en arbre.	Syrie.
Variétés : flore albo.	....	— à fleurs blanches.	—
— flore roseo.	....	— — roses.	—
		Sterculiacées.	
Sterculia platanifolia L.	....	Sterculier à feuilles de Platane.	Chine.
		Tiliacées.	
Tilia argentea Hort.	Tilia rotundifolia Ventenat.	Tilleul argenté.	Hongrie.

— canadensis Michaux.	— americana L.	— du Canada.	Amérique septentrionale.
— grandifolia Ehrhart.	— platyphylla Scopoli.	— à grandes feuilles.	Europe.
— parvifolia Ehrhart.	— microphylla Ventenat.	— à petites feuilles.	—

Camelliacées.

Camellia japonica L [1].	....	Camellia du Japon.	Japon.

Aurantiacées.

Citrus aurantium Risso [2].	....	Oranger.	Chine méridionale.
— deliciosa Tenore [2].	....	Mandarinier.	Chine.
— Limonium Risso [2].	....	Citronnier.	Chine méridionale.
— trifoliata L.	Citrus triptera Desfontaines Pseudœgle sepiaria Miquel. Ægle sepiaria DC.	Oranger à trois feuilles.	Japon.

Hypéricinées.

Androsœmum officinale Allioni	....	Androsème officinale. Toute-Saine.	Europe.
Hypericum calycinum L.	....	Millepertuis à grandes fleurs.	Orient.
— hircinum L.	....	— fétide.	Europe méridionale.

Acérinées.

Acer campestre L.	....	Erable champêtre.	Europe.
— monspessulanum L.	....	— de Montpellier.	Europe méridionale.
— neapolitanum Tenore.	....	— de Naples.	Italie. Algérie.

[1] A l'abri pendant l'été. — [2] Palissés contre un mur, les Orangers passent l'hiver sous des châssis vitrés.

NOMS LATINS.	SYNONYMIE.	NOMS FRANÇAIS.	PATRIE.
Acer Negundo Michaux fils.	Negundo fraxineum Nuttal.	Erable Negundo. Negundo à feuilles de Frêne.	Amérique septentrionale.
Variétés : variegata.	....	Erable Negundo à feuilles panachées.	—
— integrifolia.	....	— — entières.	—
Acer opulifolium Villars.	....	Erable à feuilles d'Obier.	Europe méridionale.
— platanoides L.	....	— faux-Platane. Plane.	Europe.
— Pseudo-Platanus L.	....	— Sycomore. Sycomore.	—
Variété : atropurpureum.	....	— à feuilles pourpres	—
Acer rubrum L.	....	— rouge.	Amérique septentrionale.
— saccharinum Michaux fils.	....	— à sucre.	—
		Hippocastanées.	
Æsculus californica Nuttal.	Calothyrsus californ. Spach	Pavia de Californie.	Californie.
— Hippocastanum L.	Hippocastanum vulgare Tournefort.	Marronnier d'Inde commun. Marronnier d'Inde.	Grèce.
Variété : flore pleno.	....	Marronnier à fleurs doubles.	—
Æsculus rubicunda Loiseleur.	....	— rubicond.	?
Pavia macrostachya DC.	Macrothyrsus discolor Spach	Pavia à longs épis. Pavia nain.	Amérique septentrionale.
— rubra Lamk.	Pavia Michauxii Spach.	— à fleurs rouges. Pavia.	—
		Sapindacées.	
Kœlreuteria paniculata Laxm.	Sapindus Sinensis L.	Kœlreuteria paniculé. Savonnier de la Chine.	Chine.
Xanthoceras sorbifolia Bunge.	....	Xanthoceras à feuilles de Sorbier.	—

		Méliacées.	
Cedrela sinensis A. Juss.	Ailanthus flavescens Carr.	Cedrela de la Chine.	Chine.
Melia arguta DC.	....	Melia à fruits allongés.	Iles Moluques.
— Azedarach Cavanilles.	....	— Azedarach. Lilas des Indes. Arbre à chapelets.	Asie.
		Ampélidées.	
Ampelopsis hederacea DC.	....	Ampelopsis Vigne Vierge. Vigne Vierge	Amérique boréale.
Cissus orientalis Lamk.	....	Cissus d'Orient.	Orient.
Vitis vinifera L.	....	Vigne vinifère. Lambrusque.	Europe et Asie.
		Diosmées.	
Choisya ternata H.B.K.	....	Choisya à feuilles ternées.	Mexique.
		Zanthoxylées.	
Zanthoxylum Bungei E. Planch.	....	Zanthoxylum de Bunge.	Chine.
— fraxinifolium Willdenow.	....	— à feuilles de Frêne. Clavalier à feuilles de Frêne.	Amérique septentrionale.
Zanthoxylum planispinum Siebold et Zuccarini.	....	Zanthoxylum à épines planes.	Japon.
		Coriariées.	
Coriaria myrtifolia L.	....	Corroyère à feuilles de Myrte. Redoul.	Europe méridionale.

NOMS LATINS.	SYNONYMIE.	NOMS FRANÇAIS.	PATRIE.
		DICOTYLÉDONES CALICIFLORES.	
		Célastrinées.	
Evonymus europæus L.	....	Fusain d'Europe. Bois carré.	Europe.
— japonicus Thunberg	....	— du Japon.	Japon.
Variétés : foliis albo-marginatis	....	— à feuilles panachées de blanc.	—
— foliis luteo-marginat.	....	— — de jaune.	—
— pulchellus.	Evonymus pulchellus Hort.	— élégant nain.	—
Evonymus latifolius Scopoli.	....	— à larges feuilles.	Europe.
— linifolius Hort.	Evonymus manus Bieb.	— à feuilles de Lin.	Caucase.
— radicans Siebold et Zuccarini.	....	— rampant.	Japon.
Variétés : foliis pictis.	....	— à feuilles panachées.	—
— tricolor.	....	— — tricolores.	—
— viridis.	....	— — vertes.	—
		Staphyléacées.	
Staphylea colchica Steudel.	....	Staphylier de Colchide.	Asie occidentale.
— pinnata L.	....	— à feuilles pennées. Faux Pistachier. Nez-coupé.	Europe australe.
— trifolia L.	....	Staphylier à feuilles trifoliolées.	Amérique boréale.
		Ilicinées.	
Ilex Aquifolium L.	....	Houx commun. Houx.	Europe.

Variétés : ferox.	....	— à feuilles épineuses.	—
— pendula.	....	— pleureur.	—
Ilex latifolia Thunberg.	Ilex macrophylla Blume.	— à larges feuilles.	Japon.
Variété : Tarajo.	— Tarajo Siebold.	— Tarajo.	—

Rhamnées.

Ceanothus americanus L.	....	Céanothe d'Amérique.	Amérique septentrionale.
— azureus Desf.	....	— azuré.	Mexique.
Variétés : carnea.	....	— Président Réveil.	—
— —	....	— Gloire de Versailles.	—
— —	....	— Souvenir de Lattes.	—
Colletia cruciata Gill. et Hook.	Colletia bictoniensis Lindley	Colletie à rameaux en croix.	Amérique méridion. Chili
— ulicina Gill. et Hook.	— Benthamiana Hort.	— faux-Ajonc.	—
Paliurus australis Gærtner.	Paliurus aculeatus Lamk.	Paliure piquant. Paliure.	Europe méridionale.
Rhamnus Alaternus L.	....	Nerprun Alaterne. Alaterne.	—
— californicus Eschsch.	Rhamnus oleifolius Hooker.	— de Californie.	Californie.
— catharticus L.	....	— purgatif. Nerprun.	Europe.
— Frangula L.	....	— Bourdène. Bourgène.	—
— infectorius L.	....	— des teinturiers.	Europe méridionale.
— utilis Decaisne.	Rhamnus viridis Hort.	— de la Chine.	Chine.
Zizyphus vulgaris L.	Zizyphus sativa Desfontaines	Jujubier commun. Jujubier.	Europe australe.

Simarubées.

Ailanthus glandulosa Desf.	....	Ailanthe glanduleux. Faux Vernis du Japon.	Chine et Japon.

Cnéorées.

Cneorum tricoccum L.	....	Camélée à trois coques.	Europe méridionale.

NOMS LATINS.	SYNONYMIE.	NOMS FRANÇAIS.	PATRIE.
		Térébinthacées.	
Pistacia Lentiscus L.	....	Pistachier Lentisque. Restencle.	Région méditerranéenne.
— Terebinthus L.	....	— Térébinthe. Pudis.	—
Variété : narbonensis.	Pistacia narbonensis L.	— de Narbonne.	—
Pistacia vera L.	....	— commun. Pistachier.	Syrie.
Rhus Cotinus L.	....	Sumac des teinturiers. Fustet. Arbre à perruque.	France méridionale.
— coriaria L.	....	Sumac des corroyeurs. Roure. Fovi.	Europe australe.
— glabra L.	Rhus caroliniana Miller.	— glabre.	Amérique septentrionale.
— Toxicodendron L.	....	— vénéneux. Sumac à la Gale.	—
— typhina L.	....	— Amarante. Sumac de Virginie.	—
		Rutacées.	
Ptelea trifoliata L.	....	Ptelea à trois feuilles. Orme de Samarie.	Amérique septentrionale.
		Légumineuses-Papilionacées.	
Amorpha fruticosa L.	....	Amorpha ligneux.	Amérique septentrionale.
Anagyris fœtida L.	....	Anagyris fétide.	Europe australe.
Anthyllis Barba-Jovis L.	....	Anthyllide Barbe de Jupiter.	Région méditerranéenne.
Calycotome spinosa L.	Spartium spinosum L.	Calycotome épineux. Argelas.	—
Caragana Altagana Poiret.	Robinia Altagana Pallas.	Caragana Altagana.	Sibérie.
— arborescens Lamk.	— Caragana L.	Caragana.	—
Cladrastis tinctoria Rafinesque.	Virgilia lutea Michaux fils.	Virgilier à bois jaune. Virgilier.	Amérique boréale.

Colutea arborescens L.	....	Baguenaudier arbuste. Baguenaudier. Faux-Séné.	Europe méridionale.
— halepica Lamk.	....	Baguenaudier d'Alep.	Asie mineure.
Coronilla Emerus L.	....	Coronille des Jardins. Séné bâtard.	France.
— glauca L.	....	— glauque.	France méridionale.
— juncea L.	....	— à branches de Jonc.	—
Cytisus Adami Poiteau.	Hybride entre le Cytisus Laburnum et le Cytisus purpureus.	Cytise d'Adam.	Europe.
— alpinus Miller.	....	— des Alpes.	—
— Laburnum L.	....	— Aubour. Faux Ébénier.	Europe centrale.
— nigricans L.	....	— noirâtre.	Europe.
— purpureus Scopoli.	....	— à fleurs pourpres.	Autriche.
— sessilifolius L.	....	— à folioles sessiles. Petit Cytise.	Europe australe.
Desmodium penduliflorum Oud.	....	Desmodium à fleurs pendantes.	Japon.
Dioclea glycinoides DC.	....	Dioclea fausse-Glycine.	Nouvelle-Espagne.
Genista candicans L.	Cytisus candicans Lamk.	Genêt blanchâtre.	Europe méridionale.
— scorpius DC.	....	— Scorpion. Genêt-Épine fleurie.	—
Glycine frutescens L.	Wisteria frutescens DC.	Glycine frutescente.	Amérique septentrionale.
Variété : magnifica.	....	— magnifique.	—
Glycine Sinensis Curtis.	Wisteria sinensis DC.	— de la Chine. Glycine.	Chine.
Indigofera Dosua Hamilton.	....	Indigotier Dosua.	Népaul.
Medicago arborea L.	....	Luzerne en arbre.	Italie.
Ononis fruticosa L.	....	Bugrane arbrisseau.	France méridionale.
Robinia hispida L.	....	Robinier hispide. Acacia rose.	Amérique septentrionale.
— pseudo-Acacia L.	....	— faux Acacia. Faux Acacia.	—
Variétés : Decaisneana.	....	— de Decaisne.	—
— fastigiata.	....	— pyramidal.	—
— inermis.	....	— sans épines.	—
— monophylla.	....	— à une feuille.	—
— tortuosa.	....	— à rameaux tortueux.	—

NOMS LATINS.	SYNONYMIE.	NOMS FRANÇAIS.	PATRIE.
Variété : umbraculifera.	....	Acacia parasol. Acacia boule.	Amérique septentrionale.
Robinia viscosa Ventenat.	....	Robinier visqueux. Acacia visqueux.	—
Sarothamnus scoparius Wimm.	Genista scoparia Lamk.	Genêt à balais.	France.
Sophora japonica L.	....	Sophora du Japon. Sophora.	Japon et Chine.
Variété : pendula.	....	— — pleureur.	—
Spartium junceum L.	Genista juncea Lamk.	Genêt d'Espagne.	Europe méridionale.
Ulex europæus L.	....	Ajonc d'Europe. Ajonc. Ajonc marin. Landier.	Europe occidentale.
— parviflorus Pourret.	Ulex provincialis Lois.	Ajonc à petites fleurs.	Europe méridionale.

Légumineuses-Césalpiniées.

NOMS LATINS.	SYNONYMIE.	NOMS FRANÇAIS.	PATRIE.
Cassia floribunda Cavanilles.	....	Casse à fleurs nombr. Casse élégante.	Nouvelle-Espagne.
— marylandica L.	....	Casse du Maryland.	Amérique boréale.
Ceratonia siliqua L.	....	Caroubier commun. Caroubier.	Région méditerranéenne.
Cercis siliquastrum L.	....	Gaînier commun. Gaînier. Arbre de Judée.	Europe australe.
Variété : carnea.	....	Gaînier à fleurs couleur de chair.	—
Gleditschia caspica Desf.	....	Gleditschia de la Caspienne. Févier de la Caspienne.	Asie occidentale.
— ferox Desfontaines.	....	— à fortes épines.	Chine.
— sinensis Lamk.	....	— de la Chine. Févier de la Chine.	—
— triacanthos L.	Acacia triacanthos Hort.	— à trois épines. Févier à trois pointes.	Amérique septentrionale.
Variétés : Bujoti.	....	— de Bujot.	—

— inermis.	....	— sans épines.	—
Gymnocladus canadensis Lamk.	....	Chicot du Canada. Chicot. Bonduc.	—
Poinciana Gilliesii Hooker.	....	Poincillade de Gillies.	Amérique méridionale.

Légumineuses-Mimosées.

Acacia Julibrissin Wildenow.	Mimosa Julibrissin Forskal.	Acacia Julibrissin. Acacia de Constantinople. Arbre à la soie.	Orient.
— Nemu Van-Houtte.	Acacia Julibrissin. Variété Nemu Bentham.	Acacia Nemu.	Chine et Japon.

Amygdalées.

Cerasus acida Gœrtner.	Cerasus vulgaris Miller.	Cerisier à fruits acides. Griottier.	Asie mineure.
— avium Mœnch.	....	— des oiseaux. Cerisier-Mérisier.	France.
Variété : flore albo-pleno.	....	— — à fleurs doubles.	—
Cerasus Lauro-Cerasus Loiseleur-Deslongchamps.	Prunus Lauro-Cerasus L.	— Laurier-Cerise. Laurier-Amandier. Laurier aux Crèmes.	Europe australe.
Cerasus lusitanica Loiseleur.	— lusitanica.	— Laurier du Portugal. Azarero.	Portugal. Iles des Canaries
— Mahaleb Miller.	— Mahaleb L.	— Mahaleb. Bois de Ste-Lucie.	Europe.
— padus DC.	— Padus L.	— à grappes. Putier.	—
— semperflorens DC.	— serotina Roth.	— tardif. Cerisier de la Toussaint.	—
— virginiana Michx. fils.	— virginiana L.	— de Virginie.	Amérique septentrionale.
Persica chinensis Hort.	....	Pêcher de la Chine.	Chine.
Variété : flore pleno-rubro.	....	— à fleurs doubles rouges.	—
Persica vulgaris Miller.	....	— commun. Pêcher.	Perse.
Variétés : flore albo.	....	— à fleurs blanches.	—
— rubrifolia.	....	— à feuilles rouges.	—
Prunus Mirobolana Loiseleur.	....	Prunier Mirobolan.	Amérique septentrionale.
— sinensis Pers.	....	— de la Chine.	Chine.

NOMS LATINS.	SYNONYMIE.	NOMS FRANÇAIS.	PATRIE.
Variété : flore albo-pleno.	....	Prunier à fleurs blanches doubles.	Chine.
Prunus spinosa L.	....	— épineux. Prunellier. Epine noire	Europe.
— triloba Lindley.	....	Prunier trilobé.	Chine.
		Pomacées.	
Amelanchier vulgaris Mœnch.	Mespilus Amelanchier L.	Amélanchier vulgaire. Amélanchier.	Europe.
Chænomeles japonica Lindley.	Cydonia japonica Persoon.	Cognassier du Japon.	Japon.
Variétés : Maillardi.	....	— de Maillard.	—
— flore roseo.	....	— à fleurs roses.	—
— umbilicata.	....	— à fruits ombiliqués.	—
Cotoneaster buxifolia Wallich.	Cotoneaster rotund. Lindl.	Cotoneaster à feuilles de buis.	Népaul.
Variété : myrtifolia.	....	— à feuilles de Myrte.	—
Cotoneaster frigida Wallich.	....	— des neiges.	—
— japonica Hort.	....	— du Japon.	Japon.
— vulgaris Lindley.	Mespilus Cotoneaster L.	— commun. Néflier cotonnier.	Europe.
Cratægus Aronia Spach.	Cratægus ruscinonensis Gr.	Aubépine à deux noyaux. Pommette à deux noyaux. Azerolier.	Europe australe.
— Azarolus L.	Mespilus Azarolus Poiret.	Aubépine Azerolier. Azerolier. Pommette à quatre ou cinq noyaux.	Italie.
Variétés : fructibus albis.	....	Aubépine Azerolier à fruits blancs.	—
— fructibus luteis.	....	— — à fruits jaunes.	—
— fructibus rubris.	....	— — à fruits rouges.	—
Cratægus canadensis L.	....	— du Canada.	Canada.
— coccinea Wangenheim	....	— écarlate.	Amérique septentrionale.

— Crus-galli L.	....	— Ergot de Coq. Ergot de Coq.	Amérique septentrionale.
— monogyna Jacquin.	Cratægus triloba Persoon.	— à un noyau. Aubépine. Epine blanche.	Europe.
— Oxyacantha L.	Mespilus Oxyacantha Willd.	— commune. Aubépine. Epine blanche.	
Variétés : flore coccineo.	....	— à fleurs écarlates.	—
— flore pleno-albo.	....	— à fleurs blanches doubles.	—
— flore pleno-roseo.	....	— à fleurs roses doubles.	—
— flore roseo.	....	— à fleurs roses.	—
Cratægus Pyracantha Persoon.	Pyracantha coccinea Rœm.	Epine buisson ardent. Buisson ardent.	Europe australe.
Cydonia lusitanica Miller.	....	Cognassier du Portugal.	Arménie.
— sinensis Thouin.	Pirus sinensis Poiret.	— de la Chine.	Chine.
— vulgaris Tournefort.	— Cydonia L.	— commun. Cognassier.	Europe australe.
Eriobotrya japonica Lindley.	Mespilus japonica Thunb.	Eriobotrya du Japon. Néflier du Japon. Bibacier.	Chine et Japon.
Malus cerasifera Spach.	Pirus cerasifera Tausch.	Pommier-Cerise.	?
— communis Lamk.	— Malus L.	— commun.	Europe.
Variété : flore pleno.	....	— à fleurs doubles.	—
Malus microcarpa Wendland.	— baccata L.	— à petits fruits.	Sibérie.
— spectabilis Desfontaines.	— spectabilis Aiton.	— élégant.	Chine.
Variété : Toringo.	— Toringo Siebold.	— Toringo.	—
Mespilus germanica L.	....	Néflier commun. Néflier.	Europe.
Pirus amygdaliformis Villars.	— parviflora Desf.	Poirier à feuilles d'Amandier.	Europe méridionale.
Photinia serrulata Lindley.	Cratægus glabra Thunberg.	Photinia à feuilles dentées en scie. Alisier glabre.	Chine.
Raphiolepis japonica Siebold et Zuccarini.	....	Raphiolepis du Japon.	Japon.
Variété : ovata.	Raphiolepis ovata Hort.	— à feuilles ovales.	—
Raphiolepis indica Lindley.	Cratægus indica L.	— de l'Inde.	Chine.
Sorbus Aria Crantz.	— Aria L.	Alisier blanc. Allouchier.	Europe.

NOMS LATINS.	SYNONYMIE.	NOMS FRANÇAIS.	PATRIE.
Sorbus Aucuparia L.	Pirus Aucuparia Gœrtner.	Sorbier des oiseleurs. Sorbier.	Europe septentrionale.
— domestica L.	— Sorbus Gœrtner.	— domestique. Sorbier cormier. Cormier.	Europe.
— latifolia Persoon.	Cratægus latifolia Lamk.	Alisier à larges feuilles. Alisier intermédiaire.	Europe
— Torminalis Crantz.	— Torminalis L.	Alisier torminal. Alisier des bois.	—

Rosacées.

NOMS LATINS.	SYNONYMIE.	NOMS FRANÇAIS.	PATRIE.
Potentilla fruticosa L.	....	Potentille arbrisseau.	Europe septentrionale.
Spiræa bella Sims.	....	Spirée élégante.	Népaul.
— Blumei G. Don.	....	— de Blume.	Japon.
— callosa Thunberg.	....	— calleuse.	—
— Douglasii Hooker.	....	— de Douglas.	Californie.
— grandiflora Hooker.	Exochorda grandiflora Lind.	— à grandes fleurs.	Chine boréale.
— Lindleyana Wallich.	....	— de Lindley.	Népaul.
— nepalensis Hort.	....	— du Népaul.	—
— prunifolia Sieb. et Zucc.	....	— à feuilles de Prunier.	Japon.
— Regeliana Hort.	....	— de Regel.	Chine.
— Reevesiana Lindley.	....	— de Reeves.	—
— sorbifolia L.	....	— à feuilles de Sorbier.	Sibérie.
— Thunbergii Sieb. et Zucc.	Spiræa Thompsoni Hort.	— de Thunberg.	Japon.

Calycanthées.

NOMS LATINS.	SYNONYMIE.	NOMS FRANÇAIS.	PATRIE.
Calycanthus floridus L.	....	Calycanthe fleuri. Pompadoura.	Floride.

— occidentalis Hooker et Arnolt.	....	— occidental.	Amérique septentrionale.
Chimonanthus fragrans Lindley	Calycanthus præcox L.	Chimonanthe odoriférant.	Japon.
Variété : grandiflora.	....	— à grandes fleurs.	—

Granatées.

Punica Granatum L.	....	Grenadier commun. Balaustier.	Région méditerranéenne.
Variétés : albescens.	....	— à fleurs blanches.	—
— flava.	....	— à fleurs jaunes.	—
— nana.	....	— nain.	—
— rubra-flore pleno.	....	— à fleurs rouges doubles.	—

Tamaricinées.

Tamarix africana Poiret.	....	Tamarix d'Afrique.	Europe méridionale.
— gallica L.	Tamariscus pentandrus Lam	— de France. Tamarix. Tamaris.	Europe orientale.
— indica Willdenow.	....	— de l'Inde. Tamarix élégant.	Indes orientales.

Lythrariées.

Lagerstrœmia indica L.	....	Lagerstrœmia de l'Inde. Lagerstrœmia.	Indes orientales.
Variétés : elegans.	....	— élégant.	—
— violacea.	....	— à fleurs violettes.	—

Philadelphées.

Deutzia crenata Sieb. et Zucc.	....	Deutzie à feuilles crénelées.	Japon.
— gracilis Sieb. et Zucc.	....	— grêle.	—
Philadelphus coronarius L.	....	Seringat des jardins. Seringat odorant.	Europe australe.
— Gordonianus Lindl.	....	— de Gordon.	Californie.
— grandiflorus Willd.	....	— à grandes fleurs.	Amérique septentrionale.

NOMS LATINS.	SYNONYMIE.	NOMS FRANÇAIS.	PATRIE.
		Myrtacées.	
Eucalyptus fissilis? F. Müller.	....	....	Australie.
— rostrata Schlecht.	....	....	—
— urnigera Hook. fils	....	....	Tasmanie.
Myrtus communis L.	....	Myrte commun. Myrte.	Europe australe.
Variétés : flore pleno.	....	— à fleurs doubles.	—
— romana.	....	— romain. Myrte à petites feuilles.	—
		Passiflorées.	
Passiflora cœrulea L.	....	Passiflore à fleurs bleues. Fleur de la Passion. Grenadille.	Amérique mérid. Brésil.
		Grossulariées.	
Ribes aureum Pursh.	Ribes revolutum Lindley.	Groseillier doré.	Amérique septentrionale.
— fuchsioïdes Bertoloni.	Robsonia speciosa Spach.	— à fleurs de Fuchsia.	Californie.
— Gordonianum Lemaire.	Hybride entre le Ribes aureum et le Ribes sanguineum.	— de Gordon.	?
— nigrum L.	....	— à fruits noirs. Cassis.	Europe.
— sanguineum Pursh.	....	— sanguin.	Amérique septentrionale.
— Uva-crispa L.	Grossularia Uva-crispa DC.	— épineux. Groseillier à maquereau.	Europe.

Saxifragées.			
Escallonia floribunda Humboldt et Bonpland.	....	Escallonie à fleurs nombreuses.	Nouvelle-Grenade.
Escallonia macrantha Hooker.	....	— à grandes fleurs.	Pérou.
Hydrangea japonica Siebold et Zuccarini.	....	Hydrangée du Japon. Hortensia du Japon	Japon.
Pittosporées.			
Pittosporum chinense Don.	....	Pittosporum de la Chine.	Chine.
— Tobira Aiton.	....	— Tobira.	Japon.
Ombellifères.			
Buplevrum fruticosum L.	....	Buplèvre ligneux.	Europe méridionale.
Araliacées.			
Aralia japonica Hort.	Aralia sinensis L.	Aralia du Japon.	Chine.
— spinosa L.	....	— épineux.	Caroline.
Hedera Helix L.	....	Lierre grimpant.	Europe.
Variétés : algeriensis.	....	— d'Alger.	—
— caucasica.	....	— du Caucase.	—
— hibernica.	....	— d'Irlande.	—
Cornées.			
Aucuba japonica Thunberg (mascula et fœmina).	....	Aucuba du Japon (mâle et femelle).	Japon.

[1] Résiste bien au froid.

NOMS LATINS.	SYNONYMIE.	NOMS FRANÇAIS.	PATRIE.
Benthamia fragifera Lindley.	Cornus capitata Wallich.	Benthamia porte-fraises.	Népaul.
Cornus alba L.	— tatarica Miller.	Cornouiller à fruits blancs.	Amérique septent. et Sibér.
— mas L.	— mascula L'Héritier.	— mâle.	Europe.
— sanguinea L.	— fœmina Lobel.	— sanguin. Cornouiller femelle	—
		Caprifoliacées.	
Abelia floribunda Decaisne.	....	Abelia à fleurs nombreuses.	Mexique.
Variété : grandiflora.	....	— à grandes fleurs.	—
Abelia rupestris Lindley.	....	— des rochers.	Chine.
Leycesteria formosa Wallich	....	Leycesteria élégant.	Népaul.
Lonicera brachypoda DC.	....	Chèvrefeuille à courts pédoncules.	Japon.
Variété : reticulata.	....	— à feuilles réticulées.	—
Lonicera fragrantissima Carrière	Lonicera Standishii Lesc.	— très odorant.	Chine.
— tatarica L.	....	— de Tartarie.	Tartarie.
Variétés : albiflora.	....	— à fleurs blanches.	—
— purpurea.	....	— à fleurs pourpres.	—
— rubra.	....	— à fleurs rouges.	—
Sambucus canadensis L.	....	Sureau du Canada.	Amérique septentrionale.
— nigra L.	Sambucus vulgaris Lamk.	— noir.	Europe.
Variété : heterophylla.	....	— — hétérophylle.	—
Sambucus racemosa L.	....	— à grappes.	—
Symphoricarpos racemosus Michaux.	....	Symphorine à grappes. Symphorine à fruits blancs.	Amérique septentrionale.
Symphoricarpos vulgaris Mich.	....	Symphorine vulgaire.	—

Variété : parviflora flore-rub.	....	— à petites fleurs rouges.	—
Viburnum Awafuski Lindley.	....	Viorne d'Awafuski.	Chine.
— Lantana L.	....	— Mancienne.	Europe.
— macrocephalum Fortune.	....	— à fleurs en grosse-tête.	Chine.
— Opulus L.	....	— Obier.	Europe.
Variété : sterilis.	....	— stérile. Boule de neige. Rose de Gueldres.	—
Viburnum Tinus L.	....	— Laurier-tin. Laurier-tin.	Europe méridionale.
— Wallichianum Thunb.	....	— de Wallich.	Chine.
Weigela amabilis Hort.	Diervilla grandiflora Siebold et Zuccarini.	Weigela élégant.	Japon.
— rosea Lindley.	Diervilla rosea Hérincq.	— à fleurs roses.	Chine.

Composées.

Baccharis halimifolia L.	....	Baccharis à feuilles d'Halime.	Amérique septentrionale.
Eupatorium micranthum Less.	....	Eupatoire à petites fleurs.	Mexique.
Santolina Chamæcyparissus L.	....	Santoline Cyprès. Aurone. Garde-robe.	Europe australe.
Formes : incana.	Santolina incana Lamk.	— blanchâtre.	—
— squarrosa DC.	— squarrosa Willd.	— rude.	—
Santolina viridis Willdenow.	....	— verte.	—

Éricacées.

Arbutus Andrachne L.	....	Arbousier Andrachné. Andrachné.	Asie mineure.
— Unedo L.	....	Arbousier Unedo. Arbousier. Arbre aux fraises.	Région méditerranéenne.
Kalmia latifolia L.	....	Kalmia à larges feuilles.	Amérique septentrionale.

NOMS LATINS.	SYNONYMIE.	NOMS FRANÇAIS.	PATRIE.
		DICOTYLÉDONES COROLLIFLORES.	
		Sapotacées.	
Bumelia tenax Willdenow.	Syderoxylon tenax L.	Bumelia tenace.	Caroline.
		Styracées.	
Styrax officinale L.	....	Aliboufier officinal. Aliboufier.	Europe australe.
		Ébénacées.	
Diospyros Lotus L.	....	Plaqueminier Lotier.	Europe australe.
— Schi-Tse Bunge.	Diospyros Kaki Carrière.	— Schi-Tse. Kaki.	Japon.
Variétés : costata.	....	— à fruits à côtes.	—
— Mazeli.	....	— de Mazel.	—
Diospyros virginiana L.	....	— de Virginie.	Amérique septentrionale.
Variétés : coronaria.	....	....	—
— digyna.	....	— à deux noyaux.	—
		Oléacées.	
Chionanthus virginica L.	....	Chionanthe de Virginie. Arbre de neige.	Amérique septentrionale.
Fontanesia Phillyræoides Labillardière.	....	Fontanesia à feuilles de Phillyrea.	Syrie.

Forsythia suspensa Vahl.	....	Forsythia à rameaux pendants.	Japon.
— viridissima Lindley.	....	— à feuillage sombre.	Chine.
Fraxinus americana L.	Fraxinus discolor Muhl.	Frêne d'Amérique.	Amérique septentrionale.
— excelsior L.	— apetala Lamk.	— élevé. Frêne commun.	Europe.
Variétés : aurea.	— aurea Willdenow.	— doré.	—
— australis.	— australis Gay.	— austral.	Europe méridionale.
— heterophylla.	— monophylla Willd.	— à une feuille.	Europe.
— pendula.	....	— pleureur.	—
Fraxinus Ornus L.	....	— Orne. Frêne à fleurs.	Europe australe.
Ligustrum japonicum Thunberg	....	Troène du Japon.	Japon.
Variété : coriacea.	Lygustrum coriaceum Carr.	— à feuilles coriaces.	—
Ligustrum lucidum Aiton.	....	— luisant.	Chine.
— ovalifolium Hasskarl	Lygustrum californicum Hort.	— à feuilles ovales.	Japon.
— vulgare.	....	— commun. Troène.	Europe.
Olea europæa L.	....	Olivier d'Europe. Olivier.	Europe et Asie.
Osmanthus fragrans Loureiro.	Olea fragrans Thunberg.	— odorant.	Japon et Chine.
— ilicifolius Hort.	— ilicifolius Hort.	— à feuilles de Houx.	Japon.
Phillyrea angustifolia L.	....	Philaria à petites feuilles.	Région méditerranéenne.
— latifolia L.	....	— à grandes feuilles.	—
— media L.	....	— intermédiaire.	Europe australe.
— Vilmoriniana Boiss.	Phillyrea laurifolia Hort. Phillyrea Decora Hort.	— à feuilles de Laurier. Philaria Decora.	Japon.
Syringa dubia Persoon.	Syringa chinensis Willd.	Lilas douteux.	Asie.
Variétés : Saugeana.	— Saugeana Hort.	— de Saugé.	—
— Varin.	— rothomagensis Hort. Lilac Varina Dum.-Courset	— Varin.	?
Syringa persica L.	— persica Lamk.	— de Perse.	Perse ?
Variété : laciniata.	....	— à feuilles laciniées.	—
Syringa vulgaris L.	— vulgaris Lamk.	— commun. Lilas.	Hongrie.
Variété : alba.	....	— à fleurs blanches.	—

NOMS LATINS.	SYNONYMIE.	NOMS FRANÇAIS.	PATRIE.
Jasminées.			
Jasminum affine Royle.	....	Jasmin affine.	Indes orientales.
— fruticans L.	....	— arbrisseau. Jasmin jaune.	Europe méridionale.
— nudiflorum Lindley.	....	— à fleurs nues.	Chine.
— officinale L.	Jasminum vulgare Lamk.	— officinal. Jasmin blanc.	Asie.
— revolutum Sims.	— triumphans Hort.	— à pétales roulés. Jasmin triomph.	Chine.
— Wallichianum Hort.	....	— de Wallich.	Asie.
Apocynées.			
Nerium oleander L.	....	Nérion Laurier-rose. Laurier-rose.	Europe australe. Algérie.
Rhyncospermum jasminoïdes A.DC.	....	Rhyncospermum faux Jasmin.	Chine.
Variété : latifolium.	....	— à larges feuilles.	—
Asclépiadées.			
Periploca græca L.	....	Periploca grec.	Europe méridionale.
Bignoniacées.			
Catalpa bignonioïdes Walter.	Bignonia Catalpa L.	Bignone Catalpa. Catalpa.	Amérique septentrionale.
— Bungei C.A. Meyer.	....	Catalpa de Bunge.	Chine.
— Kœmpferi DC.	Catalpa ovata G.Don.	— de Kœmpfer.	Japon.

Tecoma grandiflora Delaunay.	Bignonia grandiflora Thunb.	Tecoma à grandes fleurs. Tecoma de la Chine.	Japon et Chine.
— radicans Juss.	— radicans L.	Tecoma radicant. Jasmin-trompette.	Virginie.
Borraginées.			
Lithospermum fruticosum L.	....	Grémil ligneux.	Europe australe.
Solanées.			
Fabiana imbricata Ruiz et Pav.	....	Fabiana à feuilles imbriquées. Fabienne imbriquée.	Chili.
Lycium barbarum L.	....	Lyciet de Barbarie.	Région méditerranéenne.
Variété : Sinense.	Lycium sinense Lamk.	— de la Chine.	Chine.
Lycium mediterraneum Dunal.	— europæum L.	— d'Europe.	Région méditerranéenne.
Nicotiana glauca Graham.	....	Nicotiane glauque. Tabac glauque.	Buenos-Ayres. Brésil.
Solanum dulcamara L.	....	Morelle douce-amère. Douce-amère.	Europe.
— jasminoïdes Paxton.	....	— faux-Jasmin.	Amérique méridionale.
Labiées.			
Phlomis fruticosa L.	....	Phlomis ligneux.	Europe australe.
Rosmarinus officinalis L.	....	Romarin officinal. Romarin.	Europe méridionale.
Teucrium fruticans L.	....	Germandrée arbrisseau.	Région méditerranéenne.
Scrophularinées.			
Buddleia globosa Lamk.	Buddleia capitata Jacquin.	Buddleia à fleurs globuleuses.	Chili.
— Lindleyana Fortune.	....	— de Lindley.	Chine.
Paulownia imperialis Siebold et Zuccarini.	....	Paulownia impérial. Paulownia.	Japon.

NOMS LATINS.	SYNONYMIE.	NOMS FRANÇAIS.	PATRIE.
		Verbénacées.	
Callicarpa americana L.	....	Callicarpa d'Amérique.	Amérique septentrionale.
— japonica Thunberg.	....	— du Japon.	Japon.
Lippia citriodora Kunth.	Verbena triphylla L'Hérit.	Lippia à odeur de citron. Lippia citronelle.	Chili.
Vitex Agnus-castus L.	....	Gattilier Agneau-chaste. Gattilier. Arbre au poivre.	Région méditerranéenne.
		DICOTYLÉDONES MONOCHLAMYDÉES.	
		Thymélées.	
Daphne Cneorum L.	....	Daphné Camélée.	Europe.
— Gnidium L.	....	— Garou. Garou.	Région méditerranéenne.
— odora Thunberg.	....	— odorant.	Japon.
Variété : foliis aureo-marginat.	Daphne Mazeli Hort.	— de Mazel.	—
		Chénopodées.	
Atriplex Halimus L.	....	Arroche Halime.	Europe et Asie.
		Polygonées.	
Atraphaxis spinosa L.	....	Atraphaxis épineux.	Asie occidentale.

	Eléagnées.		
Eleagnus angustifolia L.	Eleagnus hortensis Bieberst.	Chalef à feuilles étroites. Olivier de Bohême.	Europe méridionale.
— longipes Asa-Gray.	— dulcis Hort.	Chalef à fruits doux.	Japon.
— reflexa Decaisne.	....	— à rameaux refléchis.	—
Hippophæ rhammoïdes L.	....	Argoussier faux-Nerprun. Argoussier Saule épineux.	Europe.
	Laurinées.		
Laurus camphora L.	....	Laurier camphrier.	Japon.
— nobilis L.	....	— noble. Laurier d'Apollon. Laurier sauce.	Europe méridionale.
Variété : Salicifolia.	....	Laurier à feuilles de Saule.	—
	Aristolochiées.		
Aristolochia Sipho L'Héritier.	Aristolochia macrophylla Lamk.	Aristoloche Siphon. Pipe à tabac.	Amérique septentrionale.
	Euphorbiacées.		
Buxus balearica Willdenow.	....	Buis des Baléares. Buis de Mabon.	Baléares.
— sempervirens L.	....	— toujours vert. Buis.	Europe.
Variété : variegato-argentea	....	— à feuilles panachées de blanc.	—
Sarcococca pruniformis Lindley	Buxus coriacea Sprengel.	Sarcococca à feuilles de Prunier.	Indes orientales.
Stillingia sebifera Michaux.	Croton sebiferum L.	Stillingia porte-suif. Arbre à suif.	Chine.
	Morées.		
Broussonetia Kœmpferi Siebold	Papyrus spuria Kœmpfer.	Broussonetia de Kœmpfer.	Japon.

NOMS LATINS.	SYNONYMIE.	NOMS FRANÇAIS.	PATRIE.
Broussonetia papyrifera Ventenat (mascula et fœmina).	Morus papyrifera L.	Broussonetia à papier. Broussonetia. Murier à papier.	Japon.
Cudrania tricuspidata Bureau.	Maclura tricuspidata Carr.	Cudrania tricuspidé.	Chine.
Maclura aurantiaca Nuttal.	....	Maclura épineux. Oranger des Osages. Bois d'arc.	Amérique septentrionale.
Morus alba L.	....	Murier blanc.	Chine.
Morus multicaulis Perrotet.	Morus bullata Balbis.	— multicaule. Murier à feuilles bulleuses. Murier des Philippines.	—
— nigra L.	....	— noir.	Orient.
Artocarpées.			
Ficus carica L.	....	Figuier commun. Figuier. Caprefiguier	Europe australe et Asie.
Ulmacées.			
Planera ulmifolia Michaux.	....	Phanera à feuilles d'Orme.	Amérique septentrionale.
Ulmus americana Willdenow.	....	Orme d'Amérique.	—
— campestris Smith.	....	— champêtre. Ormeau. Orme à petites feuilles.	Europe.
— montana Smith.	....	Orme de montagne. Orme à gr. feuilles.	—
Variété : latifolia.	....	— à larges feuilles.	—
Ulmus pedunculata Fougeroux	Ulmus effusa Willdenow.	— pédonculé. Orme diffus.	Europe orientale.
Zelkowa acuminata E. Planch.	Planera acuminata L.	Zelkowa à feuilles acuminées.	Japon.
— crenata Spach.	— crenata Desfont. — Richardii Michaux	— — crenelées. Orme de Sibérie.	Caucase.

Celtidées.

Celtis Audibertiana Spach.	Celtis occidentalis cordata Hort.	Micocoulier d'Audibert.	Trouvé dans les pépinières d'Audibert, à Tarascon.
— australis L.	....	Micocoulier de Provence. Micocoulier.	Région méditerranéenne.
— occidentalis L.	....	Micocoulier occidental. Micocoulier de Virginie.	Amérique septentrionale.
— orientalis Miller.	Celtis Tournefortii Lamk.	Micocoulier d'Orient.	Orient.

Amentacées (*Tribu des Cupulifères*).

Castanea vulgaris Lamk.	Castanea vesca Gœrtner.	Châtaignier commun. Châtaignier.	Europe.
Fagus sylvatica L.	....	Hêtre commun. Hêtre. Fau. Fayard.	—
Variété : purpurea.	....	— à feuilles pourpres.	—
Quercus Ægilops L.	Quercus Velani Olivier. — Vallonea Kotschy.	Chêne Ægilops. Ægilops. Vélani.	Europe orientale.
— Auzandei Grenier et Godron.	Hybride entre le Quercus Ilex et le Q. coccifera.	— d'Auzande.	Région méditerranéenne.
— Banisteri Michaux.	....	— de Banister.	Amérique septentrionale.
— Castaneæfolia Cosson.	....	— à feuilles de châtaignier. Afarès des Arabes.	Algérie.
— Catesbœi Michaux.	....	— de Catesby.	Amérique septentrionale.
— Cerris L.	Quercus crinita Desfont.	— Cerris. Chêne chevelu. Chêne crinité.	Europe méridionale.
— coccifera L.	....	— à cochenille. Chêne Kermès. Kermès.	Région méditerranéenne.
— Daimyo Siebold.	....	— Daimyo.	Japon.
— dentata Thunberg.	....	— à feuilles dentées.	—
— glauca Thunberg.	....	— à feuilles glauques.	—
— Ilex L.	....	— Yeuse. Yeuse. Chêne vert.	Europe australe. Algérie.
Variété Ballota.	Quercus Ballota Desfont.	— Ballote. Ballote.	Espagne et Algérie.

NOMS LATINS.	SYNONYMIE.	NOMS FRANÇAIS.	PATRIE.
Quercus infectoria Willdenow.	....	Chêne à galles.	Asie mineure.
— lusitanica Lamk.	....	— de Lusitanie.	Espagne et Portugal.
— macrocarpa Michaux.	....	— à gros fruits.	Amérique septentrionale.
Variété : olivæformis.	Quercus olivæformis Michaux fils.	— à fruits en forme d'olives.	—
Quercus Mirbeckii Durieu.	....	— de Mirbeck. Chêne-Zeen. Zeen ou Zan des Arabes.	Algérie.
— numidica Trabut.	....	— de Numidie.	Kabylie.
— occidentalis J. Gay.	Quercus Suber Duhamel.	— liège occidental. Chêne-liège. Corsier dans les Landes.	Europe occidentale.
— pedunculata Willd.	— robur α L.	— à glands pédonculés. Chêne pédonculé.	Europe.
Variété : fastigiata.	— fastigiata Lamk.	— pédonculé pyramidal.	—
Quercus Phellos L.	— Phellos sylvatica Michaux.	— Phellos. Chêne à feuilles de Saule	Amérique septentrionale.
— polymorpha Chamisso et Schlechtendal.	— petiolaris Bentham	— polymorphe.	Mexique.
— pseudo-suber Desfont.	— pseudo-suber Santi — Fontanesii Guss.	— faux-liège.	Algérie. Europe australe.
— rubra L.	....	— rouge.	Amérique septentrionale.
— sessiliflora Solander.	— robur β. L.	— à glands sessiles. Chêne rouvre. Rouvre.	Europe.
Variété : pubescens.	— pubescens Willd.	— rouvre pubescent. Chêne blanc dans le Languedoc.	—
Quercus serrata Thunberg.	— bombyx glabra H.	— à feuilles dentées en scie.	Japon et Chine.

— suber L.	....	— liège. Alcornoque en Espagne. Surier en Provence.	Europe mérid. et Algérie.
— tinctoria Michaux fils.	....	— des teinturiers. Chêne Quercitron	Amérique septentrionale.
— tomentosa Hort.	Quercus bombyx tomentosa Hort.	— à feuilles tomenteuses.	Chine boréale.
— Toza Bosc.	— nigra Thore.	— Tauzin. Tauzin. Chêne noir.	Europe occidentale.

Amentacées (*Tribu des Corylacées*).

Carpinus Betulus L.	....	Charme commun. Charme. Charmille.	Europe.
— Ostrya L.	Ostrya carpinifolia Scopoli.	— Ostrya. Ostrya. Charme-Houblon.	Europe méridionale.
Corylus Avellana L.	....	Coudrier noisetier. Noisetier.	Europe.
Variétés : laciniata.	....	— à feuilles laciniées.	—
— purpurea.	....	— à feuilles pourpres.	—
Corylus colurna L.	Corylus byzantina Desf.	— de Byzance.	Orient.

Amentacées (*Tribu des Bétulinées*).

Alnus cordifolia Tenore.	....	Aune cordiforme. Aune à feuilles en cœur	Europe méridionale.
— glutinosa Willdenow.	....	— glutineux. Aune commun. Vergne.	Europe.
Betula verrucosa Ehrhart.	Betula alba L.	Bouleau verruqueux. Bouleau blanc. Bouleau.	—

Amentacées (*Tribu des Salicinées*).

Populus alba L.	....	Peuplier blanc. Ypréau. Aube en Languedoc.	Europe.
— angulata Michaux fils.	Populus macrophylla Lodd.	Peuplier à rameaux anguleux. Peuplier de la Caroline.	Amérique septentrionale.

15

NOMS LATINS.	SYNONYMIE.	NOMS FRANÇAIS.	PATRIE.
Populus canadensis Michaux.	Populus virginiana L. — monilifera Aiton.	Peuplier du Canada. Peuplier Suisse.	Amérique septentrionale.
— canescens Smith.	— hybrida Bieberst.	— Grisaille. Grisaille. Grisard.	Europe.
— nigra L.	....	— noir. Peuplier franc.	—
Variété : pyramidalis.	Populus fastigiata Desf.	— pyramidal. Peuplier d'Italie.	Orient.
Populus Tremula L.	....	— Tremble. Tremble.	Europe.
— virginiana Desfontaines	Populus monilifera Michaux	— de Virginie.	Amérique septentrionale.
Salix alba L.	....	Saule blanc.	Europe.
Variété : vitellina.	Salix vitellina L.	— Vitellin. Vitellin. Osier jaune. Amarinier.	—
Salix babylonica L.	....	— de Babylone. Saule pleureur.	Orient.
Variété : annularis.	Salix annularis Forbes.	— à feuilles enroulées. Saule tire-bouchon.	—
Salix capræa L.	....	— Marceau. Marsault.	Europe.
— cinerea L.	Salix capræa Gouan.	— cendré.	—
— laurina Smith.	....	— à feuilles de Laurier.	—

Amentacées (*Tribu des Juglandées*).

Carya olivæformis Nuttal.	Juglans olivæformis Michx.	Carya Pacanier. Noyer Pacanier.	Louisiane.
— porcina Nuttal.	— porcina Michx. fils.	— des pourceaux.	Amérique septentrionale.
Juglans nigra L.	....	Noyer noir.	—
— regia L.	....	— commun. Noyer.	Asie.
Variétés : heterophylla.	....	— hétérophylle.	—
— laciniata.	....	— à feuilles laciniées.	—

Pterocarya caucasica C.A. May.	....	Pterocarya du Caucase.	Caucase.
— japonica Hort.	Pterocarya stenoptera Cas. DC.	— du Japon.	Asie septentrionale.

Amentacées (*Tribu des Platanées*).

Platanus occidentalis L.	....	Platane d'Occident.	Amérique septentrionale.
— orientalis L.	....	— d'Orient.	Orient.

Amentacées (*Tribu des Balsamifluées*).

Liquidambar orientalis Miller.	Liquidambar imberbe Aiton	Liquidambar du Levant. Liquidambar imberbe.	Asie mineure.
— styraciflua L.	....	Liquidambar copal. Copalme d'Amérique	Amérique septentrionale.

Amentacées (*Tribu des Myricacées*).

Myrica cerifera L.	....	Myrica cirier. Arbre à la cire. Cirier de la Louisiane.	Louisiane.

Angiospermes.

MONOCOTYLÉDONES.

Asparaginées.

Asparagus acutifolius L.	....	Asperge à feuilles piquantes.	Région méditerranéenne.
Cordyline indivisa Kunth.	Dracæna indivisa Forster.	Cordyline indivise.	Nouvelle-Zélande.
Ruscus aculeatus L.	....	Fragon piquant. Houx-Fragon. Petit Houx.	Europe.
— hypoglossum L.	....	Fragon hypoglosse.	Europe méridionale.

NOMS LATINS.	SYNONYMIE.	NOMS FRANÇAIS.	PATRIE.
Ruscus hypophyllum L.	....	Fragon hypophylle.	Italie.
— racemosus L.	Danae racemosa Medicus.	— à grappes. Laurier Alexandrin.	Région méditer. Dalmatie.
Smilax aspera L.	....	Smilax rude. Salsepareille d'Europe.	Europe méridionale.
— mauritanica Poiret.	....	— de Mauritanie.	Région méditerranéenne.
		Broméliacées.	
Agave americana L.	....	Agave d'Amérique. Aloès. Pitte.	Mexique.
— Salmiana Otto.	....	— de Salm.	—
		Liliacées.	
Dasylirion glaucum Zuccarini.	Dasylirion glaucophyllum Hooker.	Dasylirion glauque.	Mexique.
— gracile E. Planchon	Bonapartea gracilis Zucc.	— grêle.	—
— longifolium Zucc.	....	— à longues feuilles.	—
Phormium tenax Forster.	....	Phormium tenace. Lin de la Nouvelle-Zélande.	Nouvelle-Zélande.
Variété : Weitchi.	....	Phormium de Weitch.	
Yucca aloifolia L.	Yucca serrulata Haworth.	Yucca à feuilles d'Aloès.	Mexique.
Variété : variegata.	....	— à feuilles panachées.	—
Yucca filamentosa L.	....	— filamenteux.	Amérique septentrionale, Virginie et Caroline.
— gloriosa L.	....	— magnifique.	Amérique septentrionale, Virginie et Caroline.
— Treculeana Carrière.	....	— de Trécul.	Mexique et Texas.

Palmiers.

Brahea Roezlii Wendland.	Brahea glauca Hort.	Brahea de Rœzl.	Californie.
Chamærops excelsa Martius [1].	Chamærops Fortunei Vendl. Trachycarpus Fortunei Hooker.	Chamærops élevé. Palmier de la Chine. Palmier à chanvre.	Chine.
— humilis L.	....	Chamærops nain. Palmier nain.	Algérie et Espagne.
Cocos australis Martius.	....	Cocotier austral.	Brésil.
— campestris Martius.	....	— champêtre.	—
Jubæa spectabilis Humboldt et Bonpland [2].	....	Jubæa élégant.	Chili.
Microphœnix decipiens. Ch. Naudin.	Hybride entre le Chamærops excelsa et le Phœnix dactylifera.	Microphœnix.	Hyères.
— Sahuti.	Hybride entre le Microphœnix decipiens et le Chamærops excelsa.	— de Sahut.	Montpellier.
Phœnix canariensis Ch. Naudin	Phœnix Jubæ Webb.	Palmier des Canaries.	Iles Canaries.
— dactylifera L.	....	— dattier.	Afrique septentr. Syrie.
Pritchardia filifera Hort.	Washingtonia filifera Wendland.	Pritchardia porte-fils.	Californie méridionale.
Sabal Adansoni Guerns.	....	Sabal d'Adanson.	Caroline.
Washingtonia robusta Wendl.	....	Washingtonia robuste.	Californie.

Graminées.

Arundo conspicua Forster.	....	....	Nouvelle-Zélande.
— Donax L.	Donax arundinacea Palisot de Beauvois.	Roseau à quenouille. Canne de Provence	Europe septentrionale.
Variété : variegata.	....	— à feuilles panachées.	—

[1] et [2] Résistent bien au froid.

NOMS LATINS.	SYNONYMIE.	NOMS FRANÇAIS.	PATRIE.
Arundo mauritanica Desf.	....	— de Mauritanie.	Europe australe et Afrique boréale.
Bambusa aurea Hort.	Phyllostachys aurea Carrière	Bambou doré.	Chine.
— Fortunei Van Houtte.	Arundinaria Fortunei Hort.	— de Fortune.	Japon.
— gracilis Hort.	....	— grêle.	Népaul.
— Mazeli Hort.	Phyllostachys Mazeli Hort. Bambusa Quilioi Hort. Phyllostachys Quilioi. Hort.	— de Mazel. Bambou de Du Quilio.	Japon.
— Metake Siebold.	Arundinaria japonica Sieb et Zuccarini.	— Métaké.	—
— mitis Poiret.	Phyllostachys mitis Hort.	....	Chine.
— nigra Loddiges.	— nigra Munro.	— noir.	Chine et Japon.
— Simoni Carrière.	Arundinaria Simoni Carr.	— de Simon.	—
— verticillata?	....	— verticillé.	—
Eulalia japonica Trinius.	....	Eulalia du Japon.	Japon.
Gymnothrix latifolia Schulter.	....	Gymnothrix à larges feuilles.	Montevideo.
Gynerium argenteum Nees.	Arundo diœca Sprengel.	Gynerium argenté.	—
Variété : violaceum.	....	— à fleurs violettes.	—

Gymnospermes.

Gnétacées.

Ephedra altissima Desfontaines	....	Éphédra élevé.	Algérie et Espagne.
— distachia L.	....	— à deux épis. Raisin de mer.	Région méditerranéenne.

Conifères (*Tribu des Abiétinées*).

Section des Sapins.

Abies balsamea Miller.	Abies balsamifera Michx. fils	Sapin baumier. Sapin de Giléad.	Amérique boréale.
— cephalonica Link.	....	— de Céphalonie.	Grèce. Orient.
Variétés : Apollonis.	Abies Apollonis Link.	— d'Apollon.	Grèce.
— Reginæ Ameliæ.	— Reginæ Ameliæ Murray.	— de la Reine Amélie.	—
Abies cilicica Heuzé.	....	— de Cilicie.	Taurus.
— Fraseri Lindley.	Abies balsamea Fraseri Spach.	— de Fraser.	Amérique boréale.
— lasiocarpa Hooker.	— grandis Lindley.	— à fruits velus.	—
— Nordmanniana Spach.	....	— de Nordmann.	Caucase.
— numidica de Lannoy.	Abies Pinsapo baborensis Cosson.	— de Numidie.	Algérie.
— pectinata DC.	— taxifolia Desfontaines	— pectiné. Sapin. Sapin argenté.	Europe.
— Pindrow Spach.	— himalayensis Hort.	— Pindrow.	Himalaya.
— Pinsapo Boissier.	— hispanica de Chambray.	— Pinsapo.	Espagne.
— spectabilis Lambert.	— Webbiana Lindley.	— remarquable.	Himalaya.

Section des Épicéas et des Sapinettes.

Abies excelsa DC.	Abies Picea Miller.	Epicéa commun. Epicéa. Pesse.	Europe.
— Menziesii Loudon.	Picea Menziesii Nuttal.	— de Menziès.	Californie et Japon.
— Morinda Nelson.	{ Abies Smithiana Forbes. — Khutrow Loudon. }	— Morinda.	Himalaya.
— orientalis Poiret.	Picea orientalis Carrière.	— d'Orient.	Orient.
— alba Michaux fils.	— alba Link.	Sapinette blanche.	Amérique boréale.
Variété : cœrulea.	....	— bleue.	—
Abies nigra Michaux fils.	Picea nigra Link.	— noire.	—
— rubra Poiret.	— rubra Link.	— rouge.	—

NOMS LATINS.	SYNONYMIE.	NOMS FRANÇAIS.	PATRIE.
Section des Pins.			
Pinus Coulteri Don.	Pinus macrocarpa Lindley.	Pin de Coulter. Pin à gros cônes.	Californie.
— excelsa Wallich.	— Strobus excelsa Loudon. — pendula Griffith.	— élevé. Pin pleureur de l'Himalaya.	Népaul.
— Fremontiana Endlicher.	— monophylla Torrey et Frémont	— de Frémont. Pin à une feuille.	Californie.
— Gerardiana Wallich.	— Aucklandii Loudon.	— de Gérard.	Himalaya.
— halepensis Aiton.	....	— d'Alep. Pin de Jérusalem. Pin blanc	Région méditerranéenne.
Variétés : pithyusa.	Pinus pithyusa Strangwais.	— de Colchide.	Colchide. Grèce.
— brutia.	— brutia Tenore.	— des Abruzes.	Italie méridionale.
Pinus Laricio Poiret.	— corsica Hort.	— Laricio. Laricio de Corse. Laricio.	Corse.
Variétés : austriaca.	— austriaca Host. — nigra Link.	— d'Autriche. Pin noir.	Autriche.
— calabrica.	— Laricio stricta Carr.	— de Calabre.	Italie méridionale.
— Salzmanni.	— monspeliensis Salzm.	— de Salzmann. Pin de Montpellier.	Hérault et Gard.
— taurica.	— Pallasiana Lambert. — caramanica Hort.	— de la Tauride. Pin de Caramanie.	Tauride.
Pinus Llaveana Schiede et Deppe.	— cembroïdes Zuccarini	— de Llave. Pin Pignon du Mexique.	Mexique.
— longifolia Roxburg.	....	— à longues feuilles.	Himalaya.
— inops Solander.	— virginiana Miller.	— chétif. Pin pauvre.	Virginie.
— insignis Douglas.	— californica Hort.	— remarquable. Pin de Californie.	Californie.
— mitis Michaux fils.	— echinata Miller.	— doux. Pin jaune.	Amérique septentrionale.
— patula Schiede et Deppe.	— subpatula Rœzl.	— à feuilles étalées.	Mexique.

— Pinaster Solander.	— maritima Lamk.	— maritime. Pin des Landes.	Europe australe.
— Pinea L.	....	— Pignon. Pin pinier. Pin parasol.	Région méditerranéenne.
Variété : fragilis.	— Pinea fragilis Loiseleur.	— Pignon à coque fragile.	—
Pinus pyrenaica Lapeyrouse.	— Paroliniana Webb. — pseudo-halepensis Dehnhardt.	— des Pyrénées.	Espagne.
— ponderosa Douglas.	— nootkænsis Manetti.	— à bois lourd.	Amérique boréale.
— radiata Don.	— insignis macrocarpa Hartweg.	— à écailles rayonnantes.	Californie.
— Sabiniana Douglas.	....	— de Sabine.	—
— sylvestris L.	....	— sylvestre.	Europe.
— tuberculata Don.	Pinus californica Hartweg.	— à cônes tuberculeux.	Californie.

Section des Cèdres.

Cedrus atlantica Manetti.	Cedrus africana Gordon.	Cèdre de l'Atlas. Cèdre d'Afrique.	Algérie.
— Deodora Loudon.	....	— Deodora. Cèdre de l'Himalaya. Cèdre pleureur.	Himalaya.
Variétés : cœrulea.	....	— glauque.	—
— crassifolia.	....	— à feuilles épaisses.	—
— robusta.	....	— robuste.	—
— viridis.	....	— vert	—
Cedrus Libani Barrelier.	....	— du Liban.	Asie mineure.
Variété : nana.	....	— du Liban nain. Cèdre du Comte de Dijon.	—

Section des Araucarias.

Araucaria imbricata Pavon.	Araucaria chilensis Spach.	Araucaria à feuilles imbriquées.	Chili.

NOMS LATINS.	SYNONYMIE.	NOMS FRANÇAIS.	PATRIE.
	Conifères (*Tribu des Cupressinées*).		
Biota orientalis Endlicher.	....	Biota d'Orient.	Chine et Japon.
Variétés : aurea.	Thuya aurea Hort.	— doré.	—
— compacta.	— compacta Hort.	— à rameaux rapprochés.	—
— elegantissima.	— elegantissima Hort.	— élégant.	—
— japonica.	Biota japonica Siebold.	— du Japon.	—
— meldensis.	— meldensis Carrière.	— de Meaux.	—
— nana.	....	— nain.	—
— nepalensis.	Thuya nepalensis Hort.	— du Népaul.	—
— pendula.	— pendula Lambert. — filiformis Hort.	— filiforme ou pleureur.	—
— pyramidalis.	Biota pyramidalis Carrière.	— pyramidal.	—
Callitris quadrivalvis Ventenat.	Thuya articulata Vahl.	Callitris à fruits à quatre valves. Thuya d'Algérie.	Algérie.
Chamæcyparis Lawsoniana Parlatore.	Cupressus Lawsoniana Murray.	Chamæcyparis de Lawson.	Californie.
— nutkænsis Spach.	Cupressus nutkænsis Hook. Thuyopsis borealis Fischer.	Chamæcyparis de Nutka. Thuyopsis boréal.	Amérique boréale.
— sphœroidea Spach	Cupressus thuyoides L.	Chamæcyparis sphœroïdal. Faux Thuya.	—
— squarrosa Siebold et Zuccarini.	Retinospora squarrosa Sieb. et Zuccarini.	— squarreux. Chamæcyparis rude.	Japon.
Cryptomeria elegans Veitch.	Cryptomeria japonica elegans Nelson.	Cryptomeria élégant.	—
Cupressus californica Carrière.	....	Cyprès de Californie.	Californie.

Cupressus funebris Endlicher.	Cupressus pendula Staunton	— funèbre. Cyprès funèbre de la Chine.	Chine.
— Goweniana Gordon.	....	— de Gowen.	Californie.
— Hartwegii Carrière.	Cupressus macrocarpa Hartweg.	— de Hartweg.	—
— Lambertiana Carr.	— macrocarpa Hort.	— de Lambert.	—
— Lindleyi Klotsh.	....	— de Lindley.	Mexique.
— Mac-Nabiana Murray	....	— de Mac Nab.	Californie.
— thurifera Hort.	....	— à encens.	Mexique.
Formes : elegans.	....	— élégant.	—
— glauca.	....	— glauque.	—
— Kewensis.	....	— de Kew.	—
— Knightiana.	Cupressus Knightiana Carr.	— de Knight.	—
Cupressus torulosa Don.	....	— toruleux. Cyprès bosselé.	Hymalaya.
Formes : Corneyana.	Cupressus Corneyana Knight. — gracilis Gordon.	— de Corney.	Chine.
— kaschmiriensis.	....	— de Kaschmir.	Kaschmir.
— majestica.	Cupressus majestica Knight.	— majestueux.	Himalaya.
Cupressus sempervirens L.	....	— toujours vert. Cyprès.	Asie occidentale.
Formes : fastigiata Hort.	Cupressus fastigiata DC.	— pyramidal.	—
— horizontalis Gordon	— horizontalis Miller	— horizontal.	—
Juniperus communis L.	....	Genévrier commun. Genévrier.	Europe.
— dealbata Loudon.	....	— blanchâtre.	Amérique boréale.
— drupacea Labillard[re].	....	— drupacé.	Asie mineure.
— excelsa Bieberstein.	....	— élevé.	—
— flaccida Schlechtendal	....	— à rameaux lâches.	Mexique.
— fragrans Knight.	....	— odorant.	Népaul.
— macrocarpa Sibthorp	....	— à gros fruits.	Europe méridionale.
— oxycedrus L.	....	— oxycèdre. Cadier.	—

NOMS LATINS.	SYNONYMIE.	NOMS FRANÇAIS.	PATRIE.
Juniperus phœnicea L.	....	— de Phénicie.	Région méditerranéenne.
— Sabina L.	....	— Sabine. Sabine.	Europe.
— squamata Don.	Juniperus procumbens Hort. — recurva. Don.	— à feuilles en écailles. Genévrier rampant.	Népaul.
— virginiana L.	....	— de Virginie.	Amérique septentrionale.
Forme : Bedfordiana Knight.	Juniperus Gossainthanea Loddiges.	— de Bedford.	Népaul.
Libocedrus chilensis Endlicher.	Thuya chilensis Don.	Libocedrus du Chili.	Chili.
Variétés : argentea.	....	— à feuilles argentées.	—
— viridis.	....	— vert.	—
Sequoia sempervirens Endlicher	Taxodium sempervirens Lambert.	Sequoia toujours vert.	Amérique boréale.
Thuya Elwangeriana Hort.	Retinospora Elwangeriana Barry.	Thuya d'Elwanger.	Japon.
— gigantea Nuttal.	....	— géant.	Amérique bor. Californie.
— Lobbii Hort.	Thuya Menziesii Douglas.	— de Lobb.	—
— occidentalis L.	....	— d'Occident. Arbre de vie.	Amérique boréale.
Variété : Hoveyi.	Thuya Hoveyi Hort.	— de Hovey.	—
Thuya plicata Don.	....	....	Amérique septentrionale.
Variété : aspleniifolia.	Thuya aspheniifolia Hort.	Thuya à feuilles de fougère.	—
Thuyopsis dolobrata Siebold et Zuccarini.	— dolobrata L. Libocedrus dolobrata Nelson	Thuyopsis à feuilles en doloire.	Japon.
Wellingtonia gigantea Lindley.	Sequoia gigantea Torrey. Washingtonia gigantea Lindley.	Wellingtonia géant. Sequoia géant.	Californie.

Conifères (*Tribu des Taxinées*).

Cephalotaxus Fortunei Hooker (fœmina).	....	Cephalotaxus de Fortune (femelle).	Chine.
Cephalotaxus pedunculata (mascula) Hort.	....	— pédonculé (mâle).	—
Ginkgo biloba L. (fœmina et mascula).	Salisburia adianthifolia Siebold et Zuccarini.	Ginkgo bilobé. Arbre aux quarante écus (femelle et mâle).	Chine et Japon.
Podocarpus chinensis Wallich.	Podocarpus macrophylla Endlicher.	Podocarpus de Chine.	—
Prumnopytis elegans Philippi.	....	Prumnopytis élégant.	Chili.
Taxus baccata L.	....	If commun. If.	Europe.
Variétés : Dovastoni.	Taxus pendula Hort.	If horizontal.	Chine.
— fastigiata.	....	If pyramidal.	Europe.
Torreya grandis Fortune.	....	Torreya élevé.	Chine.
— myristica Hooker fils.	Torreya californica Torrey.	— de Californie.	Californie
— taxifolia Arnott.	— montana Hort.	— à feuilles d'If.	Floride.

Cycadées.

Cycas revoluta Thunberg[1].	....	Cycas à feuilles enroulées en crosse.	Japon.

[1] Abrité pendant l'hiver par des paillassons.

Catalogue des Collections de Botanique et de Sylviculture contenues dans les Musées de l'École.

A. — BOTANIQUE.

Collection de graines en germination du Dr Auzoux.
— fruits artificiels ...... —
— fleurs artificielles..... —
Tige de chêne.................. —
Collection de plantes sèches.— Herbier de la région.— Herbier général Perris.
Collection de graminées de prairies en gerbes.
— graines et fruits divers.
Collection de poires de Buchetet.
— pommes —
— prunes —
— figues —
— pêches —
— abricots —
— oranges —
— citrons —
— cédrats —
— champignons —

B. — SYLVICULTURE.

Collection de fruits naturels de conifères.
— — de divers arbres et arbrisseaux.
Collection de graines forestières.
Instruments forestiers pour défrichement, préparation du sol.
— — faire les ensemencements.
— — faire les plantations.
— — l'entretien des jeunes semis ou plantations.
— — le recepage et l'élagage.
— — l'abatage des bois.
— — le façonnage des bois abattus.
— — l'écorçage des arbres à tan.
— — l'enlèvement du liège.
— — le gemmage des résineux.
— — la culture et le reboisement des dunes.

Instruments forestiers pour le cubage des bois (dendromètres, compas forestiers, cordons gradués).

Collection des bois de France, en planchettes et en rondelles.

— du Portugal.

— de Russie.

— d'Autriche.

— de Turquie.

— des États-Unis d'Amérique.

Collection de pins maritimes gemmés (don de M. du Peyrat).

Industrie du micocoulier à Sauve (Gard). Fourches et attelles.

— — à Perpignan (Manches de fouets).

Industrie de la saboterie dans la Lozère.

— du crin végétal (palmier nain).

Collection de bambous de Java (don de M. Amaus).

Collection de liège en plaques de divers âges, du Var, du Roussillon, des Landes, de Corse et d'Algérie.

Collection de liège obtenu par le procédé Capgrand-Mothes.

— travaillé et façonné (bouchons, ruches, etc.).

Collection d'écorces à tan (chêne vert, chêne rouvre, chêne pédonculé, chêne tauzin).

Collection d'écorces de sumac des corroyeurs.

— de sumac fustet.

— de garou.

Collection de charbons de bois. — Échantillons divers.

Fabrication du charbon de bois (modèles de charbonnières, etc.).

CHAIRE D'AGRICULTURE.

La chaire d'Agriculture de l'École de Montpellier a été occupée, avant le titulaire actuel, par M. G. Foëx (1872 à 1882). Lorsque l'enseignement de la Viticulture fut confié à ce dernier, la chaire d'Agriculture, de nouveau mise au concours, échut à M. L. Degrully, ancien élève de Grignon, professeur départemental d'agriculture de l'Ain, qui l'occupe depuis cette époque.

Il est adjoint au professeur d'Agriculture, comme auxiliaire, un répétiteur qui est en même temps chargé de la direction des cultures du domaine. Cet emploi a été successivement occupé par :

MM. Quercy, de 1878 à 1881,
Lacoste, de 1881 à 1884,
Tord, de 1884 à 1885,
Rougier, de 1885 à 1886,
Cadoret, depuis 1886.

Enseignement oral. — L'enseignement de l'Agriculture comprend des cours, des applications du cours, des travaux pratiques de culture et des excursions au dehors.

En ce qui concerne le cours, nous ne pouvons que renvoyer au programme publié plus haut (pag. 44). Il convient d'ajouter cependant que le plus grand nombre des leçons sont consacrées, soit à l'agriculture générale, soit aux cultures qui présentent le plus grand intérêt pour la région méridionale. On se contente, pour les plantes qui ne conviennent guère qu'aux climats septentrionaux, d'une étude sommaire qui permette seulement aux élèves de ne pas rester ignorants de ce qui se fait dans d'autres parties de la France.

Laboratoire. — La chaire d'Agriculture est dotée d'un laboratoire destiné surtout à l'étude des terres et des engrais. Il contient des collections de plantes cultivées, de graines, d'engrais, de sols et de maladies des plantes, utilisées pour les besoins des cours ou des applications.

Applications. — En dehors des travaux pratiques qui servent de complément au cours d'Agriculture, les élèves sont exercés à reconnaître les *graines* des plantes cultivées, les *céréales* et *graminées* en herbe, etc. De nombreuses excursions dans les propriétés voisines complètent l'enseignement de l'École.

Travaux pratiques de culture exécutés par les élèves. — Les principaux exercices pratiques exécutés par les élèves sont les suivants :

Première année. — Réglage et emploi de la charrue.
Les labours.
Le hersage.

Exercices sur l'emploi des autres instruments de la ferme, tels que rouleau, scarificateur, extirpateur, houe, bêche, etc., etc.

L'arrachage et mise en silo des betteraves.

Le greffage sur table.

La mise en pépinière des greffes et des boutures.

Le soufrage des vignes.

Les traitements contre le mildew.

Le fauchage, fanage, bottelage.

La moisson.

Le battage des céréales.

Le nettoyage et le triage des grains.

Le pansage des chevaux.

On apprend aux élèves à atteler et à conduire les chevaux.

Deuxième année. — Semaille des céréales à la volée et au semoir.

Taille de la vigne.

Taille de l'olivier.

Labours des vignes et façons de culture.

Greffage sur place et en pépinière des vignes.

Taille du mûrier.

Emploi de la houe à cheval et autres instruments de la ferme,

Fauchage à la faux et à la faucheuse.

Moisson à la faux et à la moissonneuse.

Battage des céréales.

Champ d'études. — Il ne serait pas possible, même dans un domaine d'étendue beaucoup plus considérable que celui de l'École, de cultiver dans des conditions normales toutes les plantes qui sont passées en revue dans le cours. Comme il importe cependant que les élèves, en sortant de l'École, connaissent à peu près toutes les plantes cultivées et les procédés de culture qu'on leur applique, on a tourné la difficulté en les réunissant dans un champ d'études, où elles n'occupent chacune qu'une petite surface.

Nous donnons ci-après la liste des plantes cultivées au champ d'études en 1888.

Plantes cultivées au Champ d'étude de l'École nationale d'Agriculture de Montpellier.

PLANTES FOURRAGÈRES.

1° *Graminées fourragères.*

Agrostis vulgaire.
Avoine élevée.
— jaunâtre.
Brize tremblante.
Brome des prés.
Canche flexueuse.
— élevée.
Cretelle des prés.
Dactyle pelotonné.
Fétuque des prés.
— élevée.
Fléole des prés.
Flouve odorante.
Houque laineuse.
Paturin des prés.
Ray grass anglais.
— d'Italie.
Vulpin des prés.

2° *Plantes fourragères non graminées.*

Luzerne cultivée.
— rustique.
Trèfle commun.
— hybride.
— blanc.
— du Japon.
— jaune des sables (Authyllis).
Lupuline.
Melilot de Sibérie.
Sainfoin à deux coupes.
— d'Espagne.
Pimprenelle.
Galega.
Lotier corniculé.
Vesce noire.
— blanche.
Jarosse.
Pois gris.
Navette d'hiver.
Lupin blanc.
— jaune.
Trèfle incarnat.
— à fleurs blanches.
Lentillon d'hiver.
Serradelle.
Moutarde noire.
— blanche.
Moha de Hongrie.
— de Californie.
Fenu grec.
Téosinte.

3° *Racines fourragères et autres non comprises dans les deux catégories ci-dessus.*

Betterave Mammouth.
— corne de bœuf.
— disette bl. à collet vert.
— d'Allemagne rose.
— ovoïde des Barres.
— jaune globe.
— — d'Allemagne.
— bl. à sucre améliorée Vilm.
— — à collet vert.
— — à collet rose.
— noire à sucre à chair bl.

Carotte rouge longue à collet vert.
— demi-longue de Luc.
— blanche des Vosges.
— — à col. vert hors terre
Panais rond.
— long.
Choux navet blanc.
Rutabaga de Skirwing.
— Champion (collet rouge).
Navet de Norfolk.
Navet gros long d'Alsace.
— turneps rabioule.
Rave d'Auvergne hâtive.
Choux fourrager de la Sarthe.
— mille têtes.
— Cavalier.
— moellier blanc.
— branchu du Poitou.
Topinambour.
Igname de Chine.

PLANTES ALIMENTAIRES.

Céréales.

Blé de Zélande.
— Richelle blanche de Naples.
— Chiddam à épi blanc.
— de Noé.
— à épi carré.
— touzelle Anone.
— Saumur de mars.
— d'Odessa sans barbes.
— Touzelle.
— Chiddam à épi rouge.
— rousselin.
— rouge inversable.
— Browick.
— carré de Sicile.
— blé-seigle.
— Hérisson.
— Victoria de mars.
— petanielle blanche.
— poulard d'Australie.
— petanielle noire de Nice.
— de Miracle.
— de Belotourka.
— de Médéah.
— de Dattel.
— de Pologne.
Épeautre blanc sans barbes.
— petit ou engrain.
— engrain double.
Épeautre noir barbu.
— de mars amidonnier noir.
Seigle multicaule.
— de Russie.
— commun.
Avoine de Provence.
— de Brie.
— de Géorgie.
— rousse.
— patte de mouche.
— blanche de Hongrie.
— noire de Hongrie.
— nue.
— de Pologne.
Orge escourgeon d'hiver.
— carrée d'hiver.
— chevalier.
— éventail.
— à 2 rangs Hallett's.
— trifurquée.
— nue grosse.
— noire.
Maïs sucré nain hâtif.
— ridé à 8 rangs.
— sucré d'Amérique.
— du Japon.
— à bec.
— jaune hâtif d'Auxonne.
— Cinquantino.

Maïs King Philipp.
— perle.
— rouge.
— jaune gros.
— blanc des Landes.
— dent de cheval.
Lentille large blonde.
Pois chiches.
Gesse blanche.
Sarrasin commun.
— amélioré.
— de Tartarie.
— émarginé.
— seigle.
Millet d'Italie.
— blanc.
— commun.
— rouge.
Alpiste.
Riz sec.
Sorgho à balais.
— à sucre (grains noirs).
Sorgho sucré (grains rouges).
— à épi.
— d'Alep.
— Douro.
Stachis affinis.—Crosnes du Japon.

Tubercules.

Pommes de terre Chardon.
— Van-der-Veer.
— Magnum bonum.
— Canada.
— Champion.
— quarant. de la Halle
— Chave.
— marjolin.
— merv. d'Amérique.
— Early rose.
— Saint-Jean.
— Hollandaise.
— Juliette.
— Saucisse.

Plantes Industrielles.

Plantes oléagineuses.

Colza ordinaire.
— à fleurs blanches.
— parapluie.
— de Hambourg.
Pavot aveugle.
— œillette grise.
— à opium.
Sésame d'Orient.
Cameline.
Madia du Chili.
Arachide.
Ricin.
Soja teppo mamé.
— Kuro mamé.
— à grain foncé.
— — jaune.
Soja nain.
Tournesol.

Plantes tinctoriales.

Pastel.
Garance.
Safran.
Rose trémière.
Gaude.
Carthame.

Plantes à parfum.

Rosier.
Vetivert.
Menthe.
Citronelle.
Violette d'Italie.

Anis vert.
Coriandre.
Angélique officinale.
Cumin de Malte.
Carvi cultivé.

Plantes textiles.

Lin d'hiver.
— de Riga.
— à fleurs blanches.
— de Pskoff amélioré Russe.
— vivace bleu.
Chanvre commun.
— du Piémont.
— de Chine.
Chanvre de l'Inde.
— de Calcutta.
Coton de la Géorgie.
— de la Louisiane.
Ramie-Urtica utilis.
— nivea.

Plantes industrielles diverses.

Chardon à foulon.
Tabac de Virginie.
— de Maryland.
— de l'Ohio.
Chicorée à café.
Houblon.
Absinthe.

Champ d'expériences d'engrais. — Au champ d'études a été adjoint, depuis 1886, un champ d'expériences d'engrais appliqués aux céréales, et plus spécialement au blé. Ce champ d'expériences est d'ailleurs analogue à ceux qui ont été, depuis de longues années, installés ailleurs. Il a surtout pour but de montrer aux élèves les résultats que l'on peut obtenir pour l'application judicieuse des principes fertilisants.

Cultures arbustives. — Les principales cultures arbustives du Midi sont représentées par des collections de nombreuses variétés. La collection d'*oliviers* est une des plus importantes, et elle s'accroît chaque année par de nouveaux apports de variétés françaises ou étrangères. Viennent ensuite, par ordre d'importance, les collections de variétés de pêchers, d'amandiers, abricotiers, azeroliers, pruniers, figuiers, pistachiers, etc.

Oliviers[1].

1. Rouget.
2. Olivière.
3. Verdale.
4. Picholine.
5. Pigale.
6. Amenlau.

[1] On possède en tout à l'École 150 oliviers des diverses variétés énumérées ci-dessus et ci-après.

7. Corniale.
8. Petite corniale.
9. Lucques.
10. Argental.
11. Saillerne de Sommières.
12. — de pays.
13. Marseillais.
14. Redonal Castries.
15. Gineskal.
16. Negral.
17. Rose.
18. Blancal.
19. Bouteillau.
20. Moiral.

Catalogue des espèces et variétés cultivées à l'École d'Arboriculture agreste.

Prunier perdrigon du Var.
— d'Agen.
— Reine Claude d'Oullins.
— monsieur jaune.
— quetsche d'Italie.
— — d'Allemagne.
— Reine Claude diaphane.
— mirabelle grosse.
Noisetier commun.
— à feuille pourpre.
— d'Espagne à fruit rond.
Pêcher précoce de Hale.
— Lord Palmerston.
— Early Rivers.
— Early Louise.
— Early Beatrice.
— Amsden.
Amandier sultane.
— Bertholène.
— princesse.
— à la Dame.
— à coque dure.
Azerolier d'Italie à fruit rouge.
— à fruit blanc.
— jaune du Canada.
Abricotier Luizet.
Abricotier pêche.
— Alexandrin.
— précoce de Boulbon.
— angoumois.
— blanc.
Grenadier à fleurs doubles variées.
— de Séville à gros fruit.
Diospyros coronaria.
— lotus.
— costata.
— Mazeli.
Figuier Marseillais.
— monaie.
— poullarde.
— peau dure.
— col de Signora blanc.
— trompe chasseur.
— Célestine.
— blanche de Versailles.
— panachée.
— Gourau.
— Bernissenc du Rochet.
— sang de lièvre.
— Chameghevan.
— figue d'or.

Excursions agricoles. — M. Degrully a organisé un grand nombre d'excursions agricoles avec les élèves, notamment dans les Pyrénées-Orientales, l'Hérault, l'Aude, le Gard, Vaucluse,

Bouches-du-Rhône, Var, Alpes-Maritimes, etc. Il a pris part à la plupart des autres excursions organisées par ses Collègues, notamment à celles de l'Algérie, de la Camargue, etc.

Publications.

Progrès agricole et viticole, journal hebdomadaire, sous la direction de M. Degrully, avec le concours et la collaboration de tous les professeurs de l'École. Fondé le 1er janvier 1884.

L. Degrully. — Étude sur l'Olivier (en collaboration avec M. P. Viala), en cours de publication dans les *Annales* de l'École.

G. Foex. — Conférence publique donnée dans l'une des salles de la préfecture de Montpellier, le 6 février 1875, sur les labours. — Montpellier, Hamelin frères, impr.

G. Foex. — Seconde conférence publique donnée dans l'une des salles de la préfecture de Montpellier, le 6 mars 1875, sur les labours. — Montpellier, Hamelin frères.

G. Foex. — Conférence sur la betterave à sucre, donnée à l'hôtel de ville d'Avignon, le 8 mai 1875. — Montpellier, Hamelin frères.

COLLECTIONS D'OBJETS RELATIFS AU COURS D'AGRICULTURE RENFERMÉES DANS LES MUSÉES.

Collections	de betteraves	en carton-pâte.
—	carottes et panais	—
—	pommes de terre	—
—	raves, navets, rutabagas, etc.	—
—	patates	—
—	d'ignames	—
—	de blés	en épis.
—	d'orge	—
—	d'avoine	—
—	d'épeautres	—
—	millet	—
—	maïs	—
—	seigle	—
—	riz	—
—	sarrasin	—
—	graines fourragères.	
—	graines de plantes alimentaires.	
—	graines de plantes industrielles.	
—	graines de plantes diverses.	

CONFÉRENCES D'HORTICULTURE.

Les conférences d'Horticulture sont données par M. Berne, chef jardinier ; elles ont lieu généralement sur le terrain et en présence des objets mêmes sur lesquels portent les démonstrations. Leur programme (pag. 44 et 45) comprend l'arboriculture fruitière et la taille des arbres, l'horticulture maraîchère et l'horticulture florale et ornementale. On s'attache à faire connaître aux élèves les meilleures espèces et variétés à cultiver dans la région méditerranéenne, les soins spéciaux de culture qu'elles exigent dans ce milieu ; enfin on cherche à les mettre en état de pratiquer par eux-mêmes la taille des arbres fruitiers ou tout au moins d'en très bien diriger l'exécution.

Les éléments de démonstration dont dispose le service des jardins sont :

A. — Pour l'arboriculture fruitière : 1° un jardin fruitier où sont réalisées d'une manière remarquable les formes suivantes :

Poiriers. — Palmette simple et double ; cordons horizontaux ; cordons verticaux simples et doubles ; cordons obliques simples et doubles ; turbines ; palmettes à branches croisées.

Pêchers. — Candélabres à quatre branches et à trois branches ; candélabres à branches verticales ; candélabre Gressant ; palmette Verrier ; éventail carré ; formes de fantaisie.

2° Des arbres fruitiers (pêchers, cerisiers, abricotiers, pruniers, poiriers) en espalier, contre-espaliers ou en plein vent, situés en diverses parties du domaine.

B. — Pour l'horticulture maraîchère : 1° un potager où sont cultivés régulièrement les légumes les plus usuels (75 espèces ou variétés environ), et où l'on expérimente l'accommodation au climat méditerranéen des types nouveaux ; 2° des bâches pour l'obtention de certaines primeurs.

C. — Pour l'horticulture ornementale, l'École possède : 1° un parterre où sont essayées les variétés nouvelles de fleurs les plus usuelles; 2° une serre où sont renfermées diverses plantes d'ornement, telles que *Camélias*, *Azalées*, *Aspidistra*, *Palmiers divers*, etc...; 3° un grand square formant la cour d'honneur de l'École et planté de massifs d'arbres, d'arbustes et de plantes (*Platanes*, *Melia azedarach*, *Cupressus Lambertina*, *Chamærops excelsa*, *Cocos* et autres *Palmiers*, *Bambusa divers*, collection de *Lauriers roses*, *Dasylirion* et *Agave* divers, etc.), et des corbeilles de fleurs; 4° un parc encadrant le parc météorologique et se rattachant au jardin dendrologique, qui offre lui-même des sujets d'etude intéressants au point de vue horticole; 5° enfin une école d'acclimatation pour les végétaux redoutant le froid, sur des terrasses exposées aux Midi. On trouvera, pag. 191 et suiv., le catalogue des plantes cultivées dans ces deux derniers endroits.

Ces diverses cultures, ainsi que les collections de vignes, sont entretenues en grande partie par des apprentis jardiniers que l'on prépare à devenir des ouvriers ou des contre-maîtres capables. Ces jeunes gens entrent au service des jardins à l'âge de 14 à 16 ans et y passent deux ans; ils sont nourris, logés et blanchis et reçoivent au bout de quelque temps une légère gratification mensuelle. On exige qu'ils soient munis à leur arrivée du certificat d'études primaires. Indépendamment des travaux courants auxquels ils participent toute la journée, ils reçoivent, le soir, des conférences spéciales d'horticulture et de mathématiques appliquées (jaugeage, arpentage, tracé sur le terrain); ils assistent aux leçons de botanique et aux herborisations des élèves; ils sont enfin exercés au dessin, tiennent des cahiers de résumé de leurs leçons et sont astreints à faire un herbier.

Le nombre des apprentis jardiniers est limité à cinq; aussi les places sont-elles très recherchées. Trente-deux jeunes gens ont fait leur apprentissage au service des jardins depuis la création de l'École des apprentis; tous occupent aujourd'hui des situations avantageuses en France ou à l'Étranger, dans des établissements horticoles publics ou privés.

COURS DE VITICULTURE.

Le cours de Viticulture commence avec le second semestre de la deuxième année et se continue jusqu'à la fin de la troisième année. L'étude des diverses questions que compte cet enseignement coïncide avec les phases de la végétation de la vigne et l'époque des cultures ; chaque leçon est, par suite, accompagnée de démonstrations pratiques qui peuvent être faites facilement dans le vignoble de l'École.

Les conditions nouvelles de la culture de la vigne impliquent, comme base de l'enseignement, des notions scientifiques étendues qui puissent permettre aux élèves de discuter et modifier plus tard leurs connaissances suivant les milieux et les régions dans lesquelles ils ont à les appliquer. Dans ce but, une large place est faite à l'ampélographie ou à l'étude des cépages, à l'étude des maladies et de leurs traitements, à celles des engrais, de la taille, des procédés de multiplication, etc..... Comme les élèves qui viennent suivre les cours appartiennent à toutes les régions viticoles du monde, l'enseignement n'est pas restreint à l'étude de la viticulture méridionale, il embrasse les procédés de culture de tous les pays. La partie du cours qui traite de la Viticulture comparée synthétise le cours de Viticulture générale, dont il est le couronnement, en appliquant et spécialisant les données acquises à toutes les régions viticoles. Le programme du cours indique d'une façon détaillée les questions qui sont traitées dans l'enseignement oral.

L'enseignement pratique est tout aussi étendu ; voici l'énumération des séries d'applications faites dans le vignoble de l'École et au laboratoire de Viticulture, où se trouvent réunis tous les éléments de travail nécessaires pour une instruction complète.

Semestre d'hiver (2ᵉ *année*). — 1° Anatomie de la vigne : fleurs, graines, tiges, racines ; études microscopiques au Laboratoire.

2° Étude des graines des diverses espèces de vignes.

3° Étude du débourrement, de la floraison, de la véraison, de la maturité.

4° Pratique de l'hybridation.

5° Description d'un cépage.

6° Reconnaissance des divers genres d'ampélidées.

7° Nombreuses applications (juin et juillet) sur les principaux cépages américains et français. Les élèves sont tenus de faire un herbier des principales vignes; lorsqu'ils ont étudié les cépages dans les collections de l'École, ils sont conduits dans les vignobles extérieurs pour se familiariser avec la connaissance des cépages et les milieux dans lesquels ils doivent être cultivés.

8° Étude des terres dans lesquelles croissent les vignes américaines à l'état sauvage, comparativement aux terres du vignoble français.

9° Pratique du semis, stratification des graines, établissement des planches de semis, levée des graines, soins de culture des semis.

10° Bouturage, préparation des boutures, emballage, plantation. Établissement des pépinières de boutures et de greffes-boutures.

11° Pratique des divers systèmes de provignage. Sevrage.

12° Applications de greffage sur place par les divers systèmes.

13° Labours de culture, usage des instruments attelés.

14° Étude des caractères extérieurs et des lésions des divers parasites animaux et végétaux, des maladies physiologiques, dans les vignobles et au laboratoire.

15° Opérations du traitement des maladies; instruments, préparation des matières, applications.

16° Tailles en vert : ébourgeonnement, écimage, pincement, rognage, accolages et palissages, incision annulaire, cisèlement, effeuillage.

Semestre d'hiver (3e *année*) — 17° Applications de taille de la vigne dans le vignoble de l'École et dans l'école de taille; excursions au moment de la taille dans les vignobles extérieurs.

18° Applications de greffage à l'atelier; usage des machines. Stratification des boutures et des greffes-boutures.

19° Tracé de la plantation; mise en place.

20° Application des engrais chimiques et des fumiers.

21° Manipulations microscopiques au laboratoire sur les diverses maladies cryptogamiques.

De nombreuses excursions sont faites, en outre, dans les

vignobles importants du bassin de la Méditerranée ; certaines durent plusieurs jours. Les vignobles sont d'abord parcourus par le professeur pour préparer l'excursion ; il met, par une conférence faite avant le départ, les élèves au courant des systèmes qu'ils auront à étudier et fixe leur attention sur les points spéciaux des exploitations ; pendant l'excursion, il résume, à plusieurs reprises, les observations et les renseignements communiqués par les propriétaires. Les élèves doivent, à la suite de chaque excursion, fournir un rapport détaillé sur les vignobles qu'ils ont étudiés. Ils font un travail, pendant les vacances de la deuxième et de la troisième année, sur les vignobles de leur région et sur les vendanges.

Laboratoire de Viticulture. — Le laboratoire de Viticulture a été créé au commencement de 1876 comme dépendance du cours d'Agriculture. Sa première installation fut des plus modestes : il occupait une petite salle dans le bâtiment actuellement affecté au service des Jardins. Une table, une armoire, quelques chaises, en formaient à peu près tout le mobilier. Cependant, aiguillonné par les circonstances, M. Foëx y entreprit, malgré l'insuffisance des moyens mis à sa disposition, un certain nombre de travaux sur les questions qui se posaient à ce moment relativement à la défense et à la reconstitution des vignobles attaqués par le phylloxera. C'est de cette époque que datent ses recherches sur les causes de la résistance que les vignes américaines opposent au phylloxera. En même temps, des collections de vignes américaines furent commencées. Ces collections renferment actuellement plus de 400 types divers ; nous en donnerons le catalogue ci-après. On créa également une école de taille où furent représentés, greffés sur pieds américains, un certain nombre de nos cépages français sur lesquels sont appliqués les procédés de taille usités dans leur pays d'origine. Un ensemble d'expériences sur les procédés de multiplication applicables à la vigne fut enfin organisé.

La création des collections de vignes américaines permit

bientôt d'entreprendre les travaux ampélographiques sur ces espèces, jusqu'alors inconnues en France et mal connues aux États-Unis. Le résultat de ces premières études a été consigné dans l'*Ampélographie américaine* publiée par MM. Foëx et Viala.

Les premières introductions de vignes américaines dans le midi de la France avaient été faites avec une certaine précipitation et sans qu'on eût pu se rendre compte suffisamment des conditions de sol et de climat qui leur étaient nécessaires. Sur bien des points, des cépages que l'on voyait cependant prospérer ailleurs, jaunissaient, soit qu'on les laissât se développer dans les conditions ordinaires, soit seulement après qu'ils avaient été greffés. Il importait donc : 1° de dégager nettement les causes de leur non-réussite, de manière à ce qu'elles ne vinssent pas ôter la confiance dans leur résistance au phylloxera qui avait été établie par des travaux antérieurs ;

2° De se rendre un compte exact des conditions de milieu nécessaires à chaque type. Pour atteindre le premier but, des études furent entreprises par M. Foëx sur les causes de la chlorose des vignes américaines ; elles ont été publiées dans les *Annales* de l'École et ont montré que cette maladie ne pouvait être imputée à l'action du phylloxera. Pour arriver au second, des stations d'essai furent établies sur des points offrant des conditions de sol et de climat variées. Les renseignements donnés par l'étude des divers cépages ainsi placés dans des milieux différents permirent d'établir la liste des vignes susceptibles de prospérer dans des terrains et des climats donnés. Cette étude a été complétée, en ce qui touche les terrains calcaires, par M. Viala, au cours d'une mission en Amérique qui lui a été confiée, en 1887, par le ministère de l'Agriculture.

Les plantations faites dans les diverses parties du domaine de l'École au moyen des vignes américaines permirent d'entreprendre un grand nombre d'expériences sur les questions de culture proprement dites. Les résultats de ces études et de celles faites sur les divers points de la région où la reconstitution des vignobles se faisait en même temps ont été publiés dans le *Manuel prati-*

que de Viticulture, dans le *Cours complet de Viticulture* de M. Foëx et dans d'autres publications dont la liste est donnée ci-après.

Les questions relatives à la résistance des vignes américaines au phylloxera, à leur accommodation aux diverses natures de sol, à leur multiplication et à leur culture ayant été étudiées, l'attention de M. Foëx et de ses collaborateurs fut bientôt attirée par les maladies cryptogamiques qui attaquaient en grand nombre les vignobles récemment reconstitués ; des travaux, dont la plus grande part revient à MM. Viala et Ravaz, furent faits successivement sur les principales d'entre elles ; ils se trouvent résumés dans l'ouvrage de M. Viala sur les Maladies de la vigne et dans les *Annales* de l'École.

La disparition des grandes collections ampélographiques françaises rendait nécessaire l'établissement d'une collection nouvelle dans laquelle les vignes fussent placées dans des conditions telles qu'elles pussent échapper à la destruction par le phylloxera. Une collection des vignes de l'ancien Monde, groupée suivant un ordre géographique, a été entreprise dans ce but ; elle renferme actuellement 522 cépages.

La préparation de ces collections a donné lieu à un travail important de M. P. Viala sur les *Hybrides-Bouschet* (Montpellier, 1886, C. Coulet), à diverses notes ampélographiques de M. Foëx et de M. Ravaz ; enfin elle a permis de réunir les éléments d'une *Ampélographie générale* dont la publication commencera prochainement, avec le concours de MM. Foëx, Pulliat et P. Viala.

Enfin on a réuni, dans l'intérêt des études sur la Botanique des Ampélidées, une collection de vignes de l'extrême Orient (9 espèces) et d'Ampelopsis et de Cissus (8 espèces).

Cependant l'insuffisance du premier local, l'augmentation du matériel et du nombre des jeunes gens qui venaient des différents pays suivre les travaux au laboratoire de Viticulture, et enfin l'élargissement du cadre des travaux entrepris, amenèrent successivement son transport dans les locaux actuellement consacrés au laboratoire de Physique et dans le chalet qu'il occupe en ce moment.

Plan du Laboratoire de Viticulture.

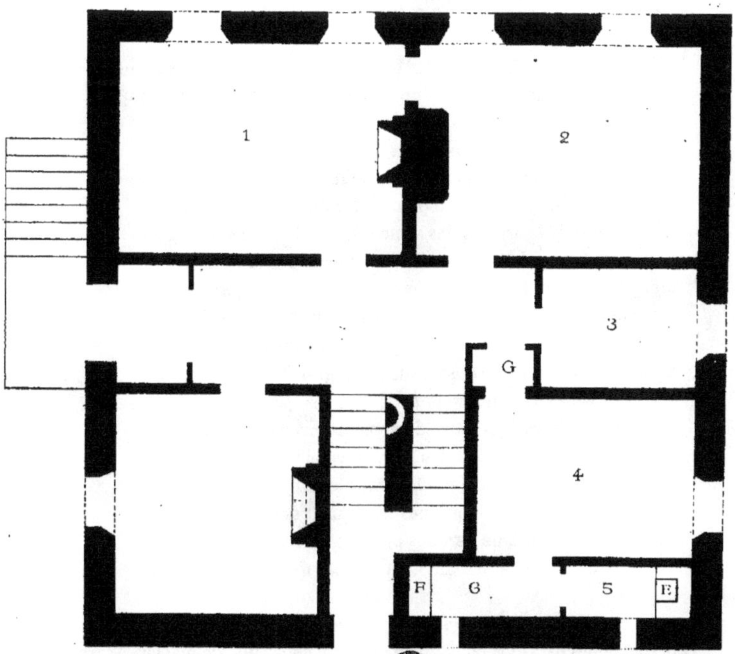

Echelle: 1 Centimètre par Mètre.

Installation actuelle. — Le laboratoire est présentement composé de quatre pièces (planche n° VI). La première (1) est

Plan du Laboratoire de Viticulture (Pl. VI).

1. Salle pour la Micrographie, et Bibliothèque.
2. Salle pour les Manipulations.
3. Conservatoire.— Échantillons divers.— Collection des Maladies de la vigne. — Herbiers, etc.
4. Salle de culture pour les Cryptogames de la vigne.
5. Chambre renfermant une étuve de Culture E.
6. Évier avec filtre Chamberland F.

destinée plus spécialement aux travaux de micrographie et à la bibliothèque ; elle renferme : un grand microscope de Zeiss, un grand microscope de Vérick et deux microscopes ordinaires de Prasmowski, des dessins et des peintures, des collections de préparations relatives aux maladies de la vigne. La deuxième (2) est installée en vue des manipulations chimiques, de l'étude des terres, de la préparation des semences, et d'une manière générale des travaux dont l'exécution risquerait de nuire à la bonne tenue de la première ; elle est pourvue d'eau et de gaz, de tables de manipulation, d'armoires pour les produits et pour les menus instruments de taille et de greffage, enfin du dispositif nécessaire au classement et à la conservation des grands dessins sur fond noir qui servent, concurremment avec les projections solaires ou au gaz oxyhydrique, aux démonstrations dans les cours.

La troisième salle (3) est un conservatoire où sont renfermés les herbiers, les collections d'échantillons des maladies de la vigne, les collections de graines de vignes, des échantillons des sols caractéristiques de certains cépages et diverses pièces, modèles et dessins se rapportant à l'ampélographie ou aux maladies de la vigne.

La quatrième salle (4) a été installée en vue des cultures des cryptogames parasites de la vigne ; elle est construite de manière à éviter le plus possible l'envahissement par les moisissures et à permettre, lorsqu'il se produit, une stérilisation facile : les murs, enduits en ciment, se réunissent en voûte ogivale suivant le dispositif employé par M. Tollet afin d'empêcher les dépôts de poussières et de spores ; un passage G, avec double porte, empêche les communications directes avec le dehors ; les parois sont revêtues d'un vernis au bitume de Judée susceptible d'être lavé sans altération avec de l'eau chauffée à 90°, le sol est en mosaïque cirée. Contre les murs sont placées des étagères mobiles formées de portions de glaces posées sur des tringles en fer, ces étagères supportent les cloches où se font certaines cultures ; de grands pots renfermant des vignes en végétation reposent sur le sol sur des plateaux en zinc. Deux petites pièces (5) et (6) dépendent de la salle de culture ; l'une (6) renferme un évier avec filtre Chamberland F pour purifier les eaux destinées aux lavages et aux germinations, l'autre (5) une étuve de culture E.

L'étuve, construite en fonte émaillée, est fermée hermétiquement par une glace ; elle est enveloppée d'une paroi en brique suffisamment écartée pour permettre la circulation de l'air chaud tout autour de la fonte. Le chauffage se fait au moyen d'un brûleur à gaz placé au-dessous de l'étuve et séparé de cette dernière par un écran en tôle ; le réglage se fait simplement par le robinet auquel est relié le brûleur ; ce moyen est suffisant pour que les écarts de température n'atteignent pas 2° par rapport à celui qui a été fixé ; un thermomètre à maxima et un à minima permettent de constater ces écarts. Le degré d'humidité de l'atmosphère de l'étuve se règle de la manière suivante : Une trompe produit un appel d'air à la partie inférieure droite de l'étuve, l'air extrait est remplacé par d'autre qui arrive à la partie supérieure gauche à travers un tube. Ce tube est mis en communication au moyen d'une pièce bifurquée et dont chaque bifurcation porte un robinet, avec : 1° une source d'air filtré au coton et séché au chlorure de calcium ; 2° avec une source d'air également filtré et saturé d'humidité par de l'eau pulvérisée, au moyen du jet Riley. Un hygromètre à cheveu, réglé par comparaison avec l'hygromètre à condensation de M. Crova, permet d'apprécier le degré d'humidité dans l'étuve ; ce degré est augmenté ou diminué suivant les besoins, en ouvrant ou en fermant plus ou moins le robinet d'air sec ou celui d'air humide.

Action extérieure. — Indépendamment de l'enseignement donné aux élèves, le service de Viticulture comprend une importante correspondance qui s'accroît tous les jours; de tous les points des vignobles français et étrangers arrivent des demandes de renseignements : il a été répondu à près de quatorze cents lettres en 1888. Les questions portent surtout sur les points suivants : déterminations de maladies des vignes ; remèdes à employer ; indications des cépages convenables pour des sols et des climats donnés ; déterminations de cépages ; méthodes de greffage ; procédé de taille à employer ; engrais, etc. Pendant les mois de juin, juillet, août et septembre, de nombreux viticulteurs viennent à l'École visiter les collections et expériences ; ils sont reçus et accompagnés par le personnel du laboratoire de Viticulture. Enfin des anciens élèves des autres Écoles françaises et étrangères, des délégués des gouvernements étrangers, des propriétaires, travaillent au laboratoire pour des études spéciales; des conférences particulières sont souvent données pour eux en dehors des cours et ils font sous la direction des professeurs et des préparateurs des recherches particulières.

C'est également le service de la Viticulture qui a organisé depuis 1878 les grandes réunions qui se sont tenus annuellement au mois de mars à l'École, avec le concours de la Société d'Agriculture de l'Hérault, et dans lesquelles ont été discutées les questions relatives à la reconstitution des vignobles, au greffage des vignes, aux maladies qui les atteignent, aux moyens de les combattre et à la situation économique. C'est lui qui a présidé aux écoles de greffage et aux diverses expositions et essais d'appareils viticoles divers qui ont été faits à l'École.

Un grand nombre de conférences ont été données par les professeurs Foëx et Viala sur des questions de Viticulture dans diverses localités de la France et de l'Étranger.

Le service de la Viticulture a enfin distribué depuis 1878 environ deux millions de boutures de vignes américaines aux départements, communes et associations agricoles.

COLLECTIONS DE VITICULTURE.

Catalogue des Ampélidées cultivées à l'École Nationale d'Agriculture de Montpellier.

CHAPITRE I. — GENRE VIGNE.

SECTION A. — V. Æstivalis.

NUMÉROS du Catal. Gén	NUMÉROS dans la section	NOMS DES CÉPAGES	NOMS SYNONYMIQUES sous lesquels ils existent également dans les collections.	ORIGINE.	OBSERVATIONS.
1	1	Æstivalis inédit....		M. Borty.............	
2	2	Æstivalis type du Missouri........		M. Piola..............	
3	3	Æstivalis de Spaunhorst..........		MM. Bush et Meissner...	
4	4	Æstivalis de Vivie..		M. Lespiault..........	
5	5	Æstival. nouveau de Jæger.........		M. Planchon...........	
6	6	Æstivalis géant....		M. Piola..............	
7	7	Baxter............		M. Pulliat............	
8	8	Black-July........		M. Jules Leenhardt.....	
			Devereux.......	Cons^{l}-Gén^{al} Fr. à N.-York.	
			Lenoir.........	MM. Bush et Meissner...	
			Baldwin Lenoir..	Collection Durand.	
9	9	Blue Favorite.....		M. Despetis...........	
10	10	Bottsi............		M. J. Leenhardt........	
11	11	Cunningham......		M. G. Bazille..........	
			Long...........	M. Hortolès...........	
12	12	Cunningham's. Jacq.		M. Piola..............	
13	13	Cynthiana.........		Cons^{l}-Gén^{al} Fr. à N.-York.	
			Norton's Virginia.	—	
14	14	Dunn's Grape.....		M. Bourgade...........	
15	15	Eumelan..........		Cons^{l}-Gén^{al} Fr. à N-York.	
16	16	Elsinboro.........		M. Pulliat............	
			Elsinburgh......	M. Piola..............	
17	17	Harwood.........		M. F. Sabatier.........	
18	18	Herbemont........		Cons^{l}-Gén^{al} Fr. à N.-York.	
			Waren..........	M. Hortolès...........	
19	19	— Improved (?)		M. F. Sabatier.........	
20	20	— s. Jacquez		M. Piola..............	
21	21	— d'Aurell., n° 1			
22	22	— n° 2			
		— Touzan..			
23	23	— blanc de Malégue..........			
24	24	Hermann..........		Cons^{l}-Gén^{al} Fr. à N.-York.	
25	25	— blanc.....		M. Piola..............	
26	26	Jacquez..........		M. Laliman...........	
			Jacquez du Texas.	M. J. Leenhardt........	
			Black Spanish...	—	

NUMÉROS du Catal. Gén.	NUMÉROS dans la section	NOMS DES CÉPAGES.	NOMS SYNONYMIQUES sous lesquels ils existent également dans les collections.	ORIGINE.	OBSERVATIONS.
27	27	Jacquez de semis...		M. G. Bazille..........	Grain oblong.
28	28	—		—	Grain moyen blanc.
29	29	—		—	Très vigoureux.
30	30	—		—	Fertile, bon vin.
31	31	— d'Aurell., n° 1			
32	32	— — n° 2			
33	33	Lenoir de Roquemaure....		M. F. Sabatier..........	
34	34	Lenoir à gros grain.		—	
35	35	Neosho..........		M. Audouard..........	
36	36	Neosho racine.....		M. Planchon..........	
37	37	Norton's Virg. blanc		M. Bourgade..........	
38	38	Pauline........ ..		M. Pulliat............	
			Pauline rose....	M. Bouschet..........	
39	39	Rulander		M. J. Leenhardt........	
			Louisiana......	—	
40	40	Saint-Sauveur.....			
41	41	Telegraph........		M. Durand (las Sorres)..	

Section B. — **V. Riparia.**

NUMÉROS du Catal. Gén.	NUMÉROS dans la section	NOMS DES CÉPAGES.	NOMS SYNONYMIQUES sous lesquels ils existent également dans les collections.	ORIGINE.	OBSERVATIONS.
		Types SAUVAGES.			
42	1	Vigne sauvage du Canada.........		Jardin d'Acclimatation...	
43	2	Riparia Martin des Pallières..		M. Durand (las Sorres)..	
44	3	— Saporta....		M. Viala..............	
45	4	— sauv. tom.		M. Reich.............	
46	5	— sauv. glabre mâle.. ..		M. Roche.............	
47	6	— sauv. grand glabre...		M. Arnaud............	
48	7	— sauv. mâle fertile....		M. Roche.............	
49	8	— sauv. Baron Périer...		M. Pulliat............	
50	9	— sauv. mâle.		Jard. des Plant. de Bord.	
51	10	— sauvage très tomenteux		M. J. Leenhardt........	
52	11	— sauv. du ter. des Indiens		—	

NUMÉROS du Catal. Gén.	NUMÉROS dans la section	NOMS DES CÉPAGES.	NOMS SYNONYMIQUES sous lesquels ils existent également dans les collections.	ORIGINE.	OBSERVATIONS.
53	12	Riparia sauv. glabre dioïque..		M. J. Leenhardt........	
54	13	— sauv. Maurin		M. F. Sabatier..........	
55	14	— géant......		Mas de las Sorres.......	
56	15	— gloire de Montpellier		—	
57	16	— Paul Estève		—	
58	17	— Michel.....		M. Piola...............	
59	18	— des bords sabl. d'un lac		M. Millardet............	
60	19	Robustris..........		M. Destremx.....	
61	20	Scupernon.........		Jardin d'Acclimatation...	(Nom impropre, ne pas confondre avec le Scupernong qui est un V. Rotundifolia
62	21	V. Vulpina........		M. Bourgade...........	
63	22	Winter grape......		—	

COLLECTION DAVIN.

64	23	Riparia rouge mâle.		M. le Dr Davin.........	
65	24	— bourg.bronz.		—	
66	25	— Sericea.....		—	
67	26	— toment. bois rose.....		—	
68	27	— toment. bois rouge...		—	
69	28	— toment. bois blanc....		—	
70	29	— toment. doré		—	

COLLECTION MEISSNER.

71	30	Riparia n° 3......		M. Meissner............	
72	31	— n° 4......		—	
73	32	— n° 4 (*bis*)..		—	
74	33	— n° 5......		—	
75	34	— n° 6......		—	
76	35	— n° 7......		—	
77	36	— n° 8......		—	
78	37	— n° 9......		—	
79	38	— n° 10.....		—	
80	39	— n° 12.....		—	
81	40	— n° 13.....		—	

COLLECTION DESPETIS.

82	41	Riparia à lobes convergents.		M. Despetis............	
83	42	— Audouard.		—	

NUMÉROS du Catal. Gén	NUMÉROS dans la section	NOMS DES CÉPAGES.	NOMS SYNONYMIQUES sous lesquels ils existent également dans les collections.	ORIGINE.	OBSERVATIONS.
84	43	Riparia à gr. feuil. foncées . .		M. Despetis.	
85	44	— à feuil. lisses, rous. (Mich.)		—	
86	45	— Denis pubescent. . .		—	
87	46	— pubesc. bleu		—	
88	47	— à gr. feuilles glabr. nº 1		—	
89	48	— Reich.		—	
90	49	— mâle, rouge (Davin). . .		—	
91	50	— bourg. dorés (Davin). . .		—	
92	51	— sarm. violets		—	
93	52	— duc Palban.		—	
94	53	— sombre nº 2		—	
95	54	— à lobes acuminés. . . .		—	
96	55	— pubesc bl. (Davin). . .		—	
97	56	— pubesc. vert (Duchesse)		—	
98	57	— Portalis r. .		—	
99	58	— viol. (Lautrec)		—	
100	59	— Seric. (Dav.)		—	
101	60	— bourg. doré (Duchesse)		—	
102	61	— Portalis. . . .		—	
103	62	— gr. feuilles (Duchesse)		—	
104	63	— rouge à gros pied.		—	
105	64	— Beaupré. . .		—	
106	65	— pousse vin.		—	
107	66	— Pulliat.		—	
108	67	— pubescent rouge . . .		—	
109	68	— bourg. br. .		—	
110	69	— belle souche		—	
111	70	— vernis luis.		—	
112	71	— pubescent gris, nº 2.		—	
113	72	— à lobes convergents. .		—	
114	73	— à feuil. vern. de Fabry.		—	
115	74	— bois rouge (Duchesse)		—	
116	75	— bourg. br. nº 2.		—	

NUMÉROS du Catal. Gén.	NUMÉROS dans la section	NOMS DES CÉPAGES.	NOMS SYNONYMIQUES sous lesquels ils existent également dans les collections.	ORIGINE.	OBSERVATIONS
		COLLECTION DE V. SOLONIS.			
117	76	Solonis type.......		M. Laliman...........	
118	77	Solonis à feuil. lobées		M. Despetis...........	
119	78	Semis de Solonis. bl.		M. Laliman...........	
120	79	Semis de Solonis...		—	
121	80	— de Solonis à bois roug. (?)		—	
122	81	— de Sol. hybr		M. Pulliat...........	
123	82	Solonis n° 25......		M. Despetis...........	
		COLLECTION DE V. RIPARIA Cultivées.			
124	83	Bacchus..........		M. Bourgade..........	
125	84	Clinton..........		M. J. Maistre.........	
126	85	— rose........		M. Piola..............	
127	86	King Clinton.......		M. H. Bouschet.......	Fruit blanc.
128	87	Marion..........		Cons^{l}-Gén^{al} Fr. à N.-York.	
129	88	Montefiore......		M. J. Leenhardt........	
130	89	Oporto..........		M. H. Bouschet........	
131	90	Peabody..........		M. Bourgade..........	
132	91	Pearl............		M. Piola..............	
133	92	Taylor..........		M. Laliman...........	
134	93	— improved...		M. le Dr Davin........	
135	94	Sem. Tayl. Planchon		M. Laliman...........	
136	95	Winslow........		MM. Bush et Meissner...	

SECTION C. — V. Labrusca.

NUMÉROS du Catal. Gén.	NUMÉROS dans la section	NOMS DES CÉPAGES.	NOMS SYNONYMIQUES sous lesquels ils existent également dans les collections.	ORIGINE.	OBSERVATIONS.
137	1	Alexandrina.......		M. Piola..............	
138	2	Adirondac (Canada).		Jardin d'Acclimatation...	
139	3	Arrot............		Jard. des Plant. de Bord.	
140	4	Brighton.........		M. Planchon...........	
141	5	Beauty..........		M. Piola..............	
142	6	Cambridge.......		M. F. Sabatier........	
143	7	Caroline.........		M. J. Leenhardt.......	
144	8	Cassady.........		MM. Bush et Meissner...	
145	9	Catawba.........		Cons^{l}-Gén^{al} Fr. à N.-York.	
146	10	Cépage inconnu....			
147	11	Challenge........		M. Reich.............	
148	12	Concord.........		Cons^{l}-Gén^{al} Fr. à N.-York.	

NUMÉROS du Catal. Gén.	NUMÉROS dans la section	NOMS DES CÉPAGES.	NOMS SYNONYMIQUES sous lesquels ils existent également dans les collections.	ORIGINE.	OBSERVATIONS.
149	13	Cottage....		M. J. Leenhardt........	
150	14	Creveling.........		Consl-Génal Fr. à N.-York.	
151	15	Diana............		MM. Bush et Meissner...	
152	16	Dracut Amber.....		M. Planchon...	
153	17	Early Victor.......		M. Bourgade..........	
154	18	Echloni (de Vivie)..		M. Lespiault...........	
155	19	Elisabeth.........		M. Reich..............	
156	20	Game.......... .		Comice de Toulon.......	
157	21	Hartford Prolific ..		Consl-Génal Fr. à N.-York.	
158	22	Iona.............		M. Maistre...........	
159	23	Isabelle..........		M. Bouschet...........	
160	24	Isabelle blanche....		M. Piola..............	
161	25	Israëlla..........		M. Hortolès...........	
162	26	Ives Seedling......		Consl-Génal Fr. à N.-York.	
163	27	Janesville....... .		M. Reich..............	
164	28	Labrusca blanc (?)		M. Laliman............	
165	29	— inconnu..		—	
166	30	— —		M. Reich.	
167	31	Labrusca de Vénétie			
168	32	Lady............		—	
169	33	Logan............		M. Planchon...........	
170	34	Martha..........		M. Maistre............	
171	35	Mary-Ann....		—	
172	36	Maxatawney.......		M. Planchon..........	
173	37	Muscadine.			
174	38	North America.....		M. Pulliat....	
175	39	— Caroline....		M. Maistre......	
176	40	— Muscadine ..		M Denis...............	
177	41	Northern précoce..		M. Pulliat.............	
178	42	Paxton		M. le Dr Davin.........	
179	43	Perkins..........		M. Maistre............	
180	44	Pocklington.......		M. Bourgade...........	
181	45	Rebecca.........		Jardin d'Acclimatation...	
182	46	Rentz......... ..		Coll. Durand..........	
183	47	Schiller..........		MM. Bush et Meissner...	
184	48	Seneca...........		M. Maistre............	
185	49	Telegraph (de Bush)		—	
186	50	To-kalon.......		—	
187	51	Tolman..........		—	
188	52	Troy.......... ..		M. Piola..............	
189	53	Una..		M. Planchon...........	
190	54	Union Village......		M. Durand.............	
191	55	Venango..........		M. Planchon...........	
192	56	Vergenness.......		M. Bourgade...........	
193	57	Vigne de la côte de Guinée........		M. X.................	Importée d'Amérique par les nègres de Sierra Leone.
194	58	Walter..		M. F. Sabatier........	
195	59	Well's large Black.		M. Reich..............	
196	60	White Fox........		Jardin d'Acclimatation...	

Section D. — Vignes Hybrides

pour la production directe.

NUMÉROS du Catal. Gén.	NUMÉROS dans la section	NOMS DES CÉPAGES.	NOMS SYNONYMIQUES sous lesquels ils existent également dans les collections.	ORIGINE.	OBSERVATIONS
197	1	Allen's hybride		M. Planchon.	
198	2	Alvey		Consl-Génal Fr. à N.-York.	
		Amber		M. Piola.	
199	3	Aminia		M. Reich.	
200	4	Arnold's hybride		M. Piola.	
201	5	Arnold's n° 27		M. Maistre.	
202	6	Ariadne		M Piola.	
203	7	Belvidère		—	
204	8	Berckmann's hybrid.		—	
205	9	Black Defiance		MM. Bush et Meissner	
206	10	Black Eagle		M. J. Leenhardt	
207	11	Black Fermaud		M. F. Sabatier	
208	12	Black Pearl		MM. Bush et Meissner	
209	13	Black Taylor		M. Piola	
210	14	Blanc des Barettes		M. Audouard	
211	15	Blue Dyer		M. J. Leenhardt	
212	16	Bourbouling		M. F. Sabatier	
213	17	Brandt		M. Maistre	
214	18	Campbell			
		Campbell Seedling.		M. Piola	
215	19	Canada		M. Planchon	
216	20	Centennial		M. Piola	
217	21	Champion		M. Bourgade	
218	22	Chiuewa		M. J. Leenhardt	
219	23	Christine		M. Durand	
220	24	Clinton et Black-			
221	25	Hambourg		M. Guiraud	
222	26	Clinton hybride		M. Planchon	
223	27	Conqueror		—	
224	28	Cornucopia		M. Guiraud	
225	29	Croton		M. Maistre	
		Delaware		Consl-Génal Fr. à N.-York.	
226	30	Delaware blanc		M. Planchon	
227	31	Delaware et Scupern.		MM. Bush et Meissner	
228	32	Delaware et Clinton.		M. Guiraud	
229	33	Don Juan			
230	34	Duchess		M. Piola	
231	35	Dumas noir		M. Laliman	
232	36	Early Down		M. Piola	
233	37	Early Black		M. J. Leenhardt	
234	38	Emily			
235	39	Elvira		M. J. Leenhardt	
236	40	Elvira noire		M. Bourgade	
237	41	Etta		M. J Leenhardt	
238	42	Eva		M. Champin	
239	43	Excelsior			
240	44	Faith			

NUMÉROS du Catal Gén.	NUMÉROS dans la section	NOMS DES CÉPAGES.	NOMS SYNONYMIQUES sous lesquels ils existent également dans les collections.	ORIGINE.	OBSERVATIONS.
241	45	Ferrand's Michigan			
242	46	Seedling........		M. Ferrand...........	
243	47	Florence..........		M. J. Leenhardt.......	
244	48	Franklin..........		M. J. Bazille....	
245	49	Grein's nº 1.......		M. Bourgade.....	
246	50	— nº 2.......		M. Piola..............	
		— nº 3.... ..			
247	51	— nº 4.......			
248	52	Grein's Golden.....			
249	53	Général Pope......			
250	54	Hager.............		M. Planchon.	
251	55	Hartford s. Jacquez.		M. Piola.............	
252	56	Higland..........			
253	57	Humbolt..........		M. Reich...............	
254	58	Hybride de Rupestr.		M. Piola...............	
255	59	— de Caunes.		—	
256	60	Hybride d'Arnold's			
257	61	nouveau........			
258	62	Impérial..........			
259	63	Irwing...........		M. Planchon...........	
260	64	Ithaca.		M. Laliman.	
261	65	Jefferson...			
		Lady Washington. .		M. Bourgade.	
262	66	Merveilleux...... .		M. Piola...............	
263	67	Missouri Seedling..		—	
264	68	Missouri Riesling...		—	
265	69	Montgòmmery.....		—	
266	70	Moorre's Early.....		—	
267	71	Naomi...........		M. Piola...............	
268	72	Noah.............		M. J. Leenhardt........	
269	73	Othello...........		M. Planchon..	
270	74	Pearl............		M. Piola...	
271	75	Peabody..........		M. Bourgade..........	
272	76	Peter's Wylie.....		M. Guiraud..........	
273	77	Pizzaro...........			
274	78	Prentiss..........		M. J. Leenhardt.	
275	79	Prof. Planchon....	Schuykill.......	M. Pulliat.	
276	80	Purity...........			
277	81	Purple Favorite....			
278	82	Quassaick.........			
279	83	Rickett's nº 10.....		MM. Bush et Meissner...	
280	84	Robson Seedling...	Pauline ?........	M. Maistre............	
281	85	Rœnbeck.........		M. J. Leenhardt........	
282	86	Rochester.........		M. Piola	
283	87	Roger's hybrid nº 1	Gœthe..........	Consl-Génal Fr. à N.-York.	
284	88	— nº 2			
285	89	— nº 3	Massassoit......	M. Maistre............	
286	90	— nº 4	Wilder........	—	
2 7	91	— nº 9	Lindley.........	M. Planchon.	
288	92	— nº 15	Agawam........	Consl-Génal Fr. à N.-York.	
289	93	— nº 19	Merrimac.......	M. Planchon.	
290	94	— nº 28	Requa..........	M. F. Sabatier........	
291	95	— nº 30			
292	96	— nº 41	Essex....	Comice de Toulon.......	

NUMÉROS du Catal Gén.	NUMÉROS dans la section	NOMS DES CÉPAGES.	NOMS SYNONYMIQUES sous lesquels ils existent également dans les collections.	ORIGINE.	OBSERVATIONS.
293	97	Roger's hybrid nº 43	Barry..........	M. Durand............	
294	98	— nº 44	Herbert,........	M. Maistre............	
295	99	— nº 53	Salem..........		
296	100	Rupestris Fortwha..		M. Bouisset...........	
297	101	— × Riparia..		—	
298	102	Secretary.........		M. Guiraud............	
299	103	Senasqua.........		MM. Bush et Meissner...	
300	104	Semis d'Elvira nº 100			
301	105	Transparent.......		M. Bourgade.........	
302	106	Triumph..........		M. Piola..............	
303	107	Vialla............			
304	108	Waverley.........		M. F. Sabatier.........	
305	109	Welcome.........		M. Laliman...........	
306	110	Wilding..........		M. Piola..............	
307	111	Wylie nº 5........			
308	112	— nº 6		M. le Dr Despetis.......	
309	113	York Clara........		—	
310	114	— Madeira......		M. Durand..........	

Section E. — **Hybrides Porte-Greffes.**

NUMÉROS du Catal Gén.	NUMÉROS dans la section	NOMS DES CÉPAGES.	NOMS SYNONYMIQUES sous lesquels ils existent également dans les collections.	ORIGINE.	OBSERVATIONS.
311	1	Æstiv. × Coriacea. .		Mission P. Viala........	
312	2	— × Rup. nº 70		—	
313	3	— × — nº 71		—	
314	4	— × — nº 72		—	
315	5	— × — nº 74		—	
316	6	— × — nº 75		—	
317	7	Berland. × Candic.		—	
318	8	— × Rupest.		—	
319	9	— × Texana		—	
320	10	Bourriscou × Rup .		M. Couderc............	
321	11	Canada × Rupestris		—	
322	12	Candicans × Riparia		Mission P. Viala........	
323	13	Champin nº 1.....		Ecole.................	
324	14	— nº 2.....		—	
325	15	— nº 3.....		—	
326	16	— nº 4:....		—	
327	17	Cinerea × Rupestris		Mission P. Viala........	
328	18	Colombeau × Rup..		M. Couderc...........	
329	19	— × York.		—	
330	20	Cordifolia × Rupest. nº 1 (Jæger)....		Mission P. Viala.......	
331	21	Cordifolia × Rupest. nº 4 (Jæger)....		—	

NUMÉROS du Catal. Gén.	NUMÉROS dans la section	NOMS DES CÉPAGES.	NOMS SYNONYMIQUES sous lesquels ils existent également dans les collections.	ORIGINE.	OBSERVATIONS.
332	22	Cordifolia × Rupest. nº 5 (Jæger)....		Mission P. Viala........	
333	23	Cordifolia × Rupest. nº 7 (Jæger)....		—	
334	24	Cordifolia × Rupest. nº 8 (Jæger)....		—	
335	25	Emily × Jacquez...		M. Couderc...........	
336	26	— × Rup. Ganzin		—	
337	27	— × York.....		—	
338	28	Gamay Couderc....		—	
339	29	— × Rupestris		—	
340	30	Mourvèdre × Rupest		—	
341	31	Oporto × Colombaud		—	
342	32	Othello × Black July		—	
343	33	— × Jacquez..		—	
344	34	— × Riparia..		—	
345	35	— × Rupestris.		—	
346	36	— × Rupestris Martin........		—	
347	37	Riparia × Rupestris géant (Jæger)...		Mission P. Viala........	
348	38	Riparia × Rupestris fertile (Jæger)...		—	
349	39	Riparia × Rupestris Martin.........		M. Couderc...........	
350	40	Rupest. × Chasselas rose............		—	
351	41	Rupest. × Candicans		—	
352	42	Solonis × Riparia..		—	
353	43	— × Othello..		—	
354	44	Texana × Candicans nº 20 (Münson)..		Mission P. Viala........	
355	45	Texana × Candicans nº 32 (Münson)..		—	
356	46	York × Bourrisçou.		M. Couderc...........	
357	47	York par Etraire de l'Adui..........		—	
358	48	York × Rip. nº 193 (C.)		—	
359	49	— × — nº 196 (C.)		—	
360	50	— × Othel. nº 264 (C.)			

Section F. — **Semis de Vignes Américaines ayant fructifié à l'École et offrant quelque intérêt.**

Numéros du Catal. Gén	Numéros dans la section	NOMS DES CÉPAGES.	ORIGINE.	OBSERVATIONS.
361	1	Alicante Bouschet × Rupestris n° 136.......		
362	2	Aramon × Mustang n° 301		
363	3	— × — n° 302		
364	4	— × — n° 303		
365	5	— × Rupest. n° 300		
		Cabernet × Berlandieri		
366	6	n° 327		
367	7	— × — n° 328		
368	8	— × — n° 329		
369	9	— × — n° 330		
370	10	— × — n° 331		
371	11	— × — n° 332		
372	12	— × — n° 333		
373	13	— × — n° 334		
374	14	— × — n° 335		
		— × Mustang		
375	15	n° 304		
376	16	— × — n° 306		
377	17	— × — n° 309		
378	18	Jacquez × Aramon n° 45		
379	19	— × — n° 46		
380	20	— × Prunella n° 137		
381	21	— × — n° 138		
382	22	Lichtenstein............	Semis de Jacquez obtenu en 1878....	Fruit blanc.......
383	23	Marès................	Semis d'Herbemont obtenu eu 1877..	Fruit rouge.......
384	24	Pinot × Mustang n° 338.		
385	25	Planchon blanc.........	Semis d'Elvira obtenu en 1878......	Fruit blanc.......
386	26	Puliat................	Semis de Neosho obtenu en 1877....	Fruit rouge.......
387	27	Riley.................	Semis de Black July obtenu en 1877.	Fruit blanc, raisin de table........
388	28	Roussanne × Berlandieri		
389	29	n° 220		
390	30	— × — n° 221		
391	31	— × — n° 222		
392	32	— × — n° 223		
393	33	— × — n° 224		
394	34	Sultanieh × — n° 330		
395	35	— × — n° 340		
396	36	— × — n° 341		
397	37	— × — n° 342		
398	38	Tochon...............	Hybride de Cunningham par Herbemont, Semis de 1878............	Jus rouge.........

SECTION G. — **Vignes Diverses.**

NUMÉROS du Catal. Gén.	NUMÉROS dans la section	NOMS DES CÉPAGES.	NOMS SYNONYMIQUES sous lesquels ils existent également dans les collections.	ORIGINE.	OBSERVATIONS.
399	1	V. Arizonica		M. Wettmore	
400	2	V. Berlandieri n° 53	Little Sweet Mountain grape	Semis de l'École	A feuilles épaisses et luisantes. (Type des t. calcaires d'après M. Viala.)
401	3	— des calcaires		Texas	
402	4	V. Berland. toment.			
403	5	— à poils roides			
404	6	V. Berland. (Millard.)		M. Munson	
405	7	— (Planch.)		—	
406	8	— (Viala)		—	
407	9	V. Bicolor		—	
408	10	V. Californica		M. Wettmore	
409	11	V. Candicans à feuil. entières	Mustang	M. J. Leenhardt	
410	12	V. Candicans à feuil. découpées		Semis de l'École	
411	13	V. Canescens	V. Cinerea	Muséum	Forme à feuille découpée du V. Ciner.
412	14	V. Cinerea		MM. Bush et Meissner	
413	15	V. Cordifolia	Variété *a*	M. Meissner	
414	16	—	— *b*	M. J. Leenhardt	
415	17	—	G. Bazille	M. Despetis	
416	18	V. Coriacea		M. Munson	
417	19	V. Lincecumii	Post-Oak, ancien Æstiv. gr. grains	M. Jæger	
418	20	V. Mexicana		M. Munson	
419	21	V. Monticola à fruit blanc	V. Texana	—	
420	22	V. Monticola à fruit noir	V. Foëxeana	Ministère Agriculture	
421	23	V. Munsoniana		M. Munson	
422	24	V. Novo Mexicana		—	Peut-être identique au Solonis.
423	25	V. Rotundifolia	Scupernong	M. Planchon	
424	26	V. Rupestris	Variété *a*	M. Bourgade	
425	27		— *b*	Muséum	
426	28		— *c*	M. Despetis	
427	29	V. Rupestris à port de Taylor		Mas de las Sorres	
428	30	V. Rupestris à feuil. plombées		M. Richter	
429	31	V. Rupestris α		M. Couderc	
430	32	— γ		—	
431	33	— Martin		—	
432	34	— Ganzin		—	
433	35	V. Rupest. à pouss. violettes		—	
434	36	V. Rupest. à feuilles gaufrées		—	
435	37	V. Simpsonii		M. Munson	
436	38	V. Sphinx	Grand noir	Jardin d'Acclimatation	

SECTION H — V. Vinifera.

NUMÉROS du Catal. Gén.	NUMÉROS dans la section	NOMS DES CÉPAGES.	ORIGINE.	OBSERVATIONS.
		1° Vignes Sauvages.		
437	1	Vigne Sauvage..	Du Caucase....... . ..	
438	2	—	De la Drôme..........	
		2° Vignes Cultivées.		
439	3	Abelione (Chasselas)...............	Ardèche...............	
440	4	Abrostino...........................	Italie.....	
441	5	Aetoni Mauron.	Grèce..................	
442	6	Ahmeur bou Ahmeur.......	Algérie.	
443	7	Ailard..........		
444	8	Allantermö feher..................	Hongrie................	
445	9	Altesse............................	Savoie.................	
446	10	Aprostaphilao......................	Grèce..................	
447	11	Aramon............................	Bas Languedoc..........	
448	12	— blanc...	— (Bouschet)	
449	13	— de la Montagne............	Roussillon.............	
450	14	— Pignat....................	Bas Languedoc..........	
451	15	— à feuilles cotonneuses........	— (Marès)...	
452	16	Arrouya........................	Pyrénées...............	
453	17	Aubin jaune.......................	Lorraine...............	
454	18	Aubun	Vaucluse...............	
455	19	Augulato..........................	Grèce.	
456	20	Aubet....................	Gironde.	
457	21	Augustana gelbe seidentraube.......	Hongrie................	
458	22	Autrichien	Alsace.................	
459	23	Auxerrois.............	Moselle....	
460	24	Bakatortü doszinü......	Hongrie.	
461	25	— fekete......................	—	
462	26	— pyros......................	—	
463	27	— roth.......................	—	
464	28	Bakszem kek.......................	—	
465	29	Balafant feher.....................	—	
466	30	Balint feher.......................	—	
467	31	Banats Riesling....................	—	
468	32	Bas plant..........................	Drôme..................	
469	33	Baude.............................	—	
470	34	Bequignaou.........................	Gironde........	
471	35	Beregi roszas......................	Hongrie................	
472	36	Bia blanc..........................	Isère.	
473	37	Blanc Auba.........................	Gironde (Sauternes).....	
474	38	— doux....	—	
475	39	— de Kientsheim...............	Alsace...	
476	40	— de Kabylie.	Algérie.	
477	41	— de réserve..................		
478	42	— rouge................... ..	Espagne................	

NUMÉROS du Catal. Gén.	NUMÉROS dans la section	NOMS DES CÉPAGES.	ORIGINE.	OBSERVATIONS.
479	43	Blanc cardon	France (sud-ouest)	
480	44	Blanche feuille	Moselle	
481	45	Blanfrankisch	Hongrie	
482	46	Blavette	Ardèche	
483	47	Bobal	Espagne	
484	48	Bonne vituaigne		
485	49	Bordelais	Tarn-et-Garonne	
486	50	Boullenc noir	Tarbes	
487	51	Bourboulenque	Vaucluse	
488	52	Bourguignon noir	Alsace	
489	53	Bouteillan blanc	Provence	
490	54	— noir	—	
491	55	Bourriscou de Romani	Ardèche	
492	56	Brun fourca	Provence	
493	57	Buchcter	Hort. Besson	
494	58	Budai Szagos feketé Kadarka	Hongrie	
495	59	Buonamico	Italie (Toscane)	
496	60	Butajal	Espagne	
497	61	Cabernet franc		
498	62	— Sauvignon	Gironde	
499	63	Calabrese	Italie (Sicile)	
500	64	Calitor noir	Bas Langued. et Provence	
501	65	— blanc	—	
502	66	Canajolo	Toscane	
503	67	Canari	Ariège	
504	68	Canu	France (sud-ouest)	
505	69	Cariguane	Bas Languedoc	
506	70	Carignane Mouilla	Aude et Pyr.-Orientales	
507	71	Carmenère	Gironde	
508	72	Castets	France (sud-ouest)	
509	73	Cerisette	Aude	
510	74	Chalosse blanche	Charente	
511	75	Chany gris	Auvergne	
512	76	Chasselas de Bar		Raisin de table.
513	77	— Besson	Hort. Besson	
514	78	— des Bouches-du-Rhône		
515	79	Chaouch	Turquie	
516	80	Chatus	Ardèche	
517	81	Chatus d'Espagne	—	
518	82	Chichaud	—	
519	83	Cherch Ali	Algérie	
520	84	Cinsaut	Languedoc	
521	85	Clairette blanche	Provence	
522	86	— Mazel	Hort. Besson	
523	87	— rose	Provence	
524	88	— rousse	—	
525	89	Colombana	Italie (Toscane)	
526	90	Colombaud	Provence	
527	91	Colorino	Italie (Toscane)	
528	92	Comte de Karkove	Hort. Besson	
529	93	Comte Odart	Hort. Pulliat	
530	94	Coritsano	Grèce	
531	95	Cornet	Drôme	
532	96	Cornichon blanc		Raisin de table.

NUMÉROS du Catal. Gén.	NUMÉROS dans la section	NOMS DES CÉPAGES.	ORIGINE.	OBSERVATIONS.
533	97	Cot à queue rouge........	France (sud-ouest, centre et est).....	
534	98	Crassos Staphila..................	Turquie...............	
535	99	Cropet.	Bourgogne............	
536	100	Cristal.........................	Turquie..............	Couleur d'ambre...
537	101	Csikoszold Szagos.................	Hongrie.	
538	102	Csökaszölö Kek...................	—	
539	103	Curisti.	Grèce................	
540	104	Damascusci Sarga nagyszemü........	Hongrie..............	
541	105	Des Maures Kadour.................	Algérie.....	
542	106	Dinka..........	Hongrie..............	
543	107	— feher.........	—	
544	108	— vörös........................	—	
545	109	— zöld.........................	—	
546	110	— zoldpozsonyi...	—	
547	111	Docteur Sicard....................	Hort. Besson	
548	112	Dodrelabi........................	Caucase..............	
549	113	Douce noire......................	Savoie...............	
550	114	Dozet............................	Gironde (Sauternes).....	
551	115	Duchess of buch...................		
552	116	Dronkane.........................	Egypte...............	
553	117	Duriff...........................	Drôme................	
554	118	Echeltraubc Weiss.................	Hongrie.	
555	119	Egyptien feher....................	Egypte...............	
556	120	Elbling................. ...	Hongrie..............	
557	121	Enrageat noir.....................	Gironde	
558	122	Ericey de la montée.	Moselle.........	
559	123	— du Hacher..................	—	
560	124	Espagnol à gros grain rose.........	Espagne..............	
561	125	Estaca Saouma.....................	Vaucluse.............	
562	126	Ezerjo feher......................	Hongrie..............	
563	127	Fer..................... ...	Gironde..............	
564	128	Ferana...........................	Algérie............. ..	
565	129	Feroldigo........................	Hongrie..............	
566	130	Ferlaner.........................	—	
567	131	Fetteti granos....................	—	
568	132	Flouroux.........................	Drôme................	
569	133	Flueller rother....	Hongrie..............	
570	134	Folle blanche.....................	Charente.............	
571	135	Furjmony feher....................	Hongrie...	
572	136	Furmint madarkas pyros............	—	
573	137	— sarga............	—	
574	138	Gamay de l'Aube...................	Aube...	
575	139	— de Bourcy................	Moselle..............	
576	140	— à fleurs doubles...........	Hort. Pulliat.........	
577	141	— de Liverdun.............	Moselle..............	
578	142	— de la Meurthe.............	—	
579	143	— noir petit	Beaujolais.	
580	144	— d'Orléans...............	Touraine.............	
581	145	— Teinturier...............	Beaujolais........	
582	146	— très fertile........	—	
583	147	— gros..................	Bourgogne............	
584	148	— blanc.................	—	
585	149	— Thomas..................	Yonne....	

NUMÉROS du Catal. Gén.	NUMÉROS dans la section	NOMS DES CÉPAGES.	ORIGINE.	OBSERVATIONS.
586	150	Gelber Ortlieber	Hongrie	
587	151	Gibi	Provence	
588	152	Giboudot		
589	153	Gitana	Italie (Sicile)	
590	154	Goher fekete	Hongrie	
591	155	— feher	—	
592	156	— kek	—	
593	157	Gother piros	—	
594	158	Grand Tokay d'Alsace	Alsace	
595	159	Grappu	Gironde	
596	160	Grec blanc	Isère	
597	161	— rose	Bas Languedoc	
598	162	— rouge	—	
599	163	Grenache blanc	Pyrén.-Orientales	
600	164	— gris	—	
601	165	— gros	Var	
602	166	— noir	Provence	
603	167	Gros blanc (Morterille blanche)	France (sud-ouest)	
604	168	— Cabernet	Gironde	
605	169	— Guillaume	Provence	
606	170	— Ribier	Ardèche	
607	171	— Pinot		
608	172	Grosse Clairette	Hort. Besson	
609	173	— Fernaise	Lorraine	
610	174	— Merille	Gironde	
611	175	Guadurea	Grèce	
612	176	Guy noir		
613	177	Hajnos zöld	Hongrie	
614	178	— kek	—	
615	179	Halbolyag feher	—	
616	180	Halapi muscataly	—	
617	181	Halvain piros	—	
618	182	Hambourg blanc	Jersey	
619	183	— rouge	Serres d'Angleterre	
620	184	Hamvas Baracsuha	Hongrie	
621	185	Harslevelü	—	
622	186	Hemme verte	Moselle	
623	187	Henab	Egypte	
624	188	Heptakilon	Hongrie	
625	189	Hibou blanc	Savoie	
626	190	— rouge	—	
627	191	Hosszunyelü	Hongrie	
628	192	Hueller Rother	—	
629	193	Jadovany feher	—	
630	194	Jacquère blanc		
631	195	Joannenc blanc	Vaucluse	
632	196	Juhfark	Hongrie	
633	197	Kadarka	—	
634	198	— kek	—	
635	199	— feher	—	
636	200	— török kek	—	
637	201	— oreg kek	—	
638	202	Karapa pigi	Bulgarie	
639	203	Karistino	Grèce	

NUMÉROS du Catal. Gén.	NUMÉROS dans la section	NOMS DES CÉPAGES.	ORIGINE.	OBSERVATIONS.
640	204	Kecskecsecsü feher	Hongrie	
641	205	— piros	—	
642	206	Keropodia	Grèce	
643	207	Kis füger	Hongrie	
644	208	Kleinedel Weisse	—	
645	209	Kodakas Keke	—	
646	210	Kodos kek	—	
647	211	Kolni kek	—	
648	212	Kolontar feher	—	
649	213	Koraï kek	—	
650	214	Korinthi	Grèce	
651	215	— blanc	—	
652	216	Hovacsi feher	Hongrie	
653	217	Kozma feher	—	
654	218	Kupakos kadarka	—	
655	219	Kuristina	Grèce	
656	220	Kustutidi	—	
657	221	Lacryma uva nera	Italie (Toscane)	
658	222	Lagrain	Tyrol	
659	223	Lahn	Hongrie	
660	224	Lampartner feher	—	
661	225	Lampor feher	—	
662	226	Lasca	Styrie	
663	227	Lignan Joannenc	Provence	
664	228	Lombard	Yonne	
665	229	Maccabeo blanc	Roussillon	
666	230	Madeleine Angevine sélectionnée	Hort. Pulliat	
667	231	Meze fekete	Hongrie	
668	232	Majorcain blanc	Provence	
669	233	Malbec	Gironde	
670	234	Malvasia bianca	Hongrie	
671	235	Mançonnet	Ardèche	
672	236	Maneschaou	—	
673	237	Margit Koraii feher	Hongrie	
674	238	Marken traube	Alsace-Lorraine	
675	239	Marocain gris	Bas Languedoc	
676	240	— noir	—	
677	241	Marvasia	Italie (Toscane)	
678	242	Marzemino	Hongrie	
679	243	Marsanne	Drôme	
680	244	Mauro daphni	Grèce	
681	245	Mausain	Gironde	
682	246	Mavroudion	Grèce	
683	247	Mavron	—	
684	248	Mazzari	—	
685	249	Merlot	Gironde	
686	250	Mezes fekete	Hongrie	
687	251	Michelin	Hort. Besson	
688	252	Mirkovacsa feher	Hongrie	
689	253	Milgranet	Tarn	
690	254	Moissac noir	Lot	
691	255	Mondeuse noire	Savoie	
692	256	— blanche	—	
693	257	Montepulciano	Italie (Abruzzes)	

NUMÉROS du Catal. Gén.	NUMÉROS dans la section.	NOMS DES CÉPAGES.	ORIGINE.	OBSERVATIONS.
694	258	Moscovitza	Grèce	
695	259	Moscita rosa	Hongrie	
696	260	Mourisco noir	Portugal	
697	261	Moulas	Ardèche	
698	262	Mourevèdre	Provence	
699	263	Morrastel noir	Bas Languedoc	
700	264	— bois rouge	—	
701	265	Moustardié	Vaucluse	
702	266	Muscadelle	Sauterne	
703	267	Mustater		
704	268	Muscat Goher	Hongrie	
705	269	— noir		
706	270	— Saint-Alban		
707	271	— Metzvané	Caucase	
708	272	— bifère		Raisin de table.
709	273	— blanc	Grèce	
710	274	— — de Frontignan	Bas Languedoc	
711	275	— — de Rivesaltes	Pyrénées-Orientales	
712	276	— rouge	Bas Languedoc	
713	277	— Talabot	Hort. Besson	
714	278	Négrier	?	
715	279	Neretto	Hongrie	
716	280	Negrera	—	
717	281	Negrette	Haute-Garonne	
718	282	Nerieddo cappucio	Italie (Sicile)	
719	283	Nocera	—	
720	284	Noir de Conflans	?	
721	285	— de Lorraine	Lorraine	
722	286	— de Hardy	Hort. Besson	Raisin de table.
723	287	— hâtif de Marseille	—	
724	288	Olivette noire	Bas Languedoc	
725	289	— blanche	—	
726	290	— jaune	—	
727	291	Œillade de Bellevue	—	
728	292	— hâtive à gros grains	—	
729	293	Okörzem feher	Hongrie	
730	294	Oseri	Tarn	
731	295	Oxen	Alsace	
732	296	Pamidi	Bulgarie	
733	297	Panse dorée	Hort. Besson	
734	298	Pascal blanc	Provence	
735	299	Passatuti	?	
736	300	Passerille blanche	Ardèche	
737	301	Penouille	Gironde	
738	302	Perigéal	France (sud-ouest)	
739	303	Perrier noir	?	
740	304	Persan	Savoie	
741	305	Perzsiai feher magyszemü	Hongrie	
742	306	Peyral	Roussillon	
743	307	Petit noir	Moselle	
744	308	— précoce	—	
745	309	— tendre fleur	—	
746	310	— Ribier	Ardèche	
747	311	— mielleux	Alsace	

NUMÉROS du Catal. Gén.	NUMÉROS dans la section	NOMS DES CÉPAGES.	ORIGINE.	OBSERVATIONS.
748	312	Petit Verdot	Gironde	
749	313	Phraoula	Grèce	
750	314	Pietro corinthi	—	
751	315	Pignon	Gironde	
752	316	Piment	Grèce	
753	317	Pinot blanc	Bourgogne	
754	318	— franc	—	
755	319	— gris	—	
756	320	— crépet	—	
757	321	— cendré	—	
758	322	— fin d'Auxerre	—	
759	323	— Pomier	Beaujolais	
760	324	Piquepoule gris	Bas Languedoc	
761	325	— noir	—	
762	326	Pisatelle	Italie (Romagne)	
763	327	Plant de Fabre	Hérault	
764	328	— de Gousse	?	
765	329	— rouge mâle	Yonne	
766	330	— — femelle	—	
767	331	— de roi	—	
768	332	— de Sacy	—	
769	333	— de Pernaud	Moselle	
770	334	— Printanier	—	
771	335	Poète Matabon	Hort. Besson	
772	336	Portugais bleu	Autriche	
773	337	Portugieser blauer	Hongrie	
774	338	Portugais de bingen	Alsace	
775	339	Pougayen	?	
776	340	Pougnet	Ardèche	
777	341	Précoce noir	Alsace-Lorraine	
778	342	Proveral	Drôme	
779	343	Provereau	—	
780	344	Prunelas	Gironde	
781	345	Prueras	—	
782	346	Purcsin Kek	Hongrie	
783	347	Quadrat musqué	?	
784	348	Raisaine	Ardèche	
785	349	Rakszölö feher	Hongrie	
786	350	Rapogos Sargo	—	
787	351	Redoudal blanc	Ariège	
788	352	Renard	Grèce	
789	353	Rhatzitela	Russie (Caucase)	
790	354	Ribote	Espagne	
791	355	Riesling	Allemagne (bords du Rhin)	
792	356	Robin noir	Drôme	
793	357	Roblot	Yonne	
794	358	Roditès	Grèce	
795	359	Rokafark feher		
796	360	Romaine	?	
797	361	Romain gros noir	Yonne	
978	362	— César	—	
799	363	Rombola	Grèce	
800	364	Rosaki	Turquie (d'Asie)	
801	365	Rossara	Hongrie	

NUMÉROS du Catal. Gén.	NUMÉROS dans la section	NOMS DES CÉPAGES.	ORIGINE.	OBSERVATIONS.
802	366	Roussane	Drôme	
803	367	Roussaou	Ardèche	
804	368	Rouchalin	Gironde	
805	369	Rousse	Lyonnais.	
806	370	Rhotergipfler	Hongrie	
807	371	Rufiac femelle	Pyrénées	
808	372	Rulander	Alsace	
809	373	Sabatès	Grèce	
810	374	Saint-Antoine	Pyrénées-Orientales	
811	375	Saint-Jacques noir	—	
812	376	— blanc	—	
813	377	Saint-Laurent	?	
814	378	Saint Macaire	Gironde	
815	379	Sainte-Marie	Savoie	
816	380	San Gioveto	Italie (Toscane)	
817	381	Sarfeher öreg	Hongrie	
818	382	— Szagos	—	
819	383	Sarfekete hosszukas	—	
820	384	— gom bödjii	—	
821	385	Saperavi	Russie (Caucase)	
822	386	Sauvignon	Gironde	
823	387	Schiava Gentile	Hongrie	
824	388	Scaliger	—	
825	389	Schiicher	—	
826	390	Scopelitico	Grèce	
827	391	Sérénèse	Isère	
828	392	Semillon	Gironde (Sauterne)	
829	393	Servan	Bas Languedoc	
830	394	Sidéritès	Grèce	
831	395	Sillas	Pyrénées-Orientales	
832	396	Silvana	Italie (Sicile)	
833	397	Siprina feher	Hongrie	
834	398	Sirihi	Grèce	
835	399	Slankamenka bötermö	Hongrie	
836	400	Sombajor	—	
837	401	Somszölö keck	—	
838	402	— badacsonyi	—	
839	403	Souvenir du Congrès	Hort. Besson	
840	404	Spana	Hongrie	
841	405	Spanol feher	Espagne	
842	406	Spiran blanc	Bas Languedoc	
843	407	— gris	—	
844	408	— noir	—	
845	409	Steinschiller Rother	Hongrie	
846	410	Stockwood Golden Hambro	—	
847	411	Sucré de Marseille	Hort. Besson	
848	412	Sultanina	Grèce	
849	413	Sumol	Espagne	
850	414	Sylvany zöld	Hongrie	
851	415	— felleti	—	
852	416	— piros	—	
853	417	Syrah	Drôme	
854	418	Syramuse	—	
855	419	Szerémi zold	Hongrie	

NUMÉROS du Catal. Gén.	NUMÉROS dans la section	ESPÈCES.	ORIGINE.	OBSERVATIONS.
856	420	Szeredi piros	Hongrie	
857	421	Szemendriai feher nagyszemü	—	
858	422	Tanat	Ariège	
859	423	Tavaveri	Russie (Caucase)	
860	424	Teinturier du Cher	Cher	
861	425	Téoulier	Provence	
862	426	Terret blanc	Bas Languedoc	
863	427	— gris	—	
864	428	— noir	—	
865	429	Tibouren	Provence	
866	430	— blanc	—	
867	431	Tibaniy feher	Hongrie	
868	432	Todor feher	—	
869	433	Török Malozsa Sarga	—	
870	434	Tourbat	Roussillon	
871	435	Tokai	Lorraine	
872	436	Traminer rose	Alsace	
873	437	Tramini piros	Hongrie	
874	438	Tressot ancien	Yonne	
875	439	— ordinaire	—	
876	440	Tripier	?	
877	441	Trolling fel	Hongrie	
878	442	Tushés pupri zamatos	—	
879	443	Ugni noir	?	
880	444	— blanc	Provence	
881	445	Urbani traube veisse	Hongrie	
882	446	Valoncin Aledo	Espagne	
883	447	Verdesse	Isère	
884	448	Verdot colcn	Gironde	
885	449	Verdiccio	Italie (Abruzzes)	
886	450	Vert noir	Moselle	
887	451	Veltlini piros	Hongrie	
888	452	— koraï piros	—	
889	453	Velteliner gruner	—	
890	454	— rother	—	
891	455	Vidi firen	Turquie	Raisin très coloré.
892	456	Vigne du Chien	Grèce	
893	457	— de Chine	Japon	
894	458	— de Corfou	—	
895	459	Volmann feher	Hongrie	
896	460	Volowna feher	—	
897	461	Walsch Riesling	—	
898	462	Wipbacher de Hongrie	Alsace	
899	463	Yeddo	Japon	
900	464	Ygia	Russie (Caucase)	
901	465	Zellerlevelü	Hongrie	
902	466	Zöld Veltelini	—	
903	467	Ziher fanhler	—	

3° Collection BOUSCHET.

904	468	Alicante Bouchet n° 1		
905	469	— n° 2		

NUMÉROS du Catal. Gén.	NUMÉROS dans la section	NOMS DES CÉPAGES.	OBRSEVATIONS.
906	470	Alicante Bouschet précoce... nº 5...........................	
907	471	— tardif.... nº 6...........................	
908	472	— — .... nº 7...........................	
909	473	Alicante et Piquepoul gris.....	
910	474	— — nº 4...........................	A jus blanc.
911	475	Alicante et Piquepoul...... nº 8...........................	
912	476	— — nº 13....	
913	477	Alicante Henri Bouschet..	
914	478	— et Petit Bouschet nº 8...........................	
915	479	— — nº 12...........................	
916	480	— à sarments érigés...........................	
917	481	Aramon Bouschet...........................	
918	482	— blanc de la Calmette...........................	
919	483	— Bouschet à jus rouge nº 1...........................	
920	484	— teinturier Bouschet...........................	
921	485	Boudalés Bouschet...........................	
922	486	Bouschet à feuille de malvoisie rose...........................	
923	487	— à feuilles lisses et aramon nº 2...........................	
924	488	— — nº 3...........................	
925	489	— — nº 5...........................	
926	490	Grand noir de la Calmette...........................	
927	491	Gros Bouschet...........................	
928	492	Mourrastel Bouschet à gros grains...........................	
929	493	Muscat Bouschet	
930	494	Œillade Bouschet nº 1...........................	
931	495	— nº 2...........................	
932	496	— nº 4...........................	
933	497	— du 1er août...........................	
934	498	Petit Bouschet	
935	499	— à gros grains très précoce...........................	Jus blanc.
936	500	— et Aramon...........................	
937	501	— — nº 2...........................	
938	502	— — nº 3...........................	
939	503	— — nº 4...........................	
940	504	— — nº 5...........................	
941	505	— — nº 6...........................	
942	506	— — nº 7...........................	
943	507	— — nº 8...........................	
944	508	— — nº 9...........................	
945	509	— et Alicante nº 13...........................	
946	510	— extra-fertile...........................	
947	511	— et Morrastel nº 1...........................	Jus blanc.
948	512	— — nº 3...........................	Jus rouge.
949	513	— — nº 4...........................	
950	514	— — nº 5...........................	
951	515	— — nº 6...........................	
952	516	— — nº 7...........................	
953	517	— — nº 8...........................	
954	518	— et Piquepoul nº 2...........................	Jus blanc.
955	519	— et Terret gris...........................	
956	520	— à feuilles de Malvoisie...........................	
957	521	Piquepoul Bouschet...........................	
958	522	Terret Bouschet...........................	

Section I. — Vignes Asiatiques autres que le V. Vinifera.

Numéros du Catal. Gén.	Numéros dans la section	ESPÈCES.	ORIGINE.	OBSERVATIONS.
959	1	V. Amurensis (Maxim.).............	Chine et Sibérie........	
960	2	V. Coignetiæ (Pulliat).............	Japon.................	
961	3	V. Flexuosa (Millardet).............	—	
962	4	V. Ficifolia (Bunge)?...............	—	
963	5	V. Nono bouto (Degron)............	—	
964	6	V. Pagnucci......................	Chine.................	
965	7	V. Romaneti......................	—	
966	8	V. Spinovitis Davidi (vrai)...........	—	
967	9	V. Thunbergi (Sieb)................	Japon.................	

CHAPITRE II. — AMPÉLIDÉES AUTRES QUE LES VIGNES.

Section A. — Genre Ampelopsis.

Numéros du Catal. Gén.	Numéros dans la section	ESPÈCES.	ORIGINE.	OBSERVATIONS.
968	1	A. Cordata (Mich)..................	Amérique Septentrionale.	
969	2	A. Aconitifolia (Bunge).............	Chine.................	
970	3	A. Heterophylla (Thunb)............	Chine et Japon.........	
971	4	A. Humulifolia (Bunge).............	Chine.................	
972	5	A. Bipinnata (Mich)................	Amérique Septentrionale.	
973	6	Cissus orientalis..................	Syrie et Cilicie..........	
974	7	C. quinquefolia....................	Amérique Septentrionale.	

Section B. — Genre Cissus.

Numéros du Catal. Gén.	Numéros dans la section	ESPÈCES.	ORIGINE.	OBSERVATIONS.
975	1	Cissus incisa (Nut)................	Texas.................	

Collection d'Outils et Modèles divers.

Collection d'outils viticoles du Languedoc.
— — — de la Bourgogne.
— — — de la Gironde.
— — — des Charentes.
— de serpes pour la taille.
— de sécateurs —
— de souches taillées (Côte-d'Or, Yonne, Marne, Beaujolais, l'Hermitage, Côte-Rôtie, Provence, Languedoc, Charentes, etc.).
— d'échalas, tuteurs et autres appareils pour soutenir et palisser la vigne.
— de soufflets pour le soufrage et l'application des poudres anticryptogamiques.
— de pulvérisateurs pour l'emploi de l'eau céleste et autres liquides anticryptogamiques.
— de boîtes à houppe, hottes, etc., pour l'appplication du soufre et autres poudres.

Collection d'appareils a greffer.

Collection de ciseaux, — gouges, — égoïnes, — couteaux et autres outils de greffage.

Ficelles, raphia, mastic et autres pour ligature et engluement des greffes.

Pal injecteur Vermorel.
Pal injecteur Gastine.
Coupe verticale du pal Gastine.
Pal sulfureux (pour l'acide sulfureux).
Pal Sant:
Dosour Vermorel.
Pals divers.
Baril à sulfure de carbone (type P.-L.-M.).
Appareil Jobard pour l'application du sulfure de carbone.
Flambeur Gaillot.
Écorceurs divers.
Gants Sabaté.

Instruments pour la vendange (ciseaux, paniers, seaux, comportes, pastières, etc.).

Collection de pépins grossis des principales espèces du genre Vitis, par M. Foëx.

Collection des Maladies de la Vigne.

(Échantillons dans l'alcool absolu, l'acide picrique et le liquide Paul Petit.)

		Nombre d'échantillons conservés.
Oïdium (*Eresyphe Tuckeri*)	sur sarments	1
— —	sur feuilles	2
— —	sur grains	1
— *Uncinula spiralis* d'Amérique		1
Mildiou (*Peronospora viticola*)	sur feuilles	*en grand nombre*
— —	sur raisins	4
— —	sur sarments	7
Brown-Rot sur raisins		1
Gray-Rot —		2
Anthracnose (*Sphaceloma ampelinum*) maculée	sur feuilles	1
	sur grains	8
	sur sarments	3
Anthracnose ponctuée	sur grains	4
	sur sarments	3
Anthracnose déformant	sur rameaux	2
	sur feuilles	2
Pourridié	Dematophora necatrix sur racines	28
	Rœsleria hypogea sur racines	1
	Agaricus melleus sur souches	4
Black Rot (*Lœstadia Bidwellii*)	sur feuilles	8
— —	sur grains	35
— —	sur sarments	2
Rot blanc (*Coniothyrium diplodiella*)	sur grains	18
— —	sur sarments	1
Mélanose (*Septoria ampelina*)	sur feuilles	4
Cladosporium viticolum	sur feuilles	2
—	sur grains	2
Septosporium Fuckelii	sur feuilles	1
Fibrillaria (*Psathyrella ampelina*)	sur feuilles	4
Fumagine (*Fumago vagans*)	sur racines	2
— —	sur feuilles	2

Érinose sur feuilles 3
— sur grappes 3
Heterodera radicicola sur racines 2
Mal nero sur sarments 1
— sur souches 1

Préparations micrographiques.

Oïdium (*Eresyphe Tuckeri*), fructifications.
— — mycélium.
Mildiou (*Peronospora viticola*), mycélium.
— — fructifications.
— — œufs.
Anthracnose maculée (*Sphaceloma ampelinum*), fructifications et mycélium.

Pourridié:
- Dematophora necatrix: mycélium. / fructifications.
- Rœsleria hypogea: mycélium. / fructifications.

Black Rot (*Læstadia Bidwellii*), mycélium.
— — fructifications: pycnides. / spermogonies / périthèces
Rot blanc (*Coniothyrium diplodiella*), mycélium.
— — fructifications.
Biter Rot (*Greeneria fuliginea*), mycélium.
— — fructifications.
Mélanose (*Septoria ampelinum*), mycélium.
— — fructifications.
Cladosporium viticolum, mycélium.
— fructifications.
Septosporium Fuckelii, fructifications.
Fumagine (*Fumago vagans*), fructifications.

Collection de Graines.

Cette collection renferme 250 types environ.

HERBIER.

Types sauvages et formes cultivées des espèces de vignes suivantes :
V. Æstivalis (Amérique du Nord).
V. Amurensis (Asie orientale).
V. Arizonica (Californie).
V. Berlandieri (Texas).
V. Bicolor —
V. Californica (Californie).
V. Candicans (Texas).
V. Canescens —
V. Cinerea —
V. Coignetiæ (Japon).
V. Cordifolia (États-Unis).
V. Coriacea —
V. Flexuosa (Japon).
V. Hybrides divers.
V. Labrusca (Amérique du Nord).
V. Lincecomii —
V. Mexicana (Mexique).
V. Monticola (Texas).
V. Munsoniana —
V. Novo-Mexicana (Nouveau-Mexique).
V. Pagnucci (Chine).
V. Riparia (Amérique du Nord).
V. Rotundifolia (États-Unis du Nord).
V. Rupestris (Texas).
V. Simpsonii (États-Unis).
V. Sphinx —
V. Spinovitis Davidi (Chine).
V. Texana (Texas).
V. Thunbergi (Japon).
V. Vinifera (Europe et Asie occidentale).
V. Vulpina (Etats-Unis).
Divers Ampelopsis et Cissus.

COLLECTION DE CARTES, DESSINS, ETC., POUR LES DÉMONSTRATIONS DE COURS.

Le cours de Viticulture possède de nombreux dessins de grande dimension pour les démonstrations de cours, représentant les divers systèmes de greffage et de taille et les cryptogames parasites de la vigne. Il dispose enfin d'une collection de photographies sur verre pour projections et de diverses cartes viticoles.

Publications du Laboratoire de Viticulture.

1873.

G. FOEX. — Histoire et Géographie de la Vigne. — Conférence publique donnée à Montpellier le 17 février 1873. — *Bull. de la Soc. d'Agr. de l'Hérault.*

1876.

G. FOEX. — Note relative aux effets produits par le Phylloxera sur les racines de divers cépages américains et indigènes. — *Compt. rend. de l'Ac. des Sc.* du 18 décembre 1876.

1877.

G. FOEX. — Deux Notes relatives aux effets produits par le Phylloxera sur les racines de divers cépages américains et indigènes. — *Compt. rend. de l'Ac. des Sc.* du 15 janvier et du 30 avril 1877.

1878.

G. FOEX. — Instructions relatives aux semis de Vignes américaines. — Montpellier, Hamelin frères, impr.

— Note relative aux vignes américaines (extrait de la *Vigne américaine*). — Avril 1878.

— La question du Phylloxera et les solutions proposées. — *Journ. des Conn. utiles.* — Paris, Tolmer et Cie.

1879.

G. FOEX. — Causes de la résistance des Vignes américaines aux attaques du Phylloxera. — Montpellier, Boehm et fils, impr.

— Étude sur la réinvasion du Phylloxera dans les vignes traitées par les insecticides. — Extrait d'une lettre à M. Dumas. — *Compt. rend. de l'Ac. des Sc.*, séance du 4 août 1879.

— Rapport à M. le Directeur de l'École d'Agriculture de Montpellier sur les expériences de Viticulture entreprises par M. Foëx, avec 9 planches. — Montpellier, C. Coulet.

— Résistance des vignes américaines. — Séance du 1er septembre 1879 du Congrès de l'Association française pour l'avancement des Sciences tenu à Montpellier.

— Note sur les origines de l'Elvira. — *Vigne américaine.*

1880.

G. Foex et F. Bréheret. — Résumé des leçons pratiques sur le Greffage des vignes américaines, organisées par la Société centrale d'Agriculture de l'Hérault les 8, 9 et 10 mars 1880. — Montpellier, Grollier, impr.

G. Foex. — Catalogue des Vignes américaines et asiatiques et des Ampelopsis cultivées dans les collections en 1880, avec une Clé analytique pour la déterminaison des espèces usuelles, etc. — Montpellier, C. Coulet.

F. Bréheret. — Rapport sur le concours des outils et machines propres au greffage de la vigne, organisé à l'École d'Agriculture de Montpellier les 8, 9 et 10 mars 1880. — Montpellier, Hamelin frères, impr.

1881.

G. Foex. — Manuel pratique de Viticulture pour la reconstitution des vignobles méridionaux, vignes américaines, submersion, plantation dans les sables. — Montpellier, C. Coulet.

G. Foex et F. Cazalis. — Essai d'une Ampélographie universelle, par M. le comte Joseph de Rovasenda, traduit de l'italien, annoté et augmenté. — Montpellier, C. Coulet.

P. Viala. — Examen de racines de vignes altérées provenant de Sidi-bel-Abbès. — *Bull. du Com. de Sidi-bel-Abbès.*

— Les Vignes américaines au Congrès de la Société centrale d'Agriculture de l'Hérault. — *Vigne américaine,* 1881.

P. Viala et divers. — Procès-verbaux des réunions publiques sur le Greffage, tenues par la Société centrale d'Agriculture de l'Hérault à l'École nationale d'Agriculture de Montpellier en 1881, 1883, 1886.

P. Viala. — Bibliographie : Petit traité de Viticulture par le Dr Davin. — *Vigne américaine.*

G. Foex. — Exposé sommaire des travaux exécutés à l'École d'Agriculture de Montpellier. — Compt. rend. des travaux du service du Phylloxera, année 1881. — Paris, imprimerie Nationale.

1882.

G. Foex. — Manuel pratique de Viticulture. — 2ᵉ édition. — Montpellier, C. Coulet.

— Instructions sur l'emploi des Vignes américaines à la reconstitution des vignobles de l'Hérault, publié par ordre du Conseil Général de l'Hérault. — Montpellier, Boehm et fils, impr.

— Mémoire sur les causes de la chlorose chez l'Herbemont. — Montpellier, C. Coulet.

G. Foex et P. Viala. — Étude relative au diamètre réciproque des sujets et des greffes. — *Vigne américaine*.

— Le Sphinx ou Grand Noir du Jardin d'acclimatation. — *Vigne américaine*.

— Essai d'inoculation d'Anthracnose. — *Vigne américaine*.

G. Foex. — Rapport sur les expériences de Viticulture faites à l'École nationale d'Agriculture de Montpellier en 1882. Compte rendu des travaux du service du Phylloxera. — Paris, imprimerie Nationale.

— Instructions concernant l'établissement des pépinières de vignes américaines. — Compte rendu des travaux du service du Phylloxera, année 1882. — Paris, impr. Nationale.

1883.

P. Viala. — Note sur l'Anthracnose, le Mildew, le Pourridié. — *Mess. agr.*

— Réunions viticoles de Montpellier à l'École nationale d'Agriculture. — *Mess. agr.*

— Sur la Grêle. — *Progr. agr.*

— Les Vignes américaines dans la Gironde. — Chronique viticole universelle.

— Visite des viticulteurs du Beaujolais dans les vignobles reconstitués de l'Hérault. — *Journ. de l'Agr.*

— Observations botaniques sur le Peronospora viticola. — *Vigne américaine*, octobre 1883.

G. Foex. — Rapport sur les expériences de Viticulture faites à l'École nationale d'Agriculture de Montpellier en 1883. — Comptes rendus des travaux du service du Phylloxera. — Paris, imprimerie Nationale.

— Conseils aux viticulteurs relativement à la reconstitution des vignobles par les Vignes américaines, rédigés sur la demande du Conseil Général de l'Hérault. — Montpellier, Boehm et fils, impr.

G. Foex et P. Viala. — Ampélographie américaine, in-folio, avec 80 planches photographiques par E. Izard. — Montpellier, C. Coulet.

1884.

G. Foex. — Manuel pratique de Viticulture. — 3e édition. — Montpellier, C. Coulet.

— Catalogue des Vignes américaines cultivées à l'École nationale d'Agriculture de Montpellier en 1884. — Montpellier, Boehm et fils, impr.

— Rapport sur les expériences de Viticulture faites à l'École nationale d'Agriculture de Montpellier en 1884. — *Compt. rend. des travaux du service du Phylloxera.* — Paris, imprimerie Nationale.

P. Viala. — Des soins à donner aux greffes. — *Progr. agr.*

— Oïdium, Mildiou, Erineum. — *Progr. agr.*

— Des effets de la soude sur le traitement du Peronospora. — *Progr. agr.*

P. Viala et L. Degrully. — Les Vignes américaines à l'École d'Agriculture de Montpellier. — Montpellier, bibliothèque du *Progr. agr.*

G. Foex et P. Viala. — Sur la maladie de la vigne connue sous le nom de Pourridié. — *Compt. rend. de l'Acad. des Sc.*, 1884.

P. Viala. — Bibliographie : Bushberg Catal., 2e édit. — *Vigne américaine.*

G. Foex et P. Viala. — Le Mildiou ou Peronospora de la vigne. — Montpellier, C. Coulet, 4 planches.

1885.

G. Foex et P. Viala. — Ampélographie américaine, 2e édit. — Montpellier, C. Coulet, 1 planche.

P. Viala et L. Ravaz. — Le Black Rot américain dans les vignobles français. — *Compt. rend. de l'Acad. des Sc.*

P. Viala — Les Maladies de la vigne. — Montpellier, C. Coulet, avec 5 planches en chromo et 200 figures.

G. Foex. — Don Joaquin Monset, don Rafael Roig y Torres. — *Manual practico de Viticultura.* Version española de la tercera edicion francesa. Barcelona.

1886.

G. Foex. — Instructions pratiques sur les moyens de combattre le Mildew (Peronospora de la vigne). — Montpellier, Boehm et fils, impr.

— Le Peronospora de la vigne (Mildew). — Conférence faite au concours régional d'Agen. — Agen, 1886.

— Cours complet de Viticulture. 1re édit., 852 pages, 4 cartes en chromo et 440 gravures dans le texte. — Montpellier, C. Coulet.

P. Viala. — Les Hybrides Bouschet. Essai d'une monographie des vignes à jus rouge, 5 planches en chromo. — Montpellier, C. Coulet.

L. Ravaz. — Ampélographie italienne (traduction). — Montpellier, C. Coulet.

P. Viala et L. Ravaz. — Mémoire sur une nouvelle maladie de la vigne, le Black Rot (pourriture noire), avec 4 planches. — Montpellier, C. Coulet.

— Sur la Mélanose, maladie de la vigne. — *Compt. rend. de l'Acad. des Sc.*, octobre 1886.

— Nouvelles observations sur le Black Rot. — *Progr. agr.*

P. Viala, Rabault, Zaccharewicz. — Les sels de cuivre et le bétail. *Progr. agr.*, 1886.

1887.

P. Viala et L. Ravaz. — Nouvelles espèces du genre Phoma se développant sur les fruits de la vigne. — *Bull. de la Soc. botan. de France*, tom. XXXIII.

P. Viala et P. Ferrouillat. — Traitement du Mildiou. — Montpellier, 1887.

P. Viala et L. Ravaz. — La Mélanose. — Montpellier, C. Coulet.

P. Viala et L. Scribner. — Le Greeneria fuliginea, nouvelle forme de Rot des fruits de la vigne observée en Amérique. — *Compt. rend. de l'Acad. des Sc.*, septembre 1888.

P. Viala. — Le White-Rot ou Rot blanc (Coniothyrium diplodiella) aux États-Unis d'Amérique. — *Compt. rend. de l'Acad. des Sc.*, octobre 1887.

G. Foex. — Manuel pratique de Viticulture, 4e édit. — Montpellier, C. Coulet.

— Les Vignes américaines et les maladies de la Vigne. — Trois conférences données à l'Athénée de Genève. —

Genève; extrait des *Bull. de la classe d'Agr. de la Soc. des Arts de Genève*.

G. Foex. F. Cazalis et P. Viala. — Essai d'une Ampélographie universelle, par M. le comte Joseph de Rovasenda, traduit de l'italien, annoté et augmenté, 2e édit. — Montpellier, C. Coulet.

L. Ravaz. — Monographies du Portugais bleu et du Saint-Sauveur. — Montpellier, C. Coulet.

G. Foex et L. Ravaz. — Sur l'invasion du Coniothyrium diplodiella en 1887. — *Compt. rend. de l'Acad. des Sc.*

L. Ravaz. — Le Coniothyrium ou Rot blanc. — *Progr. agr.*, avec une planche en chromo, 1887.

1888.

G. Foex. — Cours complet de Viticulture, 2e édit., revue et considérablement augmentée, 940 pages, avec 4 cartes en chromo et 501 figures dans le texte. — Montpellier, C. Coulet.

— Département du Doubs. — Rapport sur la reconstitution, par les cépages américains, des vignes phylloxérés. — Besançon, Millot frères et Cie, impr.

P. Viala. — Conclusions relatives à la partie officielle de la mission de M. P. Viala en Amérique. — Montpellier, C. Coulet.

— Le Black Rot en Amérique. — Montpellier.

P. Viala et P. Ferrouillat. — Manuel pratique pour le traitement des maladies de la vigne. — Montpellier.

P. Viala et L. Ravaz. — Le Black Rot et le Coniothyrium diplodiella. — Montpellier, C. Coulet, une planche en chromo.

L. Scribner et P. Viala. — Black Rot et Lœstadia Bidwellii. — *Department of Agriculture*. — Washington.

P. Viala. — Le traitement du Black Rot en Amérique. — *Progr. agr. et vit.*

P. Viala et L. Ravaz. — Note sur le Black Rot (Lœstadia Bidwellii). — *Progr. agr.*, juin 1888.

— Recherches expérimentales sur les maladies de la Vigne. *Compt. rend. de l'Acad. des Sc.*, juin 1888.

P. Viala. — Ampélographie. *Ann. de l'Éc. nat. d'Agr. de Montp.*, tom. III. — Montpellier, C. Coulet.

G. Foex. — L'Herbemont d'Aurelles, n° 1. — *Progr. agr. et vit.*, 29 juin 1888.

L. RAVAZ. — Rapport sur une excursion dans les vignobles de l'Hérault. — Cognac.
— Rapport sur la reconstitution du vignoble dans l'arrondissement de Cognac. — Cognac.
— L'Érinose. — *Progr. agr.*, 1888, avec une planche en chromo.

1889.

P. VIALA. — Une Mission viticole en Amérique. Les Vignes sauvages et cultivées et les maladies de la Vigne aux États-Unis, 400 pages, 9 planches en chromo. — Montpellier, C. Coulet.
G. FOEX. — Articles sur la Viticulture et l'Ampélographie, dans le *Dict. de l'Agr.* — Paris, Hachette.
P. VIALA. — Articles de Viticulture et d'Œnologie dans la *Grande Encycl.*

LÉGISLATION ET ÉCONOMIE RURALES.

La Législation et l'Économie rurales appartiennent, dans les Écoles d'Agriculture, au même ordre d'enseignement. Les études que comportent ces deux sciences sont bien distinctes, mais elles n'ont pas moins entre elles d'étroites relations. On peut dire qu'elles se complètent l'une par l'autre.

La Législation rurale comprend l'ensemble des règles de droit qui concernent plus spécialement l'exercice de l'industrie agricole. L'état de la propriété et l'examen des principaux contrats auxquels elle peut donner lieu en constituent la partie essentielle. Des lois d'une application usuelle à l'agriculture, avec quelques notions de droit administratif, en forment le complément naturel. A Montpellier, on insiste d'une manière particulière, en raison de la situation de l'École, sur le régime des boissons, sur les mesures de défense contre les progrès de l'invasion phylloxérique, et enfin sur les associations syndicales.

Le programme des matières de l'Économie rurale n'est pas aussi bien délimité que celui de la Législation. Son enseignement, qui remonte aux débuts des Écoles d'Agriculture, n'a pas été sans éclat. Il rappelle des noms estimés du monde agricole, comme ceux de Briaune, de Royer, d'Auguste Bella, de François Bella, de Londet, pour ne citer que ceux des professeurs qui ne sont plus. Mais si l'Économie rurale a provoqué de consciencieux et instructifs travaux, elle n'a pas été comprise de la même manière par tous ceux qui s'en sont occupés. Longtemps elle n'a semblé avoir d'autre but que d'arriver à juger de la valeur des diverses opérations qui se rencontrent dans une entreprise agricole par la comparaison des frais de production qu'elles exigent et de leurs produits. C'était envisager la science au point exclusif des chefs d'exploitation et restreindre outre mesure le problème à étudier. Les résultats obtenus dans cette voie n'ont pas été, du reste, bien considérables, et c'est par des aperçus spéciaux sur certains sujets, plutôt que par les chiffres qui ont été accumulés, que les recherches des premiers Maîtres ont laissé de précieuses indications.

L'Économie rurale, changeant de méthode, s'est révélée sous un jour nouveau avec Léonce de Lavergne, pendant la courte existence de l'Institut agronomique de Versailles. Sous la direction de ce savant éminent, le cadre des questions à aborder s'est considérablement élargi. La notion des bénéfices partiels et même totaux des opérations distinctes des exploitations rurales n'a plus absorbé seule toute l'attention des observateurs. Ils ne se sont pas bornés à la discussion des intérêts des fermiers, ils ont examiné avec une égale sollicitude la situation des propriétaires, et celle de la population ouvrière, dans laquelle on ne voyait guère qu'un élément de production qu'on opposait au capital. La grande culture n'a plus fait oublier la petite. On a analysé les sources de la production d'une manière plus complète que par le passé. L'élévation relative du produit brut a pris une importance dominante ; elle a permis de mesurer les services rendus par l'Agriculture à la société, en montrant en même temps la position faite par le travail des champs à tous ceux qui y prennent part à un titre ou à un autre. L'Économie rurale est devenue la science des richesses agricoles, comme l'Économie politique est la science des richesses en général. Elle a été introduite, sous sa forme présente, dans les Écoles d'Agriculture par M. P.-C. Dubost, professeur à Grignon.

Le cours d'Économie rurale a été créé à Montpellier par M. Lœuillet, le premier Directeur de l'École. Ses élèves n'ont pas oublié la concision et la clarté de ses démonstrations. M. Lœuillet ne se perdait pas en longues dissertations ; il excellait à trouver le mot heureux et juste pour caractériser une situation. Son enseignement était serré et nourri, sans jamais devenir confus ni fatigant pour ses auditeurs. Quand l'heure de la retraite est arrivée pour lui, en 1876, il a été remplacé par un de ses anciens élèves, M. F. Convert.

Les leçons d'Économie rurale professées à Montpellier se distinguent par les développements donnés aux questions d'un intérêt spécial pour l'agriculture méridionale. L'Économie viticole forme une de ses principales divisions, et les circonstances actuelles obligent à lui donner de plus en plus d'extension.

En dehors de l'enseignement proprement dit, le professeur d'Économie rurale prend une part aussi active que possible aux recherches qui se rapportent à la science. La liste qui suit de ses principaux travaux permet de juger de la nature de ses études.

I. — Traité d'ensemble.

La propriété. — *Constitution, estimation, administration* (1 vol. in-12 de 400 pag. Bibliothèque du *Progrès agricole*, Paris. Guillaumin. — Montpellier, Coulet, 1885).

La propriété est le premier et le plus important des éléments de travail que met en œuvre la culture ; c'est la base sur laquelle reposent toutes les opérations agricoles. L'auteur l'a étudiée dans ses origines, dans ses transformations et dans ses diverses modifications ; il a exposé les règles à suivre pour son estimation et les diverses combinaisons à employer pour en tirer parti.

II. — Mémoires sur des questions scientifiques.

Les variations des prix en Agriculture (Broch. in-8°, extraite du *Journal d'Agriculture pratique*. Paris, librairie Agricole, 1880).

Les variations des prix des principaux produits de l'agriculture sont un des éléments principaux de l'histoire agricole ; elles expliquent la plupart des transformations qui se sont accomplies dans les procédés d'exploitation du sol depuis le siècle dernier.

Le commerce des Vins au siècle dernier et aujourd'hui. Conférence publique faite à la préfecture de Montpellier, le 19 février 1877 (*Messager agricole*).

La réglementation étroite du commerce des vins au siècle dernier contraste avec son état actuel. Les préoccupations relatives à la concurrence étrangère commencent à se manifester dans le Midi.

Les Ouvriers agricoles et les salaires. Conférence publique faite le 8 février 1878 à la préfecture de Montpellier (*Messager agricole*).

Les variations des salaires agricoles obéissent à des lois particulières ; le prix de la journée de travail s'est considérablement élevé dans l'Hérault depuis 1750, non d'une manière régulière, mais à certaines périodes.

Le Crédit hypothécaire (1878). — Théorie mathématique de la valeur des terres (*Journal d'Agriculture pratique*, 1882). — La propriété en Algérie (*Id.*, 1883). L'Act Torrens (*Id.*, 1885). — L'exemption de Saisie des biens de famille (*Progrès agricole*, 1887), — Les Blés d'Amérique (*Bulletin* de la Société centrale d'Agriculture de l'Hérault), etc.

Études de questions à l'ordre du jour.

Sur les ressources que présente la culture de la vigne dans les Sables en Algérie (en collaboration avec M. L. Degrully, *Comptes rendus* de l'Académie des Sciences, 1883).

Résumé d'observations recueillies en Algérie avec M. L. Degrully.

III. — Publications relatives au mouvement agricole dans le Midi.

Études sur les Concours régionaux. Montpellier et Valence, 1877. Marseille et Chambéry, 1879. Grenoble, 1880. Nimes, 1881. Constantine, Avignon, Draguignan, 1882. Digne et Bourg, 1883. Blidah et Carcassonne, 1884. Montpellier, 1885. Marseille, 1886 (*Journal d'Agriculture pratique*).

Rapport sur les Concours de la prime d'honneur dans le Lot (*République française*), dans les Basses-Alpes (*Journal d'Agriculture pratique*), dans la Drôme (*Bulletin-Journal* de la Société d'Agriculture de Valence). — Rapport sur le Concours de la petite culture dans l'arrondissement de Montpellier (*Bulletin* de la Société centrale d'Agriculture de l'Hérault, 1889).

La fréquentation des Concours régionaux en qualité de commissaire, de membre du jury, de rapporteur de la Prime d'honneur, et même comme simple visiteur, a permis de noter la plupart des faits intéressants qui caractérisent depuis 1876 le mouvement agricole du Midi.

Les Canaux dérivés du Rhône, avec carte (*Bulletin* de la Société Languedocienne de Géographie, 1882).

Exposé de la question en 1882.

Les Vignes d'Aiguesmortes (*Journal d'Agriculture pratique*, 1879). La reconstitution des Vignobles. Les submersions et les plantations dans les Sables (*Id.*, 1883).

Principales innovations de l'agriculture méridionale.

L'Agriculture de l'Hérault (*Journal d'Agriculture pratique*, 1878).

Note sur l'organisation des exploitations agricoles de l'Hérault.

IV. — Études sur diverses régions agricoles, Monographies, etc.

1° *Agriculture étrangère.* — Le vignoble de Kouba, près Alger (*Bulletin* des anciens Élèves, 1884). — L'agriculture de la Suisse à l'Exposition nationale de Zurich (*Journal d'Agriculture pratique*, 1883). — Promenades agricoles en France, en Belgique et en Hollande (Broch. in-8° de 70 pages, extraite du *Bulletin* de la Société Languedocienne de Géographie, 1886). — L'agriculture de la Tunisie (*Progrès agricole*, 1888), etc.

Observations agricoles recueillies au cours de voyages entrepris pendant la durée des vacances de l'École.

2° *Agriculture méridionale.* — Villeneuvette. Une entreprise agricole et industrielle (1877). — Les Causses de la Lozère et du Gard (1884). — Les Céréales, les vignes et les brebis laitières dans le Midi (1885). — La Crau, sa situation actuelle et son avenir (1888). (*Journal d'Agriculture pratique*). — Le vignoble du Bois-d'Oingt (Rhône), 1884. — Le vignoble d'Agnac (1884) (*Progrès agricole*), etc.

BIBLIOTHÈQUE.

La Bibliothèque est installée au premier étage du bâtiment principal de l'École. Elle y occupe deux salles ayant ensemble 132 mèt. carrés de superficie et 5 mèt. de hauteur sous plafond. La grande salle a 11^{m},50 sur 7 mèt., soit 105 mèt. carrés. Elle est éclairée par trois grandes fenêtres et meublée de trois tables pouvant recevoir 15 lecteurs chacune. La petite salle a 11^{m},50 sur 4^{m},50; elle reçoit le jour par deux grandes fenêtres et possède deux tables de lecture.

Les vitrines et casiers garnissant les murs et les trumeaux des deux salles ont ensemble une façade de 53 mèt. de long sur 3m,20 de hauteur moyenne, soit 170 mèt. carrés.

Au 31 décembre 1888, la Bibliothèque possède 11,673 volumes de tout format, brochures, atlas et cartes diverses. Tous ces ouvrages sont classés, par ordre de matières et conformément à l'ancienne division des cours professés à l'École, sous les huit rubriques suivantes :

I. Agriculture proprement dite.
II. Législation et Économie rurales.
III. Zootechnie et Zoologie.
IV. Botanique et Sylviculture.
V. Sciences physiques.
VI. Génie rural.
VII. Technologie.
VIII. Ouvrages divers ne rentrant pas dans les classes précédentes.

Ces huit grandes divisions et leurs principales sections se partagent les 11,673 volumes ou brochures, comme l'indique le tableau suivant :

Agriculture.	Agriculture proprement dite...	2.923	3.970
	Viticult. et Arboricult. agreste.	1.047	
Législation et Économie rurales.	Législation rurale...........	182	1.471
	Économie....................	1.289	
Zootechnie et Zoologie.	Zootechnie proprement dite....	1.158	1.891
	Zoologie....................	499	
	Sériciculture.................	234	
Botanique et Sylviculture.	Botanique..................	770	1.208
	Horticulture et Jardinage......	278	
	Sylviculture.................	160	
Génie rural..................			508
Sciences physiques.	Physique, Minéralogie, Géologie	355	1.225
	Chimie.....................	870	
Technologie..................			372
Ouvrages divers..............			1.028
	Total..................		11.673

Tous les ouvrages sont marqués au timbre de la Bibliothèque

et portent en outre, au dos et sur le faux-titre ou la couverture, une double étiquette indiquant, au moyen de lettres et de chiffres, la division et la section auxquelles appartient l'ouvrage et son numéro d'ordre dans sa section.

D'autre part, ils sont inscrits, avec leurs titres résumés et leurs signes de classification, sur deux catalogues différents. Le premier, ou *catalogue par ordre de matières*, est un grand registre folioté, avec répertoire, sur lequel chaque ouvrage est inscrit à sa section respective et numéroté d'après l'ordre de son entrée à la Bibliothèque. Le titre de la section et les lettres dont elle est marquée sont placés au haut de la page. Sur la ligne et à gauche du titre de l'ouvrage est son numéro d'ordre dans la section. Deux colonnes placées à droite de la page indiquent, la première le nombre d'exemplaires, et la seconde le nombre de volumes de chaque ouvrage.

Les divisions et subdivisions de ce catalogue et les lettres caractéristiques des sections sont les suivantes :

A. *Agriculture*. — A*a*. — Agriculture générale.
A*b*. — Agrologie, engrais et amendements.
A*c*. — Manuel opératoire.
A*d*. — Plantes fourragères.
A*e*. — Plantes alimentaires.
A*f*. — Plantes industrielles.
A*g*. — Vigne, olivier, mûrier, etc.
A*h*. — Assolements.
A*i*. — Revues, journaux et autres publications périodiques.
A*j*. — Ouvrages en langues étrangères.

B. *Législation et Économie rurales*. — B*a*. — Législation.
B*b*. — Économie politique et sociale.
B*c*. — Économie rurale.
B*d*. — Comptabilité.
B*e*. — Commerce et industrie.
B*f*. — Voyages et explorations agronomiques.
B*g*. — Revues, journaux et autres publications périodiques.

Bh. — Ouvrages en langues étrangères.
Bi. — Statistique.

C. *Zootechnie et Zoologie.*
Ca. — Anatomie.
Cb. — Physiologie.
Cc. — Hygiène et alimentation.
Cd. — Médecine vétérinaire.
Ce. — Zootechnie générale.
Cf. — Espèces chevaline et ovine.
Cg. — Espèce bovine.
Ch. — Espèces ovine et caprine.
Ci. — Espèce porcine.
Cj. — Oiseaux et animaux de basse-cour.
Ck. — Pisciculture et culture des eaux.
Cl. — Vers à soie et sériciculture.
Cm. — Abeilles et apiculture.
Cn. — Ouvrages en langues étrangères.
Co. — Zoologie.
Cp. — Revues, journaux et autres publications périodiques.

D. *Botanique et Sylviculture.*
Da. — Botanique.
Db. — Arboriculture fruitière.
Dc. — Horticulture et jardinage.
Dd. — Sylviculture.
De. — Annales, revues, journaux, etc.
Df. — Ouvrages en langues étrangères.

E. *Génie rural.* —
Ea. — Arithmétique, système métrique, algèbre.
Eb. — Géométrie et trigonométrie.
Ec. — Arpentage, nivellement, lever des plans, dessin.
Ed. — Mécanique rationnelle.
Ee. — Mécanique agricole et industrielle.
Ef. — Hydraulique, drainage, irrigation.
Eg. — Constructions rurales, chemins, clôtures.
Eh. — Ouvrages divers se rattachant au génie rural.
Ei. — Journaux et revues.

F. *Sciences physiques.*	*Fa.* — Cosmographie.	
	Fb. — Physique.	
	Fc. — Météorologie.	
	Fd. — Chimie générale.	
	Fe. — Chimie agricole.	
	Ff. — Minéralogie.	
	Fg. — Géologie.	
	Fh. — Annales, comptes rendus, journaux.	
	Fi. — Ouvrages en langues étrangères.	
G. *Technologie.* —	G. — Ouvrages divers.	
	Ga. — Ouvrages en langues étrangères.	
H. *Ouvrages divers.* —	H. — Géographie, histoire, littérature, etc.	

Catalogue alphabétique. — Le catalogue alphabétique par noms d'auteurs est du système Bonange. Il consiste en une série de cartes mobiles classées dans un casier spécial. Chaque ouvrage a sa carte individuelle. — En haut de la carte sont inscrits : le nom de l'auteur, — les lettres indicatrices de la division et de la section et le numéro d'ordre de l'ouvrage dans la section. — Au-dessous de ces inscriptions sont les titres, sous-titres, format, numéro de l'édition, — noms et adresse de l'éditeur, date de la publication et autres indications bibliographiques.

En dehors des deux catalogues, il y a encore deux autres registres, l'un pour les *entrées*, l'autre pour les *sorties*.

Registre ou livre des entrées. — Le registre des entrées reçoit, à sa date, l'inscription de tout ouvrage acquis à la Bibliothèque. Cette inscription indique l'origine et donne le nom de l'auteur, le titre sommaire et les lettres indicatrices et numéros de classement de l'ouvrage.

Registre des sorties. — Quant au registre des *sorties*, il a pour but de constater la sortie et la rentrée des ouvrages prêtés au personnel de l'École et autres personnes spécialement autorisées à emprunter des livres à la Bibliothèque. A cet effet, chaque emprunteur a son folio particulier, sur lequel le bibliothécaire inscrit la date du prêt, le titre et la marque de l'ouvrage emprunté, inscription que signe l'emprunteur. La rentrée est indiquée à sa date, dans une colonne spéciale, en face des inscriptions relatives à la sortie.

Ouverture de la Bibliothèque. — La Bibliothèque est ouverte tous les jours, le dimanche excepté, aux heures fixées par le Règlement général de l'École.

Journaux, revues et autres publications périodiques. — L'École reçoit environ 75 journaux, revues, annales, bulletins et autres publications périodiques agricoles, économiques, commerciales ou scientifiques, savoir :

17 par abonnements directs à ses frais ;

45 par abonnements payés par le ministère de l'Agriculture ;

Et de 12 à 15 envoyés gracieusement par leurs éditeurs.

Toutes ces publications sont collectionnées ; celles d'un format convenable ou ayant d'ailleurs quelque valeur agricole ou scientifique sont brochées ou reliées à la fin de l'année et classées comme livres de fonds de la Bibliothèque.

VIII.

DOMAINE, JARDINS ET CHAMPS D'ESSAIS.

Le domaine de la Gaillarde, où se trouve installée l'École d'Agriculture de Montpellier, a une contenance totale de 26 hectares 63 ares; il est situé à moins de 2 kilom. de Montpellier, sur un sol assez mouvementé et généralement de qualité médiocre. Les parcelles dites : terre du Nord, Marquez, Claparède, Tinel, Rescondut, Mestroune, etc., occupent des marnes bleues compactes, d'origine marine et mélangées sur certains points d'une grande quantité d'huîtres fossiles.

Les parcelles de Mandon, Espanet, la Condamine, sont de meilleure nature et constituées par de bonnes terres franches.

Les diverses cultures pratiquées à l'École se répartissent de la manière suivante :

(Voir le Tableau à la page ci-contre.)

Ainsi qu'on le voit par le tableau ci-contre, la surface consacrée aux collections de plantes cultivées et aux cultures d'expériences est relativement considérable ; elle renferme :

1° Un champ d'étude; 2° un champ d'expériences pour les engrais appliqués aux céréales ; 3° un verger agreste ; 4° un jardin fruitier ; 5° un jardin botanique ; 6° un jardin dendrologique ; 7° des collections de vignes américaines; 8° des collections de vignes de l'ancien Monde ; 9° une École de taille de la vigne ; 10° une École de greffage des vignes ; 11° une École d'acclimatation pour les végétaux des pays chauds. Ces diverses installations ont été décrites pour la plupart avec les services dont elles dépendent.

La partie consacrée aux cultures proprement dites contient les

École Nationale d'Agriculture de Montpellier.

Décomposition de la contenance du Domaine par Parcelles et par Culture.

CULTURES	NOMS DES PARCELLES	SURFACE de la Parcelle	SURFACE de la Culture	OBSERVATIONS
Vignes	Collection. — Vignes américaines	1.56.70	3.66.70	Cult. d'expériences.
	Collection. — Vignes de l'ancien Monde	2.10.00		
	Condamine	2.16.00	6.76.95	
	Rescondut	1.73.00		
	Claparède	43.66		
	Marquez	1.20.00		
	Nord	1.19.00		
	Submersion	5.29		
Terres labourables	Mestroune	71.80	4.95.90	
	Assolement	77.20		
	Condamine	2.14.00		
	Terret Bourret	62.90		
	Champ Mandon	70.00		
Prairies	Prairie Nord	66.00	0.92.00	
	Luzerne Conciergerie	26.00		
Cultures arbustives	Tinel	1.80.50	2.40.16	
	Mûriers de l'enclos	14.00		
	Micocouliers	2.76		
	Verger du champ d'étude	42.90		
Cultures diverses	Champ d'étude	1.27.50	1.27.50	
Jardins	Jardin fruitier	13.50	2.80.61	
	— potager	27.15		
	— dendrologique	59.94		
	— botanique	20.00		
	— d'agrément	58.67		
	Squares et terrasses	1.01.35		
Cours, Chemins, Talus, Jardins météorolog.		3.35.00	3.35.00	
Batiments		48.19	48.19	
	Total	26.63.01	26.63.01	

pièces de vignes de la Condamine, Rescondut, Marquez, terre du Nord et submersion. Les cépages qui y sont cultivés sont : le Jacquez, soit comme producteur direct, soit comme porte-greffe, et le Riparia comme porte-greffe. Les greffes sont faites presque partout en Aramon ou en Alicante Bouschet. La submersion seule représente un petit fragment de l'ancien vignoble de la Gaillarde qui est constitué par des cépages du pays francs de pied. Nous donnons ci-après l'indication des récoltes obtenues dans ces divers vignobles depuis leur reconstitution ou leur mise à la submersion.

(Voir les Tableaux suivants A et B.)

Les terres consacrées aux labours sont celles de Mestroune, la Condamine, Terret-Bourret, champ Mandon et l'Assolement ; elles sont utilisées à la culture de diverses céréales : blé, orge et avoine, et de certains fourrages tels que luzerne, vesces, trèfle incarnat, maïs, sorgho.

La pièce dite l'Assolement est divisée en cinq soles sur lesquelles est pratiquée la rotation suivante :

Première année. — Racines fourragères.
Deuxième année. — Blé. Orge.
Troisième année. — Fourrage annuel (trèfle incarnat ; vesces ou sainfoin).
Quatrième année. — Avoine.

Une sole en luzerne hors rotation entre tous les huit ans dans l'assolement, et est remplacée par une autre qui en sort.

Une prairie irriguée, de 66 ares, a été établie dans un mauvais sol argileux impropre à toute autre culture ; située en dessous de l'École, elle reçoit les eaux d'égout de l'établissement, qui l'arrosent et la fertilisent tout à la fois.

Dans ce but, une citerne voûtée reçoit les eaux ménagères, les matières fécales, les eaux de lavage, etc. Un siphon convenablement placé s'amorce lorsqu'elle est pleine et la vide rapidement, en fournissant un débit suffisant pour un bon arrosage.

A. — TABLEAU INDIQUANT LES MOUVEMENTS DU VIGNOBLE DE L'ÉCOLE D'AGRICULTURE DE MONTPELLIER depuis 1874 (avant l'invasion phylloxérique) jusqu'en 1888.

ANNÉES	SURFACE DE VIGNE EN RAPPORT	RÉCOLTE TOTALE en KILOGR. DE RAISIN	RÉCOLTE APPROXIMATIVE EN HECTOL. DE VIN	RENDEMENT À L'HECTARE EN KILOGR. DE RAISIN	OBSERVATIONS
1874	16h 57.00	142.050	»	8.572	Vignoble français complètement détruit par le phylloxera en 1879.
1875	15.57.00	66.075	»	4.243	
1876	12.40.00	24.188	»	1.950	
1877	7.84.00	18 816	»	2.400	
1878	7.25.00	9.083	»	1.252	
1879	»	»	»	»	
1880	1.24.00	4.659	29h 38	3.757	Reconstitution du vignoble par les Cépages américains.
1881	1.44.00	4.348	29.49	3.012	
1882	3.53.00	4.878	35.63	1.381	
1883	5.45.00	11.850	93.61	2.174	
1884	6.52.00	17.013	133.00	2.609	
1885	6.76.00	16.595	131.01	2.454	
1886	6.19.00	31.912	245.31	5.155	
1887	6.47.00	29.244	236.32	4.520	
1888	6.76.95	63.118	503.04	9.335	

Des vannes placées à l'avance dirigent les eaux vers les parties des prés qui doivent être arrosées. Ce système, dû à M. Chabaneix, fonctionne avec succès depuis plus de dix ans.

Cultures arbustives. — L'École possède des plantations de mûriers et d'oliviers qui servent surtout pour démontrer les principes de taille de ces arbres aux élèves. On a donné précédemment l'énumération des variétés qui y sont cultivées.

B. — Tableau des Récoltes obtenues dans les Vignobles de l'École Nationale d'Agriculture de Montpellier depuis leur Reconstitution.

NOM de la PARCELLE	NATURE du CÉPAGE	ANNÉE de la plantation	ANNÉE du greffage	SURFACE	1880 RENDEMENT en raisin	1880 en vin	1880 en vin par hectare	1881 RENDEMENT en raisin	1881 en vin	1881 en vin par hectare	1882 RENDEMENT en raisin	1882 en vin	1882 en vin par hectare	1883 RENDEMENT en raisin	1883 en vin	1883 en vin par hectare	1884 RENDEMENT en raisin	1884 en vin	1884 en vin par hectare
				Hectares.	Kilogr.	Hectol.	Hectol.	Kilogr.	Hectol.	Hectol.	Kilogr.	Hectol.	Hectol.	Kilogr.	Hectol.	Hectol.	Kilogr.	Hectol.	Hectol.
Vigne du Nord.	Jacquez	1877	»	0.33.80	1.934	13.53	41.00	1.710	11.97	35.27	884	6.15	18.72	1.860	13.06	39.93	2.171	15.19	46.03
	Aramon sur Taylor	1877	1879	0.31.60	»	»	»	550	4.88	15.74	621	5.34	17.22	1.324	11.38	36.70	1.100	9.63	31.06
	Herbemont	1877	»	0.13.00	1.295	7.77	59.76	681	4.13	31.76	898	4.17	32.07	650	3.90	30.00	722	4.33	33.30
	Cunningham	1877	»	0.15.50	1.051	5.25	13.12	561	3.30	8.25	562	2.81	7.02	205	1.02	2.55	192	0.96	2.40
	Jacquez sur Cunningham	1877	1884	0.24.50													»	»	»
Condamine.	Aramon sur Riparia	1878	1879	0.20.00	»	»	»	295	1.67	8.35	800	6.24	31.20	2.364	20.33	101.65	2.836	24.38	121.90
	Aramon sur Solonis	1879	1881	0.09.00	»	»	»	»	»	»	162	1.58	17.62	509	5.15	57.22	513	3.27	36.55
	Aramon sur Taylor	1879	1881	0.27.00	»	»	»	»	»	»	668	5.74	21.25	2.047	17.60	65.18	2.835	24.38	90.29
	Alicante Bouschet sur Solonis et sur Taylor	1879	1883	0.09.00	»	»	»	»	»	»	»	»	»	»	»	»	1.196	8.97	99.66
Rescondut.	Aramon sur Riparia	1880	1881-86	1.73.00	»	»	»	»	»	»	99	0.35	»	491	4.22	»	922	7.92	»
Condamine.	Divers Américains	1881	»	0.12.00	»	»	»	»	»	»	»	»	»	130	0.78	6.50	88	0.52	4.33
	Divers sur Divers	1881	»	1.38.40	»	»	»	»	»	»	»	»	»	571	4.56	3.33	865	7.24	5.10
Claparède.	Jacquez	1881	»	0.36.68	»	»	»	»	»	»	»	»	»	795	5.56	13.23	2.131	14.91	35.54
	Othello sur Jacquez	1881	1886	0.07.00															
Marquès.	Jacquez	1882-83	»	0.63.00	»	»	»	»	»	»	»	»	»	»	»	»	606	4.24	»
	Alicante Bousch. s. Jacquez	1882-83	1886-87	0.57.00	»	»	»	»	»	»	»	»	»	»	»	»	»	»	»
Submersion.	Aspar et Mourrastel	1860 (environ)	»	0.05.29	275	2.83	56.60	433	3.24	64.80	368	2.74	53.80	965	6.03	120.60	675	5.08	101.70
TOTAUX				6.70.95	4.659	29.38	»	4.348	29.09	»	4.878	35.63	»	11.850	92.61	»	17.013	133.00	»

NOM de la PARCELLE	NATURE du CÉPAGE	1885 RENDEMENT en raisin	1885 en vin	1885 en vin par hectare	1886 RENDEMENT en raisin	1886 en vin	1886 en vin par hectare	1887 RENDEMENT en raisin	1887 en vin	1887 en vin par hectare	1888 RENDEMENT en raisin	1888 en vin	1888 en vin par hectare	OBSERVATIONS.
		Kilogr.	Hectol.	Hectol.	Kilogr.	Hectol.	Hectol.	Kilogr.	Hectol.	Hectol.	Kilogr.	Hectol.	Hectol.	
Vigne du Nord.	Jacquez	732	5.36	16.03	2.223	16.76	50.87	2.061	14.90	44.12	4.050	29.39	86.83	
	Aramon sur Taylor	1.007	9.17	29.04	1.362	11.71	37.72	1.343	11.54	37.22	2.325	19.90	64.48	
	Herbemont	1.350	8.10	62.30	360	2.16	16.61	310	1.86	14.30	319	1.91	14.59	
	Cunningham	104	0.82	5.10	300	1.50	10.00	215	1.75	11.06	339	1.69	11.20	Sur les 40 ares de cette parcelle, 24 ares 50 ont été greffés en Jacquez en 1884.
	Jacquez sur Cunningham	346	2.42	10.08	790	5.53	23.04	384	4.08	17.00	1.127	7.86	32.83	
Condamine.	Aramon sur Riparia	2.704	23.25	116.25	2.494	22.04	110.20	2.189	19.42	97.04	3.687	33.19	165.95	
	Aramon sur Solonis	737	6.33	70.33	568	4.88	54.22	511	4.39	48.77	858	7.37	81.88	
	Aramon sur Taylor	2.743	23.58	87.33	2.464	21.19	78.45	2.430	20.89	77.37	3.880	33.36	123.55	
	Alicante Bouschet sur Solonis et sur Taylor	557	4.17	46.33	635	4.73	52.55	426	3.19	35.44	2.020	15.15	168.33	
Rescondut.	Aramon sur Riparia	2.374	20.41	»	8.269	71.11	41.10	10.863	93.91	54.28	22.603	194.90	112.65	Le greffage de cette parcelle n'a été terminé qu'en 1886.
Condamine.	Divers Américains	220	1.32	11.00	207	1.24	10.33	243	1.45	12.08	364	2.18	18.16	
	Divers sur Divers	875	7.60	5.54	2.635	21.08	15.27	2.731	21.76	15.76	6.922	55.19	39.93	
Claparède.	Jacquez	1.476	10.34	24.57	2.630	18.41	51.12	1.424	9.96	27.60	3.406	23.84	65.22	7 ares de cette parcelle furent greffés en Othello en 1886.
	Othello sur Jacquez							»	»	»	120	»	»	
Marquès.	Jacquez	748	5.19	»	5.235	36.64	»	3.227	22.58	35.84	7.123	49.86	79.14	
	Alicante Bousch. s. Jacquez	»	»	»	»	»	»	413	3.00	»	2.892	21.69	38.05	
Submersion.	Aspar et Mourrastel	388	2.87	57.40	440	3.30	66.00	252	1.89	37.80	850	6.35	120.00	
TOTAUX		16.595	131.01	»	31.912	245.31	»	29.244	236.32	»	63.118	503.04	»	

IX.

BATIMENTS ET CONSTRUCTIONS.

Les principaux bâtiments de l'École sont groupés autour d'un espace rectangulaire dont les grands côtés sont orientés à peu près de l'Est à l'Ouest. Vers l'Est est la construction principale, qui renferme les locaux de l'enseignement, l'internat et les musées ; elle est formée par un corps central terminé à ses deux extrémités par des ailes. Au rez-de-chaussée, un vaste vestibule donne accès, d'un côté dans la partie réservée aux dortoirs des élèves, et de l'autre à celle occupée par les salles d'études et le cabinet de lecture des élèves. Au fond, se trouvent les portes du grand amphithéâtre des cours et l'escalier conduisant aux Musées et à la Bibliothèque. Le vestibule est orné de bustes d'agriculteurs et de naturalistes célèbres ; il renferme en outre, groupés en panoplies, de nombreux échantillons d'objets se rattachant aux enseignements de l'École et des tableaux où sont affichées chaque jour les observations météorologiques faites à l'École et les quatre derniers bulletins du Bureau central météorologique. Les dortoirs, au nombre de huit, occupent les deux étages de l'aile Sud du bâtiment ; ils sont divisés, au moyen de cloisons de 2 mèt. de hauteur, en cellules fermées par des rideaux et occupées chacune par un élève. De grands lavabos en marbre, où chaque élève possède individuellement ce qui lui est nécessaire pour sa toilette, complètent l'installation.

A proximité de ce dernier se trouvent la salle à manger des répétiteurs, celle des domestiques et les cuisines.

Le réfectoire, largement éclairé quoique en sous-sol, est situé au-dessous des dortoirs ; les élèves y sont distribués par groupes de huit autour de grandes tables en marbre.

Le grand amphithéâtre, disposé en hémicycle, renferme plus

de 300 places, il sert fréquemment à des conférences où le public de la ville est appelé ; M. Pasteur y a exposé notamment, au mois de mai 1882, ses découvertes relatives au charbon et à la vaccination de cette maladie.

Les salles d'études, au nombre de trois, sont groupées d'une manière commode pour la surveillance ; largement éclairées et aérées, elles assurent les meilleures conditions hygiéniques.

Le cercle des élèves est une salle de lecture renfermant une Bibliothèque fondée et administrée par eux sous le contrôle du Directeur ; on y reçoit divers journaux. Enfin le bureau du Cercle organise de temps en temps des conférences entre élèves sur des questions agricoles ou scientifiques.

Le sous-sol de l'aile Nord, où se trouvent les salles d'études et le Cercle, est occupé par la lingerie, les salles de repassage et divers autres services de l'Économat.

Le premier étage de cette même aile renferme le logement de l'économe, de l'infirmière et l'infirmerie. Le premier étage de la partie centrale est occupé par les Musées et la Bibliothèque. Les Musées sont établis dans trois salles : la première, très vaste, contient les collections de Sylviculture, de Botanique, une partie de celles de Zootechnie (maréchalerie — âge des animaux — anatomie plastique du Dr Auzoux), les collections de Génie rural, celles des matières textiles, des graminées, des prairies, et de certaines petites industries agricoles et forestières de la région.

La deuxième salle, également très vaste, contient les collections de Viticulture, d'Œnologie, de Technologie, les squelettes et les albums de laines du cours de Zootechnie, la collection Herpétologique de M. Westphal-lCastelnau, et une collection des oiseaux de France.

Dans la troisième salle, de plus petite dimension, se trouvent les collections de Géologie et de Minéralogie. On verra, dans le chapitre consacré à l'Enseignement, des renseignements plus complets sur ces diverses collections.

Le laboratoire de Zootechnie est établi et adossé au nord du grand amphithéâtre ; il a été décrit pag. 155.

A droite du bâtiment principal de l'École se trouve celui de la Direction, qui renferme les bureaux de l'Économat, du Secrétariat, le cabinet du Directeur, celui du Surveillant Général et le logement du Directeur.

A la suite et du même côté, une construction à deux étages, où sont installés les laboratoires de Chimie, de Technologie, d'Agriculture, de Physique et les logements des préparateurs attachés à ces laboratoires ; enfin le cabinet du professeur de Génie rural.

Un deuxième amphithéâtre destiné spécialement aux leçons de Chimie, Physique et de Technologie complète cet ensemble. Cet amphithéâtre est pourvu d'eau et de gaz ; on peut y amener, au moyen de piles permanentes, l'électricité produite par une forte batterie de piles et d'accumulateurs située près de là (Pl. V); des dispositions convenables permettent d'y faire des projections au gaz oxhydrique et à la lumière solaire.

Le côté parallèle au bâtiment principal est formé par les bureaux de Comptabilité et le logement du Comptable, une remise, un hangar pour les charrettes, l'atelier de menuiserie et la forge.

Au Midi, se trouvent sur deux lignes les bâtiments de ferme (écurie, bergerie, vacherie, hangar pour les manipulations des aliments, etc.), la Station séricicole et un chalet contenant les laboratoires de Viticulture, de Botanique, le bureau du chef des Cultures et le logement du Surveillant Général.

La Station séricicole et les laboratoires de Viticulture et de Botanique ont été décrits précédemment avec ce qui est relatif aux enseignements.

Un peu plus loin se trouvent une magnanerie et une porcherie. Vers la partie nord du plateau qui porte les bâtiments dont il vient d'être question, est établi le cellier. Il est bâti au nord d'un escarpement, de telle sorte que toute sa portion inférieure, dans laquelle sont logés les foudres, est enterrée et à l'abri des rayons du Midi et que les charrettes chargées de vendange arrivent de plain-pied à un niveau supérieur à celui des foudres où doit avoir lieu la cuvaison. Le mur du côté du Nord lui-même forme une double paroi, de manière à isoler une masse d'air mauvaise conductrice et à protéger l'intérieur contre l'échauffement qui pourrait se produire pendant l'été. Un plancher qui règne sur toute la surface, au-dessus des foudres, facilite les manipulations de la vendange et forme écran entre la toiture et les vaisseaux vinaires.

La dernière travée du cellier est séparée du reste pour l'usage du professeur d'Œnologie, qui y prépare ses vins d'expérience. Une cave souterraine fait suite à cette travée et sert à la conservation des collections de vins. En résumé, le cellier de l'École, tout en répondant bien aux nécessités de l'exploitation du Domaine, donne en outre l'exemple des dispositions qui peuvent être avantageusement prises dans des régions plus méridionales, telles que l'Algérie et la Tunisie, pour assurer les conditions de température convenables au moment des fermentations.

En un point central au milieu des divers jardins se trouve le bâtiment affecté au service des Jardins ; il renferme le bureau et le logement du Chef Jardinier, la salle d'études des apprentis jardiniers et leur dortoir, un magasin pour les graines, un magasin pour les outils et un fruitier ; une petite serre est adossée contre l'un des murs du bâtiment.

ASSOCIATION AMICALE DES ANCIENS ÉLÈVES

DE L'ÉCOLE D'AGRICULTURE DE MONTPELLIER.

L'Association amicale des anciens Élèves de l'École d'Agriculture de Montpellier s'est créée dès que l'École a compté, dans une même région, un nombre suffisant de représentants pour y tenir des réunions régulières. Sa fondation a été décidée, en principe, au Concours général agricole d'Alger en 1881, et ses Statuts ont été adoptés le 25 mai de la même année, dans une première assemblée de ses membres qui s'est tenue à Nimes à l'occasion du Concours régional agricole. Elle est autorisée par un arrêté de M. le Préfet de l'Hérault en date du 7 juillet 1881.

L'Association a pour but, comme l'indique l'article premier de son Règlement, d'établir entre ses membres un centre de relations amicales et de conserver ainsi les rapports de bonne camaraderie qui existent entre eux, de faciliter les échanges de renseignements et d'avis qui peuvent leur être utiles, et enfin de venir en aide à ceux qui ont besoin d'assistance.

Son action se manifeste par des réunions trimestrielles des membres de son Bureau et de son Conseil d'administration, par des assemblées générales annuelles, et par la publication d'un *Annuaire* qui sert de moyen de communication entre ses adhérents.

Dans leurs réunions trimestrielles, le Bureau et le Conseil d'Administration examinent toutes les questions qui intéressent l'Asssociation, et ils prennent les mesures que comportent les circonstances.

L'Assemblée générale se prononce sur toutes les propositions qui lui sont soumises ; elle procède au renouvellement annuel du Bureau, elle reçoit les comptes du trésorier et elle a seule la nomination des membres honoraires.

L'*Annuaire* publie régulièrement la liste des membres du personnel dirigeant et enseignant de l'École, celle des membres de l'Association et les noms des élèves admis dans chaque promotion. Il contient les procès-verbaux des réunions du Bureau et de l'Assemblée générale. En dehors de ces documents, en quelque sorte officiels, il comporte des articles spéciaux sur divers sujets d'un intérêt particulier pour les anciens élèves de l'École. Depuis son origine, il a publié des Notices nécrologiques sur MM. Camille Saintpierre, Victor Tayon, L.-J. Jeannenot, etc. ; des descriptions des laboratoires et des services de Physique, de Chimie, de Technologie et de Zoologie; des Mémoires sur plusieurs exploitations à la direction desquels sont associés d'anciens élèves ; le Compte rendu d'une excursion agricole en Algérie ; des Notes sur des sujets divers, et enfin des Chroniques qui résument les principaux faits de l'année : améliorations apportées dans l'organisation de l'enseignement, distinctions accordées au personnel de l'École ou à ses anciens élèves, résultats des examens de sortie ; travaux en cours d'exécution, publications, etc.

L'Association amicale des anciens Élèves de l'École d'Agriculture de Montpellier compte maintenant plus de deux cents membres. Elle entretient les meilleurs rapports avec les anciens élèves de toutes les Écoles supérieures d'Agriculture, et ses Assemblées générales deviennent de véritables fêtes pour tous ceux qui peuvent y prendre part. La réunion de 1889 se tiendra à Paris pendant l'Exposition universelle.

Le Bureau de l'Association est composé ainsi qu'il suit :

Président d'honneur : M. G. Foex, directeur de l'École d'Agriculture.

Président : M. F. Convert, professeur d'Économie et de Législation rurales ;

Vice-présidents : M. B. Chauzit, professeur départemental d'Agriculture à Nîmes ;
M. A. Barbier, propriétaire agriculteur à l'Alma, professeur à l'École pratique d'Agriculture de Rouïba.

Secrétaires : M. P. Viala, professeur de Viticulture.
M. F. Houdaille, professeur de Sciences physiques.

Trésorier : M Jules Rouché, propriétaire viticulteur à Foncaude, par Saint-Georges (Hérault), et boulevard du Peyrou à Montpellier.

FIN.

TABLE DES MATIÈRES

www.ingramcontent.com/pod-product-compliance
Lightning Source LLC
Chambersburg PA
CBHW060358200326
41518CB00009B/1182
* 9 7 8 2 0 1 1 2 6 0 1 1 6 *